Wissensbert

Science Facts
mit Mindblow-Garantie

Originalausgabe
2. Auflage 2023
© 2023 by Yes Publishing – Pascale Breitenstein & Oliver Kuhn GbR
Türkenstraße 89, 80799 München
info@yes-publishing.de
Alle Rechte vorbehalten.

Autoren: Robert Döring, unterstützt durch Thomas Bauer und Leonhard Döring
Redaktion: Stephanie Kaiser-Dauer
Umschlaggestaltung: Ivan Kurylenko (hortasar covers)
Umschlagabbildung: SusansArt/99designs
Layout und Satz: Müjde Puzziferri, MP Medien, München
Druck: Florjancic Tisk d.o.o., Slowenien
Printed in the EU

ISBN Print 978-3-96905-234-1
ISBN E-Book (EPUB, Mobi) 978-3-96905-235-8
ISBN E-Book (PDF) 978-3-96905-236-5

Wissensbert

Science Facts
mit Mindblow-Garantie

YES

Inhalt

Vorwort 7
Die Existenz der Menschheit ist evolutionsbiologisch
   eigentlich unmöglich 8
Dieses Ereignis hat uns beinahe ins Mittelalter
   katapultiert 15
Um ein Haar hätte diese Maschine Frankreich blamiert 24
Diese Lebensmittel machen deinen Schädel löchrig 29
Wenn du dieses Geräusch hörst, schwimm um dein
   Leben! 38
Diese Monsterwellen überragen sogar Wolkenkratzer 42

Dieser Mann wurde von einem Teilchenbeschleuniger
   getroffen – doch was dann geschah, stellte
   Mediziner vor ein Rätsel 53
Diese Insekten geben dir einen Vorgeschmack auf
   die Hölle 57
Dieser Text ist der Schlüssel zu mehreren Hundert
   Millionen Euro 65
Die komplexeste Maschine, die die Menschheit
   je gebaut hat 72

Ein kleines Detail machte diesen Krieg zur Sensation 78
Mit diesem gigantischen »Flugzeug« hat die
   Sowjetunion den USA einen riesigen Schrecken
   eingejagt 84
Diese Science-Fiction-Waffe wurde in den letzten
   Jahren Realität 87

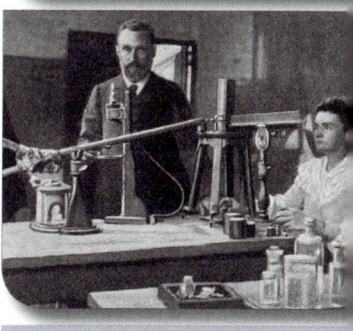

Das blüht uns voraussichtlich im Jahr 2034 91
Der Tag, an dem der gigantischste Staudamm der
   Welt brach 95
Wie du die mysteriöseste aller Dimensionen
   kontrollierst 103
Das passiert, wenn das Blut der Erde kocht 111

Hilfe, wir müssen von der Erde fliehen – aber womit?	123
Was, wenn alle Menschen der Welt so leben würden?	132
So erstickten Tausende Londoner in nur vier Tagen	137
Wie Quantenphysik unsere Science-Fiction-Träume erfüllt	143
Diese unscheinbaren Tiere solltest du niemals unterschätzen!	152
Das ist der gefährlichste Asteroid dieses Jahrhunderts – warte, WAS?!	160
Dieser schwimmende Koloss stellt alles in den Schatten	169
Darum hast du vielleicht zwei Persönlichkeiten und weißt es nicht	173
Darum werden wir möglicherweise NIEMALS mit Aliens in Kontakt treten	180
Wird diese eigenartige Technologie die Schifffahrt revolutionieren?	189
So verdient ein Land mit organisierter Kriminalität weltweit Milliarden	195
So leichtfertig setzten die USA die Zukunft der Menschheit aufs Spiel	203
Dieses Teilchen kann uns aus heiterem Himmel treffen	212
Einen Besuch in diesem Freizeitpark überlebst du vielleicht nicht	219
Selbst eine hoch entwickelte Spezies könnte dieses Ereignis nicht abwenden	223
Unterschätzen wir diese Seite des Klimawandels?	230
Das wird dir vielleicht eines Tages auf dem Weg ins Jenseits passieren!	236
Dieser Einstein-Effekt ermöglicht uns Unmögliches, unter einer Bedingung!	242
Danksagung	246
Quellen	247
Bildnachweis	269

Vorwort

Wir leben in einer Zeit, in der wir verlernt haben, aufmerksam zu sein. Werbung, Nachrichten, Videos, Gaming, Messenger: Eine noch nie da gewesene Sintflut von Reizen überschwemmt tagtäglich unser Gehirn. Belohnungszentrum, Schutzinstinkt, die Angst, etwas zu verpassen. Die psychologische Kriegsführung der Marketingabteilungen kennt die Triggerpunkte, die deine Neuronen feuern lassen und dich emotional für die Absenderbotschaft öffnen, bestens. Wir denken, wir sind noch Herr der Lage, doch das sind wir nicht. Wir sind abgelenkt. Dabei ist deine Aufmerksamkeit eines deiner wertvollsten und mächtigsten Instrumente. Sie allein entscheidet maßgeblich über deine Zukunft, also überlege stets weise, worauf du sie lenkst.

Ich habe dieses Buch geschrieben, um mit dir gemeinsam einen Schritt zurückzugehen und das große Gesamtbild zu betrachten. Abseits der schnellen Reizbefriedigung gibt es um uns herum unfassbar viele spannende Geheimnisse zu entdecken, von denen man leider im Alltag nichts mitbekommt. Natur, Wissenschaft, Technik, Weltall: Auf unserer Reise quer durch alle Themengebiete blicken wir bis an den Tellerrand und darüber hinaus, denn eines kann ich dir versprechen: Du dachtest, du kennst die Welt …

Die Existenz der Menschheit ist evolutionsbiologisch eigentlich unmöglich

»Komm, wir packen zusammen!« Donald sortiert seine Werkzeuge und wischt sich dabei die Schweißperlen von der Stirn. Auch an diesem Novembermorgen im Jahr 1974 beginnt die sengende Tageshitze in Hadar in den äthiopischen Badlands bereits langsam zu drücken. »Ja, ab ins Camp«, ruft sein Student Tom und lädt sein Equipment in den Jeep. Vor dem Einsteigen wirft Donald nochmal einen Blick über seine Schulter und hält augenblicklich inne. »Was ist das denn?« Im nahe gelegenen Geröllhang unterhalb einer Abrisskante erblickt er Knochenfragmente. »Tom, schau dir das mal an!« Als sich die beiden nähern, kommen sie aus dem Erstaunen kaum heraus. »Das Stück eines Arms, ein Ellbogen vielleicht?«, bricht es aus Tom heraus. »Und guck, guck! Hier, eine Beckenschaufel!«, setzt Donald nach. Über den gesamten Hang verteilt liegen im frisch herausgebrochenen Gestein unzählige gut erhaltene Fragmente eines Skeletts. Eines Menschenskeletts? Donald Johanson und Tom Gray sind vor Aufregung völlig benommen. Worauf auch immer sie gestoßen sein mögen: Ein derart großer Fund ist eine absolute Sensation.

Unverzüglich rasen die beiden Paläoanthropologen zurück ins Camp und machen durch wildes Hupen bereits aus der Ferne klar, dass etwas Besonderes passiert ist. Den herbeieilenden Kollegen eröffnet Tom euphorisch: »Wir haben das ganze verdammte Ding gefunden!« Begeistert und aufgewühlt kehrt das gesamte Forscherteam zurück zur Fundstelle. In den nächsten drei Wochen sichert die Gruppe mehrere Hundert Knochenfragmente.

Am Ende lassen sich etwa 40 Prozent eines zusammenhängenden Skeletts rekonstruieren. An jenem Abend aber wird erst mal gefeiert. Ausgelassen tanzt man zum Beatles-Song »Lucy in the Sky with Diamonds« – und so setzt sich für das Fossil AL 288-1 ein passender Trivialname durch: »Lucy«.

Wie bedeutsam dieser Fund wirklich sein sollte, ahnt allerdings zu diesem Zeitpunkt noch niemand. Bei der Laboranalyse in den Folgejahren wird nämlich klar: Lucy lässt sich keiner bis zu diesem Zeitpunkt bekannten Kategorie zuordnen. Das 3,2 Millionen Jahre alte Skelett weist deutliche Unterschiede zu dem des

Dr. Jill Biden zu Besuch im Äthiopischen Nationalmuseum. Vor ihr: die Knochenfragmente von Lucy

schon 1924 entdeckten Vormenschen Australopithecus africanus auf, dessen Alter ebenfalls auf 2,5 bis 3 Millionen geschätzt wird. 1978, also 4 Jahre nach dem Fund, ist man sich dann sicher: Donald Johanson und Tom Gray haben eine neue Art entdeckt! Zu Ehren des Fundorts Hadar im äthiopischen Afar-Dreieck tauft Donald sie Australopithecus afarensis. Und Lucys extrem gut erhaltenes Skelett ist der endgültige Beweis dafür, dass unsere Vorfahren weit früher aufrecht auf zwei Beinen gingen als bisher angenommen. Zwar ist Lucy evolutionär ein eigentlich gewöhnlicher Affe, der aber durch den aufrechten Gang bereits erste menschliche Züge aufweist. Eine weltweite Sensation.

Hatte man mit dem Australopithecus afarensis endlich das Bindeglied zwischen Affe und Mensch entdeckt? Eine schwierige Frage, denn woran genau macht man den Übergang fest? Am aufrechten Gang? Lange Zeit hält sich die Hypothese, der aufrechte Gang sei entstanden, als sich vormals in dichten Tropenwäldern lebende Ur-Affen an die allmähliche Savannenbildung anpassten. Tatsächlich hatte im Laufe mehrerer Millionen Jahre auf dem afrikanischen Kontinent der Abstand von Baum zu Baum immer weiter zugenommen und ein dauerhaftes Leben am Boden hatte sich wohl als deutlich vorteilhafter erwiesen als ein weiteres Verharren in den Wipfeln. Doch diese Theorie wird 2009 widerlegt, als man in der Fachzeitschrift *Science* einen weiteren Sensationsfund präsentiert: das Skelett von Ardipithecus ramidus, kurz »Ardi«, ebenfalls aus der Gattung Australopithecus. Es ist noch besser erhalten, noch vollständiger und noch älter als das von Lucy. Geschätztes Alter: 4,4 Millionen Jahre. Nicht nur die Knochenfragmente, auch der Fundort erlaubte phänomenale Rückschlüsse auf Ardis Leben. Ein kürzeres Darmbein und eine Kurve in der unteren Wirbelsäule weisen auch bei Ardi anatomisch auf einen aufrechten Gang hin und ein Fußknochen Namens Os peroneum sorgte für mehr Stabilität im Mittelfuß – das Ganze in einer wahrscheinlich waldähnlichen Umgebung, wie die nahe gelegenen Überreste von Tieren offenbarten. Waldähnliche Umgebung und aufrechtes Gehen? Damit war die Savannen-Hypothese endgültig vom Tisch. Ein weiteres markantes Detail an Ardis Skelett stützt die bis heute gängigste Vermutung: Der Fuß hatte nur vier in einer Linie stehende Zehen. Der fünfte, also der große Zeh, war wie beim Affen typisch nach innen gerichtet – opponierbar –, was es Ardi ermöglichte, mit den Füßen zu greifen. Er konnte sich also gut in Bäumen bewegen, aber auch zügig kurze Strecken am Boden überwinden, eine Fähigkeit, die dem Australopithecus ramidus im Verlauf der späteren Savannisierung das Überleben sicherte. Andere Affenarten, die sich nicht so gut am

Boden bewegen und keine frei gewordenen Arme für andere Aufgaben nutzen konnten, starben mit der Zeit aus.

Der aufrechte Gang kann es also nicht sein, der den Übergang vom Affen zum Menschen markiert. Dazu weisen die Australopithecen noch zu viele andere affenartige Merkmale auf. Gleichzeitig entwickelt sich jedoch langsam eine zweite und wahrscheinlich noch bedeutendere Eigenschaft: Intelligenz. Fand man schon in Ardis Gebiss ungewöhnlich kleine Eckzähne, die auf ein fortgeschrittenes Sozialverhalten dieser Spezies hindeuten, entdeckte man 2010 3,4 Millionen Jahre alte Schnittspuren in Knochen und 2015 3,3 Millionen Jahre alte ultraprimitive Steinbearbeitungen. Relikte, die möglicherweise für einen ersten Werkzeuggebrauch oder gar erste Handwerksversuche während der Australopithecen-Ära sprechen. Interessant, denn eine 3D-Analyse des rekonstruierten Schädels von Lucy, der ungefähr aus derselben Zeit stammt, ergab nur ein sehr geringes Gehirngewicht von gerade einmal 375 bis 500 Gramm – ein Wert, auf den übrigens auch heutige Menschenaffen wie Gorilla, Orang-Utan oder Schimpanse kommen. Man sieht aber klar: Irgendetwas scheint in dieser Ära bereits zu passieren, und was dann geschieht,

In dem sich langsam lichtenden Wald hatte der Australopithecus ramidus durch das aufrechte Gehen einen Überlebensvorteil.

stellt Evolutionsbiologen bis heute vor eines der größten Rätsel der Menschheitsgeschichte.

Denn das Gehirngewicht einiger Primaten innerhalb des Großen Afrikanischen Grabens – des Tals entlang der 6000 Kilometer langen Linie im Osten Afrikas, die seit etwa 35 Millionen Jahren die Somaliaplatte von der Afrikanischen Platte trennt und aus dem auch Lucy stammt – beginnt plötzlich massiv zu wachsen. Waren es bei Lucy wie eben erwähnt noch höchstens 500 Gramm, geht aus den Australopithecinen vor 2,5 Millionen Jahren eine neue Spezies hervor, die bereits eine Hirnmasse von etwa 750 Gramm besitzt und nach derzeitigem Forschungsstand die tatsächliche Grenze von Affe zu Mensch markiert: der Homo rudolfensis, der erste Vertreter des Frühmenschen. Zusammen mit dem sich parallel entwickelnden Homo habilis – die Abgrenzung ist selbst für Paläoanthropologen nicht immer einfach – gelingt es diesem erstmals, Steinwerkzeuge herzustellen und auch zu benutzen. Forscher erklären diesen Sprung vor allem mit der Vergrößerung des Neokortex, eines Teils der Großhirnrinde, der höhere kognitive Fähigkeiten wie Denken oder Sprache ermöglicht.

Entlang des Großen Afrikanischen Grabens spaltet sich die Somaliaplatte mit einer Geschwindigkeit von 45 Millimetern pro Jahr von der Afrikanischen Platte ab und wird in einigen Millionen Jahren eine eigene Landmasse bilden.

Doch es geht weiter: Vor 2 Millionen Jahren kommt dann der Homo erectus zum Vorschein. Ob dieser nun ein Nachfahre des Homo rudolfensis oder aber des Homo habilis ist, auch darüber ist sich die Wissenschaft nach wie vor nicht einig. Tatsache ist: Der Homo erectus bewegt sich als erste Frühmenschenspezies so aufrecht wie der heutige moderne Mensch und er beginnt, das Feuer zu nutzen und sich aus der afrikanischen Riftzone heraus global auszubreiten. Sein Gehirn wiegt bereits

Schädelvergleich (v. l. n. r.): Homo sapiens, Homo neanderthalensis, Homo erectus, Australopithecus africanus

1000 Gramm. 1,4 Millionen Jahre später entwickelt er sich weiter zum Homo heidelbergensis. Sehen manche in Letzterem nur eine ausgereifte Homo-erectus-Art, die in Europa lebte, beträgt sein Hirnvolumen bereits 1200 und das des wiederum aus ihm hervorgehenden Neandertalers sogar 1450 Gramm. Damit sind diese sehr robust und stämmig gebauten Individuen schon in der Lage, Birkenpech als Kleber für Pfeilspitzen zu nutzen, intelligente Jagdstrategien zu entwickeln und als Ausdruck ihrer Erlebnisse Bilder an Höhlenwände zu malen.

Vor etwa 300 000 Jahren geht jedoch noch eine weitere Spezies aus dem Homo erectus hervor, die später die bedeutendste Rolle auf unserem Planeten übernehmen und die absolute, dauerhafte Spitze der Nahrungskette darstellen wird: der Homo sapiens. Er ist dem Neandertaler zwar kognitiv nochmal etwas überlegen, aber deutlich zierlicher gebaut. Während einer mehrere Jahrtausende anhaltenden Koexistenz kommt es immer wieder zu Vermischungen beider Arten, bis sich der Homo sapiens vor 30 000 Jahren schließlich als alleinige Krone der Schöpfung durchsetzt. Unsere heutige Gehirnmasse beträgt im Schnitt 1473 Gramm.

Wahnsinn! Innerhalb des vergleichsweise kurzen Zeitraums von nur 2,4 Millionen Jahren hat sich das Gewicht und damit auch das Volumen des menschlichen Gehirns verdreifacht. Ein Prozess, der nirgendwo anders je beobachtet werden konnte und dessen Auslöser bis heute nicht plausibel erklärt werden kann. Anpassung, heißt es. Okay, aber woran? Und warum sind dann die heutigen Savannen-Primaten kein bisschen intelligenter als die Regenwald-Primaten? Was ist da passiert? Dass sich Lebewesen im Laufe der Zeit verändern, größer oder kleiner werden, andere Nahrung oder Lebensräume bevorzugen, ist normal. Ein derartig explosiver Massezuwachs des Gehirns aber ganz und gar nicht! Dazu kommt, dass sich die Körpergröße des Homo sapiens nicht weiterentwickelt hat. Das Gehirn ist also deutlich überproportional zum Körper gewachsen. Ungewöhnlich, denn ein größeres Gehirn spricht eigentlich nicht für eine höhere Intelligenz, sondern einfach für ein größeres Lebewesen.

Bei uns Menschen scheint also alles irgendwie etwas kurios gelaufen zu sein. Und so sitzen wir hier mit unserem extrem großen Neokortex in einer hochtechnologisierten Welt, führen Kriege, laden Freunde zum Kaffeetrinken ein und zerbrechen uns unseren Kopf darüber, wie und warum wir entstanden sind. Auch heute noch gibt es in der Paläoanthropologie sehr sehr viel zu erforschen. Erst 2019 erschütterte ein nicht ins Schema passender Fund die Welt, als ein Forscherteam im deutschen Allgäu auf ein 11,62 Millionen Jahre altes Affenskelett stieß, das ebenfalls bereits Anzeichen des Zweibeingangs aufwies. Eine evolutionäre Sackgasse, oder werden wir unsere Evolutionsgeschichte bald infrage stellen müssen?

Dieses Ereignis hat uns beinahe ins Mittelalter katapultiert

Carringtons Sternwarte

Wir schreiben den Morgen des 1. September 1859 in Redhill, einem kleinen Vorort südlich von London. Wie schon die letzten sechs Jahre sitzt Richard Christopher Carrington auch heute in seiner kleinen, selbstgebauten Sternwarte und starrt durch ein Teleskop mit speziellen Filtern in die Sonne. Trotz seines jungen Alters von 33 Jahren ist Carrington bereits ein renommierter Sonnenforscher. Zwei Jahre zuvor hat er den wegweisenden *Redhill Catalogue* veröffentlicht, in dem er die durchschnittlichen Positionen von 3735 Sternen über einen Zeitraum von drei Jahren dokumentiert hat.

Doch was er an diesem Tag sieht, ist absolut außergewöhnlich. Ungläubig zieht er den Kopf zurück, reibt sich kurz die Augen, reinigt das Okular und wirft einen erneuten Blick durch das Teleskop. Nein, das war keine Wimper in seinem Auge und auch kein Schmutzfleck auf dem Teleskop – was er hier sieht, sind riesige, dunkle Sonnenflecken! Sofort bringt er seine Beobachtungen zu Papier.

Noch während er zeichnet, beginnen die dunklen Flecken plötzlich weiß aufzublitzen. »So etwas habe ich ja noch nie gesehen!«, ruft Carrington, springt auf und eilt zu seinem wissenschaftlichen Assistenten, um seine spektakuläre Beobachtung mit ihm zu teilen. Als sie wieder zum Teleskop zurückkehren, ist es jedoch bereits zu spät, übrig ist nur noch ein schwaches Glühen. Carrington wird stutzig: »Könnte das etwas mit den mysteriösen Vorkommnissen der letzten Tage zu tun haben?«

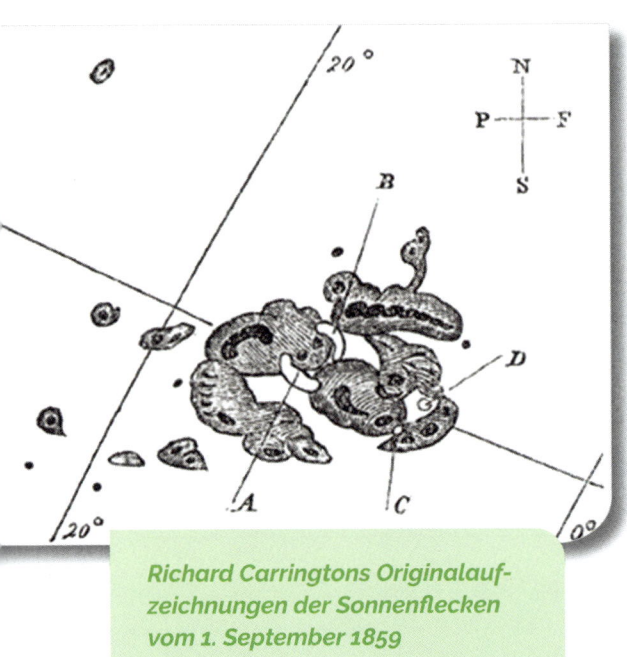

Richard Carringtons Originalaufzeichnungen der Sonnenflecken vom 1. September 1859

So oder so ähnlich könnte ein historischer Roman über das »Carrington-Ereignis« beginnen – den größten jemals beobachteten Sonnensturm. Zu dem Zeitpunkt, als Carrington diese Lichtblitze sah, hatten kleinere Stürme die Menschen rund um den Globus bereits tagelang in Aufruhr versetzt: Vielerorts brachten sie Kompassnadeln zum Rotieren, technische Geräte zum Brennen und den Nachthimmel so hell zum Leuchten, dass man sogar nachts ein Buch lesen konnte. Mitte des 19. Jahrhunderts konnte man sich natürlich noch nicht erklären, was genau da passierte. Heute, nach jahrhundertelanger und mittlerweile satellitengestützter Sonnenforschung, wissen wir zum Glück schon wesentlich mehr.

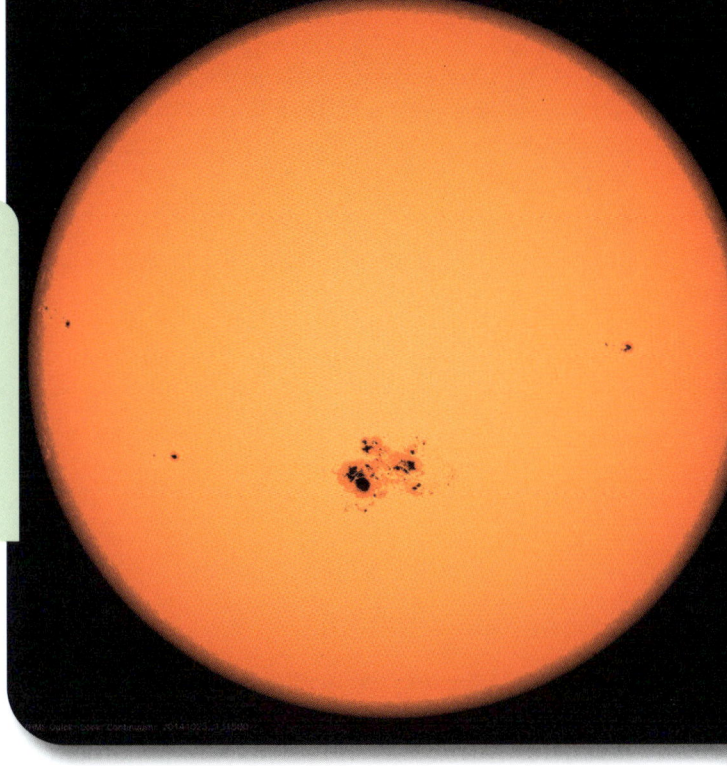

NASA-Aufnahme eines gigantischen Sonnenflecks, der am 23. Oktober 2014 einen Durchmesser von 128 747 Kilometern erreichte

Doch was genau hat Carrington durch sein Teleskop gesehen? Anders als man auf den ersten Blick vielleicht vermutet, handelt es sich bei Sonnenflecken nicht um irgendwelche Objekte auf der Oberfläche. Die Oberfläche der Sonne besteht nämlich ausschließlich aus heißen Gasen, die sich aber aufgrund ihrer ständigen Fluktuation nicht einheitlich bewegen: Während die Polregionen 30 Tage für einen Umlauf benötigen, geschieht das am Äquator bereits in 25 Tagen. Durch diese uneinheitliche Rotation verzerrt sie ständig ihr eigenes Magnetfeld. An Orten, an denen das Magnetfeld nun besonders verzerrt ist, kommt es dabei stellenweise zum Herausbrechen von Magnetfeldlinien. Dadurch wird der heiße Materiezufluss aus dem Sonneninneren gestört und der Wärmenachschub fehlt: Am Ein- und Austrittsort der Magnetfeldlinie entsteht jeweils ein Sonnenfleck. Die Flecken bestehen also wie der Rest des Sterns aus ionisiertem Gas (Plasma), sind jedoch im Vergleich zu den umliegenden Bereichen bis zu 1500 Grad Celsius kühler und daher dunkler.

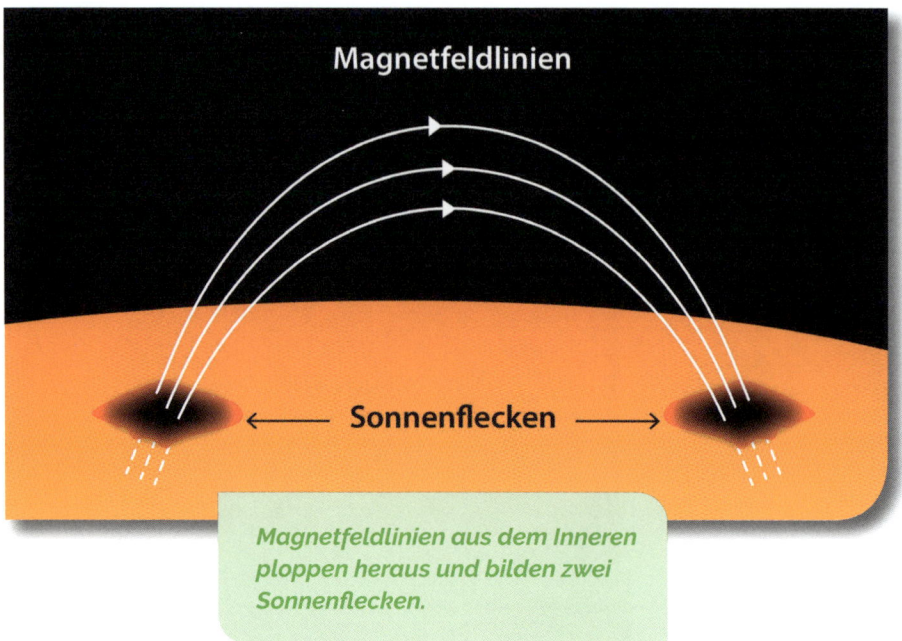

Magnetfeldlinien aus dem Inneren ploppen heraus und bilden zwei Sonnenflecken.

Was am 1. September 1859 geschah, war eine große Ansammlung solcher Sonnenflecken. Das Magnetfeld der Sonne muss folglich massiv gestört gewesen sein. Aber was genau führte zu den Lichtblitzen, die Carrington beobachtete?

Sicher hast du schon einmal zwei Magnete mit dem gleichen Pol zueinander gelegt. Vermutlich hast du dabei nicht nur gesehen, dass sie sich abstoßen, sondern auch, dass sie sich manchmal blitzschnell drehen, um sich miteinander zu verbinden. Etwas Ähnliches passiert, wenn mehrere solcher Sonnenflecken in unmittelbarer Nähe zueinander auftreten und ihre Magnetfeldlinien aufeinandertreffen: Sie verbinden sich und die magnetischen Verspannungen auf der Sonnenoberfläche bauen sich schlagartig ab. Dadurch wird das an den Feldlinien anliegende Plasma abgestoßen und mit einer Geschwindigkeit von bis zu Tausenden Kilometern pro Sekunde – man beachte: pro Sekunde! – von der Sonne weggeschleudert. Dabei kommt es zu einer gigantischen Eruption an Sonnenmasse, die alle terrestrischen Vulkane um einige Größenordnungen übersteigt: dem koronalen Massenauswurf.

Carrington wurde also zufällig Zeuge eines gigantischen koronalen Massenauswurfs. Was er aber nicht sah: Ab diesem Moment war die dabei abgestoßene Teilchenwolke mit einer unglaublichen Geschwindigkeit von über 2000 Kilo-

Unsere Erde (links unten) im Größenvergleich zu einem koronalen Massenauswurf

metern pro Sekunde auf direktem Kurs in Richtung Erde unterwegs und sollte ungefähr 17,5 Stunden später eintreffen. Ein Grund zur Panik?

Trifft solch eine Schockfront aus geladenen Teilchen auf das Magnetfeld der Erde, kommt es zu sogenannten Sonnenstürmen, einem grundsätzlich harmlosen Phänomen. Doch mit steigender Intensität können starke Sonnenstürme auch zu besorgniserregenden Ereignissen führen.

Zunächst einmal ungefährlich und wunderschön ist das Auftreten von Polarlichtern außerhalb der Polarregion. Sie werden sichtbar, da die geladenen Teilchen der ankommenden Schockfront die Teilchen in der oberen Erdatmosphäre anregen. Je nach Art des angeregten Atoms leuchten sie grün und rot (Sauerstoff) oder bei noch höheren Intensitäten auch violett bis blau (Stickstoff). Während des Carrington-Ereignisses war der Sonnensturm derart stark, dass Polarlichter sogar über Kuba, Italien und Hawaii zu sehen waren.

Schon interessanter wird es, wenn wir über technische Geräte sprechen. Auf der Hand liegt zunächst, dass ein gestörtes Magnetfeld Kompassnadeln unbrauchbar macht. Das ist aber nur der Anfang! Durch das sich verändernde Magnetfeld werden auch Elektronen in elektrisch leitenden Materialien verschoben, wodurch Spannung entsteht. Es kann also zu unvorhergesehenen Stromflüssen kommen! Eine sehr große Angriffsfläche bieten hier vor allem Überlandleitungen von Stromnetzen, weshalb es bei stärkeren Sonnenstürmen

Polarlichter gehören zu den harmlosen Folgen einer Sonneneruption.

durchaus zu Schäden an der Leistungselektronik der Stromversorgung – und damit auch zu Stromausfällen – kommen kann.

In den 1850er-Jahren war das kein großes Thema, das Stromnetz entstand erst einige Jahrzehnte später. Was es aber bereits gab, waren etliche Kilometer lange Telegrafenleitungen, an deren Enden sich oft relativ kleine, empfindliche Sende- und Empfangsstationen befanden. Und so kam es, dass die durch das Carrington-Ereignis induzierte elektrische Spannung mancherorts stark genug war, um in den Empfangsgeräten der Telegrafenleitung Funken zu verursachen. Und als wäre das nicht schon genug, verschlimmerte ein einfaches Detail das Ganze zusätzlich: In diesen Telegrafiegeräten befand sich nämlich oft ein leicht entzündlicher Papierstreifen zum Mitschreiben, weshalb einige dieser Geräte sogar in Flammen aufgingen.

Auch heute noch kommt es regelmäßig zu Sonnenstürmen, von denen jedoch nur die wenigsten nennenswerte Probleme verursachen. Da unsere Welt

So sah ein Telegrafiegerät aus. Beachte den heraushängenden Papierstreifen.

aber mittlerweile hochtechnologisiert ist, würde uns ein derart kraftvoller Sonnensturm wie das Carrington-Ereignis zurück ins Mittelalter schicken. Denn neben sofortigen großflächigen Stromausfällen würden auch alle anderen elektronischen Systeme versagen. Mobiltelefone, Internet, neuere Autos, selbst bargeldloses Bezahlen wäre nicht mehr möglich, da sowohl Bezahlterminal und Kommunikationsweg als auch die Empfängerstation der Bank offline wären. Deinen morgendlichen Tee müsstest du dir über offener Flamme kochen. Und das auch nur, wenn du stilles Wasser in Flaschen vorrätig hättest. Wasserhahn, Klospülung und Dusche würden genauso wenig funktionieren wie Kurbelradios, die im Falle eines klassischen Stromausfalls zumindest noch ein geringes Maß an Nachrichtenfluss böten. Besonders heftig träfe es aber das öffentliche Leben: Züge würden stehen bleiben, elektrisch betriebene Türen würden sich nicht mehr öffnen und selbst satellitengestützte Kommunikation wäre nicht mehr möglich, da ein Großteil der im Erdorbit vorhandenen Flugkörper durch die Teilchenstrahlung zerstört würde. Sicherheitskräfte wie Polizei und Militär hätten bereits unmittelbar nach der Katastrophe massive Schwierigkeiten, Recht und Ordnung durchzusetzen, denn ihre Mannschaftswagen und auch ihr Funkverkehr wären lahmgelegt. Es käme aufgrund der chaotischen Zustände zu Angst und Panik und rasch zu ersten Plünderungen. Patienten in Krankenhäu-

Bei einem Sonnensturm in der Dimension des Carrington-Ereignisses würden Großstädte wie New York für einige Monate im Dunkeln versinken.

sern, die auf medizinische Versorgung angewiesen sind, träfe es als Erstes, denn die elektronischen Bauteile unzureichend abgeschirmter Notstromaggregate wären geschmolzen und funktionslos.

Dass wir hier wirklich nicht nur von kleinen Unannehmlichkeiten sprechen, beweist die Risikoeinschätzung der U.S. Army: Für sie stehen die Auswirkungen eines starken Sonnensturms auf derselben Stufe wie der Militärangriff einer feindlichen Großmacht! Die Schäden würden laut Schätzungen in die Billionen Euro gehen und es würde Jahre dauern, sie vollständig zu beheben.

Zumindest ein wenig Abhilfe könnte hier ein Frühwarnsystem aus Dutzenden Sonnenteleskopen schaffen, die auf der Basis ihrer Beobachtungsdaten solare Magnetfeldveränderungen vorhersagen und uns sogar warnen könnten, noch bevor ein gefährlicher koronaler Massenauswurf Kurs auf unsere Erde nähme. Dadurch bliebe den betroffenen Gebieten etwas mehr Vorbereitungszeit, um wenigstens das soziale Chaos abzumildern.

Diese Überlegung ist gar nicht so weit hergeholt, denn tatsächlich: Am 23. Juli 2012 verfehlte ein solarer Supersturm, dessen Stärke ungefähr jener des Carrington-Ereignisses entsprach, nur haarscharf unseren Planeten – die Forscher der NASA veröffentlichten die Analysen dazu aber erst 2 Jahre später, im Jahr 2014. Und du selbst hättest davon vermutlich nie etwas mitbekommen, hättest du dieses Buch nicht gelesen.

Was Richard Carrington bereits in den 1850er-Jahren beobachten und zum Teil sogar richtig deuten konnte, lässt mich immer wieder ehrfürchtig werden vor den Forschern dieser Ära. Mit nur 26 Jahren baute Carrington ganz aus eigenen Mitteln – und nebenbei

Der koronale Massenauswurf am 23. Juli 2012 hätte beinahe zu einem zweiten Carrington-Ereignis geführt. Der Sonnenkörper ist geschwärzt, um den Kontrast zu erhöhen.

gesagt: ohne Bestellmöglichkeit im Internet – seine eigene Sternwarte (siehe Anfangsbild). Carrington erfüllte seine Rolle als Sonnenforscher mit Leib und Seele, denn ironischerweise war er auch ein impulsiver Hitzkopf: Wegen seiner aufbrausenden und wohl manchmal auch unbesonnenen Art erteilten ihm mehrere Universitäten in England eine Absage, als er sich bei ihnen als Wissenschaftler bewarb. Seine Reaktion? Die einzige, die eines echten Sonnenforschers würdig ist: mit heißem Gemüt ein paar Brandbriefe voller Beschwerden versenden – die allerdings allesamt nichts halfen. Dennoch erlangte er Berühmtheit in der Astronomie.

Übrigens: Dass eine Sonneneruption unsere Erde eines Tages zerstören oder wenigstens uns Menschen schaden könnte, schließt die NASA zum jetzigen Zeitpunkt aus.

Um ein Haar hätte diese Maschine Frankreich blamiert

Ohrenbetäubendes Donnern. Paul duckt sich und wenige Sekunden später explodiert das abgefeuerte Geschoss hinter der feindlichen Linie. »Allez! Allez!«, ertönt es hinter ihm. Adjutant Roussel ruft zur Offensive. Paul stößt sich vom matschigen Boden ab und rennt los. Reizüberflutung. Lärm und Adrenalin lassen alles in Zeitlupe erscheinen, doch plötzlich sieht er im etwa 80 Meter entfernten Schützengraben eine schemenhafte Bewegung. Ein feindlicher Soldat setzt an und feuert. Aus dem Augenwinkel sieht Paul, wie ein Kamerad stolpert und fällt. Paul und die anderen rennen weiter. Anvisieren, ein paar vorsichtige Schritte, Luft anhalten, Abzug! Im Schutz des Deckungsfeuers schaffen es die französischen Verteidiger tatsächlich, die deutsche Stellung zurückzuerobern und die Invasoren zurückzudrängen.

Zwei feindliche Schützengräben an der Westfront nahe dem französischen Tilloloy

Es ist der 9. September 1914. Die Schlacht an der Marne markiert an diesem Tag den ersten Wendepunkt des Ersten Weltkriegs. Der vom Deutschen Kaiserreich ausgetüftelte Schlieffen-Plan, mit dem Frankreich innerhalb kürzester Zeit besiegt werden sollte, um die Truppen dann möglichst schnell an die Ostfront gegen Russland verschieben zu können, ist gescheitert. In der Folge bildet sich eine 750 Kilometer lange Front von der Nordsee bis in die Schweiz, die bis auf minimalste Landgewinne nahezu erstarrt. Übersät mit vielen tiefen Schützengräben fragt sich Frankreich: Wie erobern wir unser Land zurück?

Vor allem einer stellt sich diese Frage: der Ingenieur Louis Boirault. Schnell ist klar, dass die größte Herausforderung dieses Krieges genau die langwierigen Grabenkämpfe sind, die heute als Hauptmerkmal des Ersten Weltkriegs gelten. Mit zahlreichen Opfern, aber meist ohne jeglichen Fortschritt.

Was gäbe es also für eine Möglichkeit, das unwegsame Schlachtfeld zu überwinden und tief in die feindlichen Stellungen vorzudringen? Eisenbahnen erweisen sich schnell als ungeeignet, zu absurd ist die Überlegung, ein mobiles Gleisnetz zu verlegen. Und die neuartigen Automobile sind zwar durchaus hilfreich für die Kriegslogistik im Hintergrund, aber für taktische Manöver an der Front nicht zu gebrauchen.

Louis Boirault entwirft also eine eigene Maschine. Im Dezember 1914 präsentiert er dem französischen Kriegsministerium seinen Plan für eine 4 Meter hohe und 8 Meter lange Konstruktion: das Appareil Boirault. Sie soll aus einem riesigen Metallrahmen bestehen, der sich um ein motorisiertes Zentrum dreht und so fortlaufend Gleise »generiert«. Die Idee kommt der ratlosen Regierung gelegen und so stimmt man dem Bau eines Prototyps zu.

Das Appareil Boirault aus dem Jahr 1914

Ein paar Monate später ist es so weit: Mit zwei Männern besetzt überwindet das 80 PS starke Appareil Boirault tatsächlich Gräben von mehreren Metern Länge, Stacheldrahtsperren und einen 5 Meter breiten Trichter. Grundsätzlich also ein Erfolg.

Die Boirault-Maschine überwindet erfolgreich ein Stacheldrahthindernis.

Die Tests zeigen jedoch klar: Die Maschine ist mit ihren 30 Tonnen Gewicht erstens sehr schwer und zweitens sehr träge. Selbst auf ebener Strecke erreicht sie gerade mal eine Höchstgeschwindigkeit von 3 Kilometern pro Stunde und wegen des großen Einzelrahmens lässt sie sich nicht lenken – ein zusätzlicher Hubmechanismus ist nötig. Deshalb – und weil die Maschine schon von Weitem nicht nur hörbar, sondern auch gut sichtbar ist – ist das Appareil Boirault absolut frontuntauglich. Man legt das Konzept auf Eis und verleiht ihm sogar den Spitznamen »Diplodocus militaris«, angelehnt an die Sauropoden, die ähnlich langsam unterwegs waren.

Louis Boirault gibt sich mit dieser Niederlage nicht zufrieden. Er sieht weiterhin großes Potenzial in seiner Erfindung und tüftelt an einer zweiten Version. Was er aber nicht weiß: Der französische Waffenhersteller Schneider verfolgt ähnliche Pläne und hat in der Zwischenzeit die innovativen Raupentraktoren der amerikanischen Holt Company näher untersucht. Deren patentierte Gleisketten mit ihrem eleganten Differenzialgetriebe sind deutlich schneller, leichter und wendiger als die des Appareil Boirault. Ab Mai 1915 fließt das amerikanische Konzept in die Entwicklung des ersten französischen Panzers namens Schneider CA1 ein.

Der erste französische Panzer Schneider CA1

Louis setzt daraufhin alles auf eine Karte. Am 17. August 1916 präsentiert er sein im Vergleich zum Vorgänger deutlich kompakteres und leichteres Appareil Boirault V2. Sechs Metallplattensegmente bieten der Fahrerkabine in der Mitte zusätzlichen Schutz und auch die Lenkung ist neu: Mit einem Wendekreis von 100 Metern bietet die Maschine nun zumindest ein gewisses Maß an Manövrierfähigkeit. Doch so richtig zufrieden ist das Militär nicht. Der zuständige General Gouraud stellt fest, die Maschine mache zwar alles Überrollte dem Erdboden gleich, sei aber insgesamt alles andere als überzeugend: Denn selbst auf ebenem Gelände bringt es das Appareil Boirault V2 nur noch auf ein Tempo von einem einzigen Kilometer pro Stunde. Das Projekt Appareil Boirault ist endgültig gescheitert.

Da die parallele Entwicklung des Schneider-Panzers unterdessen weiter Fahrt aufnahm und die ersten Prototypen als deutlich vielversprechender galten, wurden bereits im Frühjahr 1916 400 kriegsfähige Einheiten bestellt, sodass der Schneider CA1 schließlich als erster französischer Panzer in die Geschichte einging. Die große Begeisterung hielt aber nicht lange an, denn auf den Schlachtfeldern erwiesen sich die neuen Maschinen nicht unbedingt als bahnbrechend:

Innentemperaturen von 50 Grad Celsius, betäubender Lärm und hohe Kohlenmonoxid- und Feinstaubkonzentrationen ließen viele eingesetzte Besatzungsmitglieder das Bewusstsein verlieren. Erst gegen Ende des Ersten Weltkriegs gewannen weiterentwickelte Panzer zunehmend an Bedeutung, wodurch die Alliierten letztlich den Sieg über das Deutsche Kaiserreich erringen konnten.

Louis Boirault ging also nicht als glorreicher Erfinder in die Geschichte ein. Doch er musste aufgrund seiner Arbeit auch nicht an die Front. Das war vielleicht doch kein so schlechter Deal – so entging er immerhin einem Krieg, der 17 Millionen Menschenleben forderte. Wäre Frankreich wirklich mit der Boirault-Maschine auf einem Schlachtfeld aufgetaucht, wer weiß, wie der Erste Weltkrieg geendet hätte. Vielleicht durch einen schnellen Sieg der Franzosen, da die Deutschen vor Lachen sofort kapituliert hätten.

Auch Appareil Boirault V2 konnte nicht überzeugen.

Diese Lebensmittel machen deinen Schädel löchrig

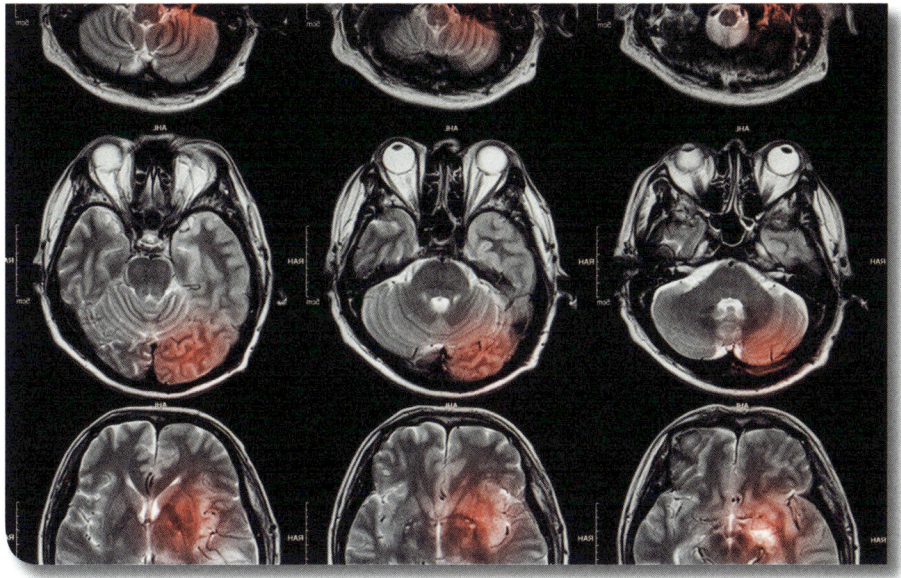

Wir schreiben den 20. Dezember 1898. Wie in den vergangenen Monaten schon so oft, sitzen Pierre und seine Frau Marie auch an diesem kalten, verschneiten Wintertag zusammen in ihrem kleinen Labor an der École normale supérieure in Paris, einer Universität, die bis heute zu den angesehensten der Welt zählt. Auf dem Labortisch vor ihnen steht eine winzig kleine Probe einer bisher unbekannten Substanz, zu deren Extraktion über 1000 Kilogramm uranhaltige Erze aus einer Silbermine im tschechischen Jáchymov verwertet werden mussten. Doch all der Aufwand und die Mühen, die sie in den letzten Monaten in die Herstellung der Probe und deren Untersuchung gesteckt haben, scheinen sich gelohnt zu haben. Die Ergebnisse der Spektralanalysen beseitigen jeden Zweifel: Was da vor ihnen liegt, muss ein neues, bisher gänzlich unbekanntes Element sein. Marie wendet sich von dem kleinen Behälter ab, greift nach ihrem Kugelschreiber und beugt sich über ihr Forschungstagebuch, das sie immer griffbereit neben sich auf dem Tisch liegen hat. »Radium« schreibt sie hinein und gibt damit dem bislang namenlosen Stoff einen Namen, der auf seine starke radioaktive Strahlung anspielt.

Was das Forscherpaar Curie allerdings noch nicht weiß: Die Entzündungen an den Fingerspitzen von Maries Hand, mit der sie gerade den Stift hielt, sind nicht nur irgendwelche Hautreizungen, sondern erste Vorboten der einsetzenden Strahlenkrankheit, die bereits beginnt, ihren Körper zu zersetzen, und schon bald ihr Todesurteil sein wird ...

Zu dieser Zeit tragen Forscher – die Curies eingeschlossen – noch keinen speziellen Schutz, wenn sie mit radioaktiven Substanzen hantieren. Warum auch? Erst 2 Jahre zuvor hatte der Forscherkollege der Curies, Antoine Henri Becquerel, diese neuartige und mysteriöse Art Strahlung überhaupt erstmals nachgewiesen. Niemand, absolut niemand, nicht einmal der intelligenteste Kopf hätte zu dieser Zeit erahnen können, welch heftige Probleme Radioaktivität und langfristige Strahlenbelastung hervorrufen würde.

Im Gegenteil – denn nur 3 Jahre nach Entdeckung des Radiums führt ein verhängnisvolles Ereignis die Menschheit auf eine komplett falsche Fährte: Pierre Curie beobachtet 1901, dass Radium in der Lage ist, Krebszellen abzutöten – ein scheinbar positiver Effekt von radioaktiver Strahlung. Die Nachricht schlägt ein wie eine Bombe und sorgt bei Forschern und Medizinern für große Euphorie. Man versucht daraufhin eifrig, das Potenzial der Anwendung von Radium in der Krebstherapie auszuloten, und neben radiumhaltigen Salben entstehen

Radium entsteht in winzigen Mengen beim natürlichen Zerfall von Uran. Hier abgebildet: Uranerz mit Uraninit (schwarz), auch Pechblende genannt

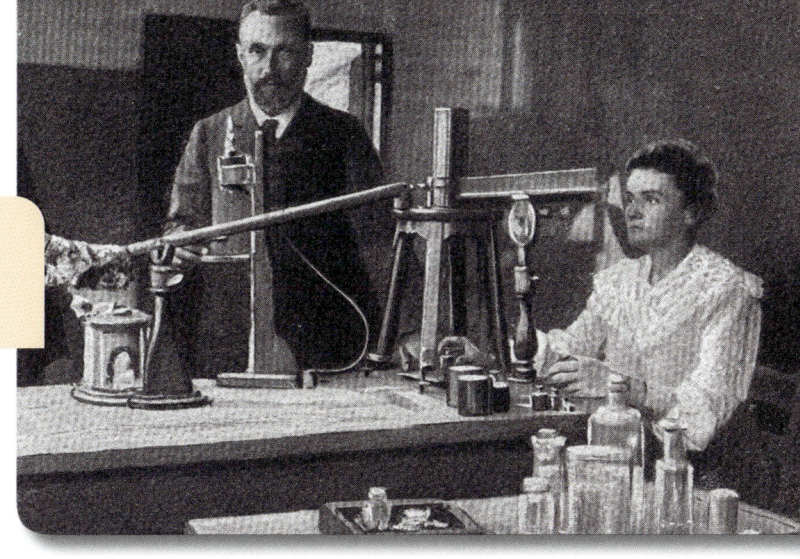

Pierre und Marie Curie in ihrem Labor

auch Ansätze wie die sogenannte »Curie-Therapie«, bei der Radium direkt in Tumore injiziert wird.

Auch fernab der Wissenschaft und Schulmedizin wird durch diese Entdeckung ein regelrechter, von blindem Optimismus getriebener Hype um radioaktive Stoffe losgetreten. Die Hoffnung macht sich breit, dass es sich dabei um ein Wunderheilmittel handeln könnte, das neue Lebensenergie verleiht, und viele Geschäftsleute wittern Profit. Was dann in den 1920er- und 1930er-Jahren geschieht, ist aus heutiger Sicht absolut unvorstellbar: Aus »Radioaktivität« wird eine attraktive Produkteigenschaft, ein echtes Alleinstellungsmerkmal.

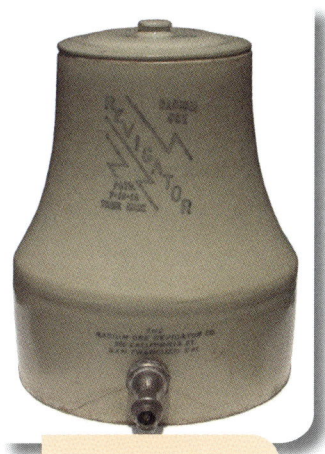

Der Radium Ore Revigator

Erster Einsatzbereich: Trinkwasseroptimierung – beispielsweise mit dem »Radium Ore Revigator«, einem Wasserspender aus uran- und radiumhaltigem Erz. Beim radioaktiven Zerfall des Topfmaterials wurde das ebenfalls strahlende Element Radon freigesetzt, das sich im Wasser ansammelte. Laut Hersteller sollte man mindestens acht Gläser radioaktives Wasser am Tag trinken, um den größten gesundheitlichen Nutzen zu erzielen.

Für gesundheitsbewusste Schokoliebhaber gab es die Burkbraun Radium Schokolade, produziert mit radiumversetztem Wasser. Laut Werbebroschüre konnte man damit seinen Körper effektiv von innen heraus verjüngen: »Das Geheimnis ihrer rasch durchgreifenden Wirkung beruht darauf, dass das Radium aus dieser Edelschokolade ohne Verzug in die Blutbahn und so in alle Organe, ins Zentralnervensystem, in die Drüsen, in die Nerven bis in die letzten Verästelungen und Zellen gelangt.« Wohl bekomm's!

Der Trend machte auch vor Pflegeprodukten keinen Halt: So versprach die Berliner Auergesellschaft den Anwendern ihrer thoriumhaltigen Doramad Zahnpasta »neue Lebensenergie« für die Zellen im Mund – und das auch noch mit »neuartigem, angenehmem, mildem und erfrischendem Geschmack«.

Strahlendes Lächeln mit der radioaktiven Doramad Zahncreme

Für leuchtende Haut im wahrsten Sinne des Wortes sollten Produkte des französischen Unternehmens Tho-Radia sorgen, das noch bis 1937 Hautcremes und Seifen mit Radium und Thorium anbot. Um Vertrauen zu erwecken, warb die Marke mit dem Slogan »Nach der Rezeptur von Dr. Alfred Curie«. Letzterer hatte allerdings bis auf seinen Nachnamen rein gar nichts mit Marie und Pierre Curie und deren Arbeit gemein.

Doch Radioaktivität verlieh nicht nur Gesundheit und Schönheit von innen und außen – so meinte man zumindest –, sie brachte auch Alltagsgegenstände zum Leuchten: zum Beispiel die Zifferblätter von Uhren. Dazu vermischte man Radium mit einem Leuchtmittel wie

Gesichtspuder mit Radium von Tho-Radia

Uhr mit radiolumineszenten Elementen; Tasse aus Uranglas

Phosphor, dessen Teilchen durch die Energie der radioaktiven Strahlung angeregt wurden. Die so erzeugte Radiolumineszenz brachte Zahlen und Zeiger blassgrün zum Leuchten, und das bis in die 1970er-Jahre.

Ebenfalls wegen des Leuchteffekts wurden sogar noch bis in die 1980er-Jahre auch Haushaltsgegenstände aus Glas und Porzellan mit radioaktiven Substanzen grünlich oder orange-rötlich eingefärbt. Bis heute findet man solche Stücke noch in vielen Haushalten – aber keine Panik: Solange sie nicht beschädigt sind, geht davon im Regelfall keine große Gefahr aus.

Nun stellt sich natürlich die Frage: Was haben all diese Produkte bei ihren Nutzerinnen und Nutzern angerichtet?

Wie man heute weiß, sind fast alle radioaktiven Stoffe, die damals verwendet wurden – also Uran, Thorium, Radium und Radon – Alpha-Strahler. Alpha-Strahlen sind die größte und langsamste Art der radioaktiven Strahlung und bestehen aus Heliumkernen mit jeweils zwei Protonen und Neutronen. Weil diese Strahlen aus teilchenphysikalischer Sicht ziemlich dick sind, sind sie auch am leichtesten abblockbar: Schon ein Blatt Papier oder aber die äußerste Schicht der menschlichen Haut, die aus abgestorbenen Zellen besteht, bietet ausreichenden Schutz. Doch wenn man Alpha-strahlende Substanzen isst oder trinkt, transportiert man sie ins Körperinnere. Dort prallen die Strahlen nicht auf tote, sondern direkt auf lebende Zellen – und sprengen dabei ganze Teile des Erbguts. Der Schaden, den sie dabei anrichten, ist bis zu 20-mal höher als der Schaden von außen wesentlich schwerer abzublockenden Beta- oder Gamma-Strahlen.

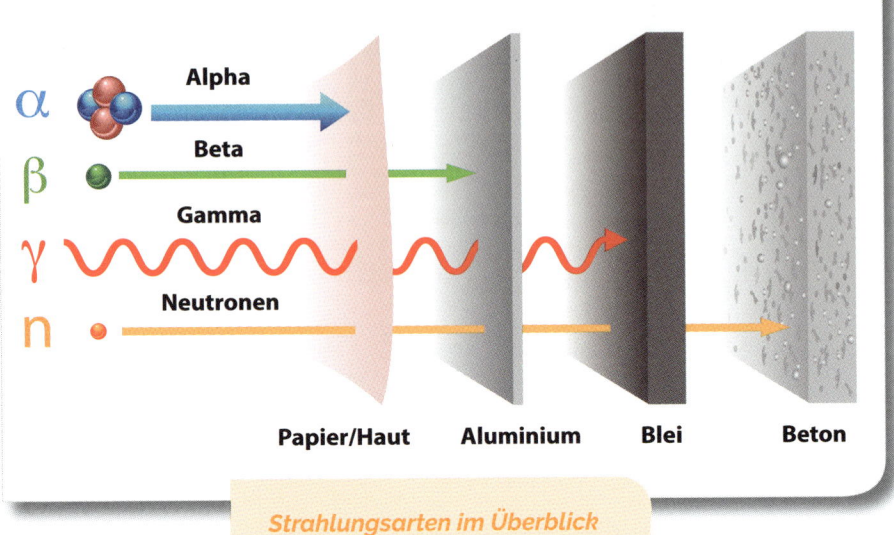

Strahlungsarten im Überblick

Was im Körper zurückbleibt, sind Zellen mit beschädigtem Bauplan, die sich vermehren und dadurch Fehlbildungen, Tumore und Krebsgeschwüre hervorrufen. Zwei denkwürdige Geschichten von extremen Fällen machen die Konsequenzen einer langfristigen intensiven Strahlenbelastung besonders deutlich:

Eben Byers in den 1920er-Jahren; Radithor, das radioaktive Wasser, das er regelmäßig trank

Eben Byers war ein US-amerikanischer Industrieller, Sportler und Lebemann. Nachdem er 1927 im Alter von 47 Jahren in einem Nachtzug von seinem Hochbett gefallen war und sich dabei einen Arm verletzt hatte, begann er auf Anraten seines Arztes, Radithor einzunehmen – ein teures Mittel aus destilliertem Wasser mit einem gewaltigen Schuss Radium. Byers fühlte sich nach jedem Schluck wie neu geboren, weshalb er sich dazu entschloss, das »Wunderheilmittel« täglich zu trinken. Erst nach 3 Jahren – und insgesamt 1400 Dosen – setzte er das »Medikament« ab. Was man damals nicht wusste: Das entspricht der dreifachen letalen Menge.

Für uns heute wenig überraschend ging es mit Byers in den folgenden eineinhalb Jahren rapide bergab. Zunächst litt er »nur« unter Gewichtsverlust und Kopfschmerzen, doch dann fielen ihm die ersten Zähne aus. Da Radium eine chemische Ähnlichkeit zu Kalzium besitzt, lagert es sich vermehrt in den Knochen ein, die sich dadurch nicht mehr nachbilden. Die Folge: Byers begann bei lebendigem Leib zu zerbröseln. Als er kaum noch zum Sprechen fähig war, entfernte man ihm seinen brüchigen Kiefer bis auf zwei Schneidezähne. Doch auch die restlichen Knochen waren schwer betroffen. Selbst seine Schädelknochen begannen sich aufzulösen, sodass man unter seiner Kopfhaut weiche Stellen ertasten konnte. Im März 1932 starb Byers schließlich an Krebs, auch dieser eine Folge seiner heftigen Radiumvergiftung.

Ein ähnliches Schicksal erlebten die heute als »Radium Girls« bekannten Fabrikarbeiterinnen in Newark, New Jersey. Sie waren von 1917 bis 1926 bei der U.S. Radium Corporation tätig, wo sie Uhren mit radiumhaltiger Leuchtfarbe bemal-

Die Radium Girls bei ihrer todbringenden Tätigkeit

ten. Und das richtig gern, galt es doch als Ehre, mit der teuren Uranfarbe arbeiten zu dürfen. Laut Arbeitgeber war die Farbe absolut harmlos, weshalb sich die Arbeiterinnen heimlich auch Fingernägel, Gesicht und sogar Zähne bemalten, um mit dem sanften Leuchten abends ihre Familien überraschen zu können. Ebenso trugen sie bei der Arbeit häufig ihre Sonntagskleider in der Hoffnung, auch diese durch gelegentlichen Kontakt mit der Farbe zum Leuchten zu bringen.

Da schmerzt es schon beinahe zu wissen, wie schamlos der Spaß dieser Frauen von ihren Vorgesetzten ausgenutzt wurde. Obwohl die Gefahren radioaktiver Materialien zu dieser Zeit noch nicht gut erforscht waren, munkelten Manager sowie unternehmensinterne Wissenschaftler und Chemiker bereits hinter vorgehaltener Hand, dass die Strahlung des Radiums äußerst problematische gesundheitliche Folgen haben könnte. Sie selbst wagten sich deswegen nur mit Zangen, Gesichtsmasken und Bleischürzen an Radium heran, doch die Parole gegenüber den Mitarbeiterinnen in der Fabrik lautete weiterhin: »Keine Sorge, alles völlig ungefährlich!« Doch nicht nur das: Weil die Farbe recht teuer war und die Geschäftsführer das Maximum an Gewinn herausholen wollten, wiesen sie ihre Mitarbeiterinnen an, für eine maximale Präzision regelmäßig die Pinselhaare mit ihren Lippen anzuspitzen: »Lip, dip, paint.«

Wie Byers fielen auch den Fabrikarbeiterinnen zunächst die Zähne aus. Dann kam es zu Geschwüren, gefolgt von Blutarmut, Menstruationsunregelmäßigkeiten, Unfruchtbarkeit und Knochenproblemen wie dem zuvor beschriebenen »Radiumkiefer«. Den ersten Todesfall gab es 1923, ein Jahr später starb ein Dutzend weiterer Frauen und 1927 waren letztlich insgesamt rund 50 Arbeiterinnen den Folgen der berufsbedingten Radiumvergiftung erlegen.

Eine Handvoll überlebende »Radium Girls« ging gerichtlich

Strahlenschäden an den Händen nach dauerhaftem ungeschütztem Kontakt

gegen die U.S. Radium Corporation vor – kein leichtes Unterfangen. Der Prozess endete 1928 mit einem Vergleich, in dessen Rahmen jeder der Klägerinnen ein Schmerzensgeld und die Übernahme der Arztkosten zugesprochen wurde. Doch ihr Schicksal war durch die heftige Verstrahlung leider schon besiegelt und viele von ihnen verstarben im Laufe der nächsten Monate und Jahre.

Anders als Byers und die »Radium Girls« hatten die meisten Menschen damals Glück im Unglück: Viele der auf dem Markt verfügbaren Produkte enthielten nur wenig, manchmal sogar auch gar kein radioaktives Material. Stoffe wie Radium zählen zu den seltensten natürlichen Elementen und wie eingangs erwähnt, musste man sich damals durch Tonnen von Erzen arbeiten, um auch nur kleinste Mengen davon zu gewinnen. Deswegen entschied sich so manches Unternehmen dafür, lieber die Kundschaft hinters Licht zu führen, anstatt tief in die Tasche zu greifen. Doch da Gesundheit bekanntlich unbezahlbar ist, war das wohl für die geprellten Kunden letztendlich das deutlich geringere Übel und sie konnten ohne Löcher im Schädel weiterleben.

PS: Google niemals »Eben Byers Kiefer« ... mach's bitte wirklich nicht ...

Wenn du dieses Geräusch hörst, schwimm um dein Leben!

Das Geräusch dauert nur kurz, aber es geht ihm durch Mark und Bein. Ohrenbetäubend. Die Ohren klingeln. Ein stechender Schmerz bohrt sich in Jozefs Trommelfell. Seine Lunge vibriert und er bekommt kaum Luft. Tiefes Wummern. Alles um ihn herum verschwimmt. Wo ist oben? Wo ist unten? Übelkeit überkommt ihn und er kann keinen klaren Gedanken fassen. Alles, woran er in diesem Moment denken kann, ist: Überleben! Panisch beginnt der Hobbytaucher mit den Armen zu rudern, um irgendwie an die Oberfläche zu gelangen. Es sind eigentlich nur wenige Meter, aber wo zur Hölle ist oben? Er schwimmt dorthin, wo das diffuse Licht herkommt. Ein weiteres Wummern.

Mit einem letzten angestrengten Armzug reckt Jozef den Kopf aus dem Wasser. Unendlich langsam kehrt sein Gleichgewichtssinn zurück. Die Übelkeit ebbt ab. Er nimmt das Mundstück seiner Sauerstoffflasche heraus und sieht sich hektisch nach einem herannahenden Boot um. In der kleinen Bucht ist nichts zu sehen.

Erst viel später findet Jozef heraus, warum er hier nicht hätte tauchen dürfen. Die Verbotsschilder hatten durchaus ihre Berechtigung: Unweit der Stelle befindet sich ein Militärhafen. Dass man in der unmittelbaren Nähe größerer Schiffe wegen deren Sogwirkung nicht schwimmen sollte, ist ja hinreichend bekannt. Im Umkreis einiger Kilometer um ein Militärschiff zu tauchen kann aber ebenso gefährlich sein. Und zwar aus einem einfachen Grund: Sonar.

So sieht ein Sonargerät am Schiff aus.

Ein aktives Sonargerät wird grundsätzlich dazu verwendet, durch Aussenden und Empfangen von Schallwellen die Umgebung auf Hindernisse zu untersuchen und so die Unterwasserwelt zu kartografieren. Dabei können Hindernisse auch Lebewesen wie Wale oder aber feindliche Kriegsmaschinerie wie Schiffe, U-Boote und Minen sein. Die Reichweite eines Sonargerätes hängt sowohl von der Frequenz als auch von der Lautstärke der ausgesendeten Schallwelle ab. Moderne Sonare sind deshalb laut. Sehr laut.

Um zu verstehen, wie laut das sein kann, stell dir vor, jemand trötet direkt neben dir in eine Trompete. Das ist schon wirklich sehr unangenehm laut. Wir sprechen hier von einem Schalldruckpegel um 130 Dezibel, was etwa unserer akustischen Schmerzgrenze entspricht. Geht man darüber hinaus – sagen wir auf 160 Dezibel, was einem direkt am Ohr platzenden Partyballon entspricht –, dann tut es irgendwann nicht mehr nur weh: Derartig laute Geräusche können temporär oder in schlimmen Fällen sogar permanent taub machen, indem sie Trommelfell und Sinneszellen im Ohr irreparabel schädigen. Die immense Lautstärke kann zudem ein akustisches Trauma auslösen, das abgesehen von einem Hörverlust mit einem heftig stechenden Schmerz im Ohr und kurzzeitiger Desorientierung einhergehen kann. Aus diesem Grund werden Schallwellen auch bewusst als Waffe eingesetzt, um Gegner für gewisse Zeit außer Gefecht zu setzen oder dazu zu zwingen, sich von der Schallquelle zu entfernen. Blendgranaten erreichen beispielsweise neben ihrer Helligkeit auch einen Schalldruckpegel von etwa 170 Dezibel.

Ist der eintreffende Schwingungsimpuls stark genug, reißt spätestens ab 184 Dezibel das Trommelfell. So erging es übrigens der Besatzung der *Norham Castle*, eines Schiffs, das 1883 beim Ausbruch des indonesischen Vulkans Krakatau nur einige Kilometer entfernt war. Kapitän Sampson schrieb ins Logbuch: »Die Explosionen sind so heftig, dass die Trommelfelle von mehr als der Hälfte meiner Besatzung zerschmettert worden sind. Meine letzten Gedanken sind bei meiner lieben Frau. Ich bin überzeugt, dass der Tag des Jüngsten Gerichts gekommen ist.«

Ab einem Schalldruckpegel von etwa 200 Dezibel schließlich stirbt man im Prinzip sofort, weil durch die starken Druckwellen die Lungenbläschen platzen. Das hört sich vielleicht nicht nach sonderlich viel an, aber das ist etwa 1000-mal lauter als ein Gewehrschuss mit 140 Dezibel und vergleichbar mit einem Saturn-V-Raketenstart. Ja, logarithmische Skalen sind erstaunlich.

Aber wie laut ist jetzt ein Sonar? Das sogenannte Low-Frequency Active Sonar der U.S. Navy erreicht teilweise einen Schalldruckpegel von bis zu 240 Dezibel. Das ist wirklich unglaublich laut. Man muss an dieser Stelle aber anmerken, dass sich die Einheit Dezibel in der Luft und im Wasser nur schwer vergleichen lässt. Was man aber weiß, ist, dass sich der Schall eines solchen Sonars im Wasser über eine Fläche von etwa 800 000 Quadratkilometern ausbreitet. Das ist eine Fläche, die mehr als doppelt so groß ist wie Deutschland. Inzwischen gibt es kaum noch einen Teil der Ozeane, der nicht durch ständigen technischen Lärm belastet wäre. Jay R. Murray, ein erfahrener Sporttaucher, berichtete 1994, während eines Tauchgangs in der Nähe von Monterey in Kalifornien ein tiefes, beunruhigendes Geräusch gehört zu haben: »Ich konnte spüren, wie meine Lunge bei jedem Pulsschlag vibrierte.« Wie sich später herausstellte, hatte sich Jay R. Murray in

Bilder wie diese sieht man immer wieder. Und jedes Mal fragt man sich aufs Neue, weshalb die Wale zur Küste schwimmen. Einer der Gründe dürfte wohl Sonar sein.

etwa 160 Kilometern Entfernung von einem »klassifizierten Test der Regierung« befunden. Man kann sich also vorstellen, wie laut das Geräusch an der Quelle gewesen sein muss. Außerdem ist bekannt, dass Sonar als Taucherschutz für Militärschiffe verwendet wird, da es Taucher davon abhält, dort tauchen zu gehen, solange die Schiffe beispielsweise im Hafen oder vor Anker liegen.

Dass eine derartige Geräuschkulisse erhebliche Auswirkungen auf die Tierwelt hat, ist wohl keine große Überraschung.

Verschiedene Walbeobachtungen haben gezeigt, dass bestimmte Frequenzen und allgemein laute Geräusche das Jagd-, Kommunikations- und Paarungsverhalten von Walen stark verändern können. So flüchten beispielsweise Schnabelwale und Blauwale vor mittelfrequenten Sonarwellen. Tauchen die Wale dann zu schnell auf, erleiden sie die auch bei Tauchern gefürchtete Dekompressionskrankheit. Dabei wird durch den raschen Druckabfall ein Teil des im Blut gelösten Stickstoffs gasförmig und bildet kleine Blasen – so ähnlich wie bei einer geschüttelten Cola-Flasche, die man zu schnell aufmacht –, wodurch Gewebe und Organe geschädigt werden können. Im Jahr 2000 strandeten nach einer Sonar-Übung des US-Militärs auf den Bahamas 17 Wale, von denen einige verdächtig aus Augen und Ohren bluteten. In anderen Fällen flohen Wale vermutlich vor den Geräuschen und verirrten sich dabei in viel zu flache Gewässer.

Wenn du also im Urlaub mal wieder tauchen gehst und plötzlich deine Lunge anfängt zu vibrieren, dann schwimm um dein Leben. Vielleicht ist es ein Sonar, vielleicht auch ein Pottwal, dessen 230 Dezibel starke Echoortung zu den lautesten Geräuschen der Tierwelt gehört. Wie auch immer: Tauch' bloß nicht zu schnell auf!

PS: Solltest du es schaffen, 1100 Dezibel laut zu schreien, so würden sich die Luftteilchen derart stark komprimieren, dass ein schwarzes Loch entstünde.

Diese Monsterwellen überragen sogar Wolkenkratzer

»So etwas habe ich noch nie gesehen. Diese Wellen sind gewaltig. Wir haben sehr schlechtes Wetter, die Brücke ist beschädigt und einige Bullaugen sind eingeschlagen!« Es ist der 12. Dezember 1978 um kurz nach Mitternacht, als der Funkoffizier Jörg Ernst seinen Funkspruch absetzt. Ernst gehört zur Besatzung der *München*, eines der modernsten und größten Containerschiffe seiner Zeit. Der Frachter ist nördlich der Azoren im Atlantik in einen Orkan geraten. Der Wind peitscht und die salzigen Atlantikwellen erreichen Höhen von 15 Metern.

Klingt heftig? Eigentlich war das noch kein Grund zur Besorgnis, da alle Schiffe zu dieser Zeit für Wellen dieser Höhe entwickelt wurden. Man ging damals so-

Fotomontage der München, *im roten Kreis erkennt man die Befestigung des Rettungsboots in 20 Metern Höhe*

gar davon aus, dass Wellen über 15 Meter Höhe quasi unmöglich seien. Die *München* hatte bereits viele Stürme überstanden, warum also nicht auch diesen?

Eiskalt und unbarmherzig blies der Orkan mit Windstärke 11 über den Ozean und warf den gigantischen, 260 Meter langen Frachter wie ein Spielzeug über die sich haushoch auftürmenden Wellen. Chaotische Schnee- und Hagelschauer raubten dem erfahrenen Kapitän Johann Dänekamp die Sicht. Der letzte Funkspruch der *München* ertönte um 3:10 Uhr, ein sehr schwaches Signal: SOS. Trotz der anschließenden groß angelegten Suchaktion, einer der größten in der Geschichte der Seefahrt, wurde die *München* nie gefunden. Das Einzige, was man Wochen später tatsächlich fand, war ein beschädigtes Rettungsboot, das ursprünglich mit Metallbolzen an der *München* befestigt gewesen war. Diese Metallbolzen waren stark nach hinten verbogen. Das Merkwürdige: Das Rettungsboot hing ursprünglich in 20 Metern Höhe ... Bis heute ist die Ursache für die Havarie der *München* nicht zweifelsfrei geklärt, aber einiges deutet darauf hin, dass das hochmoderne Schiff Opfer einer sogenannten Monsterwelle wurde (ja, das ist tatsächlich der Fachbegriff).

Die *München* galt – ebenso wie die *Titanic* – als unsinkbar. Vielleicht sollte man in Zukunft etwas vorsichtiger mit dieser Bezeichnung sein.

Jahrhundertelang galten Monsterwellen als Seemannsgarn, zweifelhafte Geschichten, die Seeleute gebannten Zuhörern in Hafenkneipen oder am Kaminfeuer erzählten, während draußen langsam der Winter einbrach. Seit Mitte des 19. Jahrhunderts nutzt man zur Simulation von Meereswellen die sogenannte lineare Wellentheorie. Sie liefert einen Ansatz zur Berechnung der statistischen

Verteilung möglicher Wellenhöhen und ihrer Auftrittswahrscheinlichkeit. Nach dieser Theorie dürfte eine 30 Meter hohe Welle nur etwa alle 10 000 Jahre auftreten. Schon 20 Meter hohe Wellen werden als so unwahrscheinlich eingestuft, dass man im Schiffsbau lange Zeit nur Wellenhöhen von knapp über 15 Metern berücksichtigt. Dass es sich bei dieser Annahme um einen fatalen Irrtum handelt, findet man erst sehr viel später heraus. Zu spät für die Besatzung der *München* und vieler weiterer Schiffe.

Fast 20 Jahre später, im Jahr 1995, werden dann zweifelsfrei gleich zwei Wellen mit Höhen von deutlich über 20 Metern gemessen: Erst wird am Neujahrstag die norwegische Ölbohrplattform *Draupner-E* in der Nordsee von einer 25,6 Meter hohen Welle getroffen, dann kollidiert die *Queen Elizabeth II (QE2)*, eines der größten Kreuzfahrtschiffe seiner Zeit, nur wenige Monate später mit einer etwa 27 Meter hohen Welle. Manche glauben sogar, die Welle sei 33 Meter hoch gewesen. Der Kapitän der *QE2*, Ronald Warwick, sagt später in einem Interview: »Aus der Dunkelheit kam diese gewaltige Wand aus Wasser. Ich habe in meinem ganzen Leben noch nie so eine riesige Welle gesehen.« Todesmutig steuert Warwick das Schiff frontal in die Riesenwelle und rettet es so vor dem Untergang.

Rein statistisch war ein solches Ereignis nahezu ausgeschlossen. Die Welt der Wissenschaft war in Aufruhr.

Man wusste nun also, dass entgegen den gängigen mathematischen Wahrscheinlichkeitsberechnungen auf offenem Meer durchaus gewaltige Wellen um die 30 Meter entstehen können. Solche Wellen würden die meisten Mehrfamilienhäuser und auch das Brandenburger Tor deutlich überragen, was schon etwas gruselig ist.

Die Queen Elizabeth II *lange nach ihrer Begegnung mit der Monsterwelle*

Diese sogenannten Oberflächenwellen entstehen hauptsächlich durch Wind. Wie genau daraus Monsterwellen werden, ist nach wie vor Gegenstand der Forschung. Es gibt aber verschiedene Faktoren, die die Bildung furchterregend hoher Wellen begünstigen: starker Wind, den Wellen entgegenlaufende Meeresströmungen, abrupt flacher werdendes Wasser und die Überlagerung mehrerer Wellen mit unterschiedlicher Richtung oder Geschwindigkeit.

Ein Ort, an dem mehrere dieser Faktoren zusammenkommen, ist das relativ zentral an der portugiesischen Westküste gelegene Nazaré. Hier sorgt der nahezu senkrecht auf den Ort zulaufende und bis zu 5000 Meter tiefe Nazaré-Canyon kurz vor der Küste für einen abrupten Übergang von sehr tiefem zu sehr flachem Wasser. Unter günstigen Bedingungen entsteht außerdem am

Der Surfspot Nazaré in Portugal mit einer gewaltigen Welle (man erkennt sogar ganz winzig den Surfer)

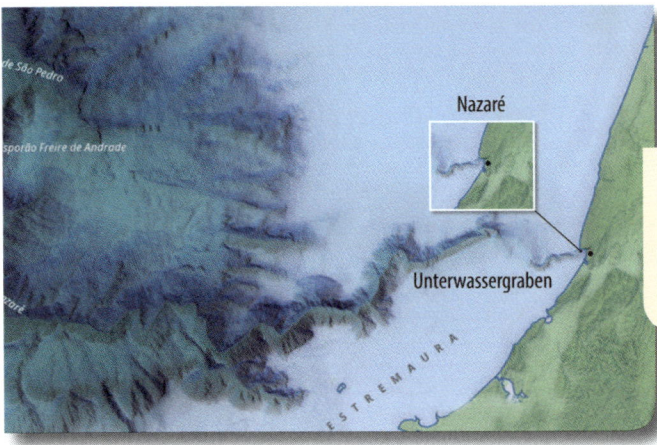

Der lange, direkt auf die Küste von Nazaré zulaufende Unterwassergraben

südlichen Teil der Küste eine Strömung, die den ohnehin schon großen Wellen entgegenläuft, sie nach Norden drückt und dabei noch größer macht. Steht dann noch der Wind günstig, kann man hier Wellen mit bis zu 30 Metern Höhe bestaunen. Oder aber man kann sich wagemutig ins Wasser begeben und diese Wellen surfen. So versammelt sich jedes Jahr die internationale Elite der Big-Wave-Surfer in Nazaré, angelockt von Sponsorengeldern und der Jagd nach Extremen. Den aktuellen Weltrekord hält der Deutsche Sebastian Steudtner. Er bezwang 2020 eine Welle von unglaublichen 26,21 Metern Höhe. Dimensionen, bei denen Fehler tödlich sind.

Wellen wie die bei Nazaré sind zwar sehr hoch, führen aber nur vergleichsweise wenig Wasser mit sich. Sie brechen deshalb vor der Küste und können

Links: Der Tsunami beim Auftreffen auf die thailändische Küste. Hier war die Welle vergleichsweise klein und Schäden hielten sich in Grenzen. Rechts: Ganz anders sah es in der Provinz Aceh auf Sumatra aus. Hier waren die Wellen am höchsten. Kaum ein Stein blieb auf dem anderen.

nicht kilometerweit ins Landesinnere vordringen. Darin unterscheiden sie sich von Tsunamis. Die entstehen nämlich bei einem Erdbeben durch das Anheben gewaltiger Mengen Wasser um wenige Dezimeter. Eine solche sehr kleine und von Schiffen deshalb auf offener See kaum wahrnehmbare Erhebung breitet sich dann vom Epizentrum des Bebens mit bis zu 800 Kilometern pro Stunde in alle Richtungen aus. Trifft sie auf Land, wird sie stark abgebremst und baut sich dabei zu einer verheerenden Welle auf, die bis tief ins Landesinnere alles vernichten kann. So auch der Tsunami, der 2004 nach einem Erdbeben der Stärke 9,1 vor der indonesischen Insel Sumatra an vielen Küstenregionen um den Indischen Ozean ein nie da gewesenes Bild der Zerstörung hinterließ. Obwohl die Wellen beispielsweise an Sumatras Westküste in Lhok Nga teilweise 30 Meter Höhe erreichten, waren es an den meisten Küsten weniger als 10 Meter. Dabei ist nicht allein die Wellenhöhe eines Tsunamis ausschlaggebend, sondern in erster Linie die gewaltige Menge an mitgeführtem Wasser. Insgesamt verloren 230 000 Menschen ihr Leben, mehr als bei den Atombombenabwürfen von Hiroshima und Nagasaki zusammen.

Survival-Tipp

Wie du vielleicht weißt, zieht sich vor einem Tsunami innerhalb kürzester Zeit das Wasser mehrere Hundert Meter weit zurück. Es liegt deshalb nahe, in so einem Fall in höherliegende Ebenen zu flüchten. Was viele nicht wissen, ist, dass bei einem Tsunami meist mehrere Wellen mit steigender Höhe aufeinanderfolgen. Bleib also in Sicherheit, auch wenn es vielleicht wirkt, als hätte sich die Situation beruhigt.

Doch woher kommen nun die Wellen, die Wolkenkratzer überragen können, also die sogenannten Megatsunamis? Anders als »normale« Tsunamis werden Megatsunamis nicht durch Erdbeben ausgelöst, sondern durch besonders heftige Meteoriteneinschläge oder Bergstürze, bei denen Teile der Landmasse ins Meer abrutschen. Daher werden sie auch Impakt-Tsunamis genannt. Nach einer Definition des Tsunami-Forschers James Goff liegt die Wellenhöhe bei Megatsunamis direkt am Ort des Ereignisses, also dort, wo Masse auf Meer trifft, bei satten 100 Metern, also signifikant über der von durch Erdbeben verursachten Tsunamis.

»Pff… solche Wellen entstehen doch wahrscheinlich eh nur alle paar Millionen Jahre«, denkst du jetzt vielleicht. Tatsächlich ereignete sich der jüngste wirklich heftige bekannte Megatsunami vor gar nicht langer Zeit, nämlich am 17. Juni 2017. Ein Bergsturz aus etwa einem Kilometer Höhe verursachte eine Welle von etwa 90 Metern Höhe, also in etwa so hoch wie die Freiheitsstatue. Beim Auftreffen auf das grönländische Dorf Nuugaatsiaq war die Welle zwar nur noch wenige Meter hoch, dennoch kamen vier Menschen ums Leben. Hier wird ein wichtiger Unterschied zu normalen Tsunamis deutlich: Megatsunamis verlieren schnell an Höhe, wenn sie sich von ihrem Ursprungsort entfernen.

Nur 2 Jahre zuvor, am 17. Oktober 2015, hatten sich durch einen gewaltigen Erdrutsch 180 Millionen Tonnen Gestein der Westflanke eines Berges in Alaska gelöst und waren mit einer Geschwindigkeit von knapp 100 Kilometern pro Stunde in den Taan-Fjord der Icy Bay gestürzt. Dort verdrängte das Material geschätzte 76 Millionen Kubikmeter Wasser und verursachte so einen Megatsunami, der beim Auftreffen auf einen der Fjordhänge eine Höhe von 193 Metern erreichte.

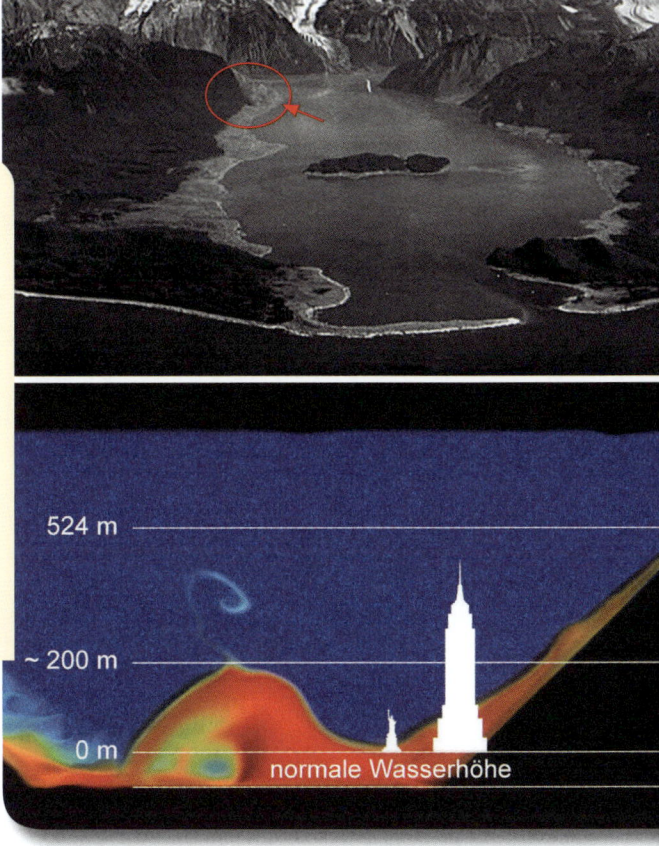

Blick auf die Lituya Bay nach dem Megatsunami 1958. Die hellgrauen Ränder des Ufers markieren die vom Tsunami getroffenen Flächen. Der rote Pfeil zeigt auf den Hügel, an dem die Welle eine Höhe von 524 Metern erreichte. Zum Größenvergleich die Freiheitsstatue und das Empire State Building

Dies sind keine Einzelfälle, und tatsächlich sind auch aus der Vergangenheit noch weitere solcher Ereignisse bekannt. Das mit Abstand gewaltigste dieser Art ereignete sich am 9. Juli 1958, als Howard G. Ulrich gemeinsam mit seinem 7 Jahre alten Sohn in seinem kleinen Boot namens *Edrie* in der Lituya Bay an der Nordküste Alaskas ankerte. Ein Erdbeben ließ Howard aufschrecken. Dann ertönte ein Krachen, das der besorgte Fischer wie »eine Atombombenexplosion« beschrieb. Das Erdbeben hatte einen Bergsturz ausgelöst. Etwa 90 Millionen Tonnen Eis und Gestein stürzten aus einer Höhe von fast einem Kilometer direkt in die Bucht. Die resultierende Welle war Howard zufolge 300 Meter hoch. Simulationen gehen eher von 200 Metern aus. Fakt ist, dass sie sich beim Auftreffen auf die dem Bergsturz gegenüberliegende Seite der Bucht so hoch auftürmte, dass bis zu einer Höhe von 524 Metern alle Bäume weggespült wurden. 524 Meter ... Das ist höher als das Empire State Building in New York, das gerade mal 442,9 Meter misst! In vielen Videos wird die Welle selbst als 524 Meter hoch beschrieben. Das ist Simulationen und Howards Aussage zufolge jedoch falsch.

Als die Welle die *Edrie* erreichte, hatte sie wohl »nur noch« eine Höhe von 20 Metern. Howard und sein Sohn überlebten wie durch ein Wunder. Später beschrieb ein weiterer Überlebender, Bill Swanson, dass sein Boot *Bagder* von der Welle erfasst und wie ein Surfbrett vor ihr hergeschoben wurde. Beim Hinunterblicken sahen Bill und seine Frau Vivian, wie sie in einer geschätzten Höhe von 25 Metern über Bäume am Eingang der Bucht hinwegfegten, ehe sie in den offenen Ozean gespuckt wurden. Auch sie kamen mit dem Schrecken davon. Ein drittes Boot – die *Sunmore* – hatte nicht so viel Glück: Es wurde einfach mitgerissen. Beide Insassen starben.

Wie wahrscheinlich ist es also, dass wir selbst Zeitzeugen eines solchen Megatsunamis werden? Das kann man nicht mit Sicherheit sagen, doch gibt es einige Indizien für mögliche Ereignisse in der Zukunft. 1949 bildete sich auf der beliebten Urlaubsinsel La Palma bei einem Ausbruch des Vulkans San

Blick auf die Cumbre Vieja und einen riesigen Bereich erstarrter Lava

Blick auf den Barry-Gletscher und den gefährdeten Hang (zu erkennen an der roten Markierung)

Juan in der berüchtigten Vulkankette Cumbre Vieja ein 2 Kilometer langer Riss in der Erdkruste und ein großer Teil der Vulkankette rutschte einige Meter Richtung Westen ab. Es wird befürchtet, dass weitere Vulkanausbrüche die Cumbre Vieja destabilisieren könnten. Sollte dies geschehen, könnten bis zu 500 Milliarden Tonnen Gestein ins Meer stürzen – wir erinnern uns an den 524 Meter hohen Megatsunami in Alaska, bei dem »nur« 90 Millionen Tonnen die Ursache waren. Die 5000-fache Menge an Material hätte selbstverständlich erheblich schlimmere Konsequenzen: Simulationen zufolge wäre die dabei entstehende Welle am Ursprungsort bis zu 900 Meter hoch und würde selbst Teile der 5700 Kilometer entfernten Atlantikküste Nord- und Südamerikas noch mit zahlreichen 10 bis 25 Meter hohen Wellen treffen. Glücklicherweise ist ein Abrutschen innerhalb der nächsten 10 000 Jahre Forschern der TU Delft zufolge eher unwahrscheinlich. Vielleicht genauso unwahrscheinlich, wie es lange Zeit schien, einer 30 Meter hohen Welle auf offenem Meer zu begegnen. Denn ... oh, tatsächlich ist die Cumbre Vieja ja erst kürzlich, im September 2021, erneut ausgebrochen. Welchen Einfluss das auf die Stabilität der Vulkankette hat, muss allerdings erst noch untersucht werden. Eine klarere Prognose wagen Forscher beim Barry-Gletscher im Chugach National Forest in Alaska. Satellitenbilder zeigen, dass sich ein dem Gletscher benachbarter Berghang in den vergangenen Jahren verlagert hat. Weil der Barry-Gletscher aufgrund des Klimawandels seit einigen Jahren immer schneller schmilzt und deshalb den darunter liegenden Erdmassen weniger Halt bietet, hat sich auch die Bewegung des Berghanges merklich beschleunigt. Ein Bergsturz wäre fatal, wird aber immer wahrscheinlicher. Egal wie oft sie es durchrechneten, kamen mehrere Forschergruppen zum selben Ergebnis: Bis zum Jahr 2040 wird es höchstwahrscheinlich zu einem Megatsunami mit Wellen von mehreren Hundert Metern Höhe kommen. Im Gegensatz zur nahezu unbewohnten Lituya Bay ist die Gegend um den Barry-Gletscher ein beliebtes Reiseziel für Touristen und beheimatet mehrere kleine Ortschaften. Aktuell werden Sicherheitsvorkehrungen getroffen, um die Folgen einer potenziellen Katastrophe bestmöglich abzumildern. Hoffen wir, dass sich die Wissenschaft hier tatsächlich mal irrt!

PS: Wie du wahrscheinlich weißt, geht man davon aus, dass die Dinosaurier vor ca. 66 Millionen Jahren unter anderem einem gewaltigen Meteoriteneinschlag zum Opfer fielen. Berechnungen ergaben, dass der Einschlag – hervorragend nachvollziehbar durch den dadurch entstandenen Chicxulub-Krater an der Nordküste von Yucatán in Mexiko – eine Monsterwelle mit einer Höhe von bis zu gigantischen 1500 Metern ausgelöst haben könnte. Das entspricht der vierfachen Höhe des Berliner Fernsehturms.

Dieser Mann wurde von einem Teilchenbeschleuniger getroffen – doch was dann geschah, stellte Mediziner vor ein Rätsel

»Was ist das denn schon wieder …?!« In seinen Bürostuhl zurückgelehnt und den linken Arm hinter dem Kopf hämmert Anatolis rechter Zeigefinger mehrmals auf die Eingabetaste, doch das Kontrolllämpchen geht nicht aus. Er dreht sich zu seinen Kollegen: »Hattet ihr das schon mal?« Doch mehr als ein Achselzucken und ein gelangweiltes »Ja, da leuchtet immer irgendwas« bekommt er nicht. Schließlich steht Anatoli auf. »Alles muss man selber machen …«, murmelt der 36-Jährige und schlurft in Richtung Ausgang. Dort nimmt er am Telefon den Hörer ab, drückt die Kurzwahltaste und meldet der Zentrale, er sei in 5 Minuten unten an einem der Ausgänge des Beschleunigers.

Anatoli Bugorski ist Wissenschaftler am Institut für Hochenergiephysik im ehemals sowjetischen Protwino. Als Physiker forscht er am Teilchenbeschleuniger U-70 Synchrotron, dem zum Zeitpunkt seines Baus im Jahr 1967 weltweit stärksten Gerät dieser Art. Hier werden Protonen schrittweise auf etwa 299 700 Kilometer pro Sekunde beschleunigt, also knapp auf Lichtgeschwindigkeit. Der Ring, in dem diese subatomaren Teilchen durch Magnetspulen auf Kurs gehalten werden, ist knapp 1,5 Kilometer lang – die Protonen durchlaufen ihn am Schluss also 199 800 Mal *pro Sekunde!* Am Ende lässt man sie entweder mit gegenlaufenden Teilchen kollidieren oder leitet sie aus dem Ring zu einem Ausgang, um dort ein bestimmtes Ziel zu beschießen.

Kontrollraum des U-70

Anatoli begibt sich nun also zu einem dieser Beschleunigerausgänge. Doch gibt es an diesem 3. Juni 1978 nicht nur ein Problem mit irgendeinem fehlerhaften Bauteil, sondern mit dem gesamten Sicherheitssystem. Um zu seinem Zielort zu gelangen, muss Anatoli noch durch eine letzte Sicherheitstür. Das Display dort ist inaktiv, alles scheint okay. Anatoli greift zur Türklinke und öffnet die Tür ohne den geringsten Widerstand. Was er zu diesem Zeitpunkt nicht weiß: Im Display ist eine einfache Lampe defekt, und noch viel schlimmer: Der Teilchenbeschleuniger, den die Zentrale nach seinem Anruf hätte abschalten sollen, ist noch aktiv! Was dann geschieht, geht als weltweit einziger jemals dokumentierter Fall dieser Art in die Geschichte ein: Anatoli beugt sich zu den Messinstrumenten, als ein Teilchenstrahl aus dem Kanal schießt und mehrere Billionen Protonen von hinten durch seinen Kopf jagt. Der 2 × 3 Millimeter dicke Strahl brennt sich entlang der Schläfenbeinpyramide durch sein Innenohr und tritt am linken Nasenflügel wieder aus.

Für den Bruchteil einer Sekunde sieht Anatoli einen gleißenden Lichtblitz, heller als tausend Sonnen. Das Kuriose? Anatoli spürt keinerlei Schmerz. Erschrocken zuckt er zurück. Zwar registriert er, dass gerade irgendetwas Ungutes passiert sein muss, aber statt den Vorfall zu melden, geht der Forscher einfach

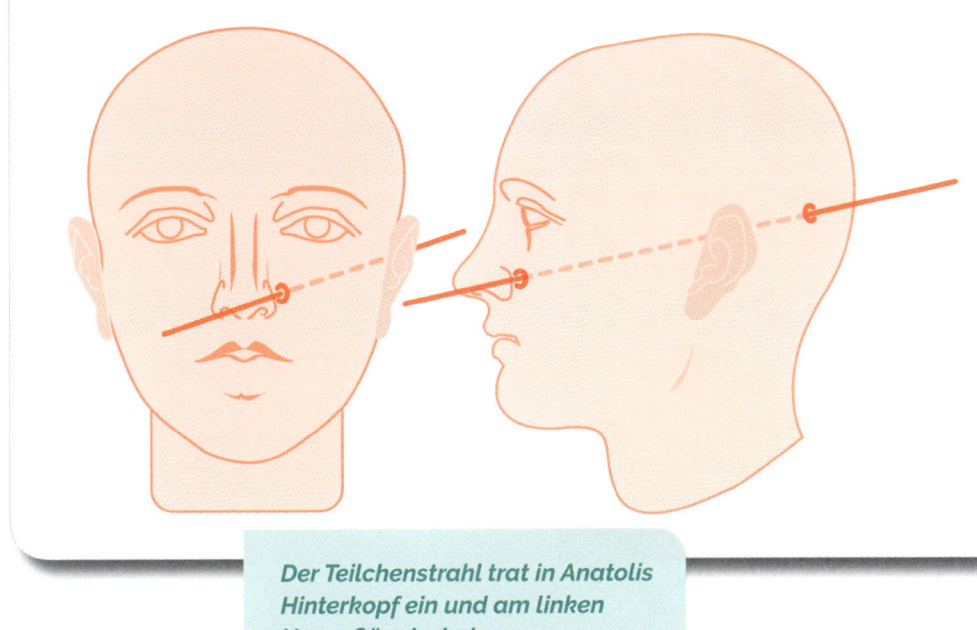

Der Teilchenstrahl trat in Anatolis Hinterkopf ein und am linken Nasenflügel wieder aus.

zurück an seinen Arbeitsplatz, macht Notizen in seinem Tagebuch und beendet später regulär seinen Dienst – ohne ein Sterbenswörtchen darüber zu verlieren, was ihm widerfahren ist.

Als allerdings am nächsten Morgen seine linke Gesichtshälfte fürchterlich geschwollen ist, begibt er sich in ärztliche Behandlung und erzählt von dem Vorfall. Zuerst glaubt man ihm nicht: Denn eigentlich müsste er tot sein. Immerhin hat Anatoli Bugorski das Dreihundertfache dessen abbekommen, was als tödliche Strahlendosis gilt. Sofort wird er nach Moskau in eine Spezialklinik gebracht, wo sich die bekanntesten Ärzte der ganzen Sowjetunion um ihn kümmern – allen voran die Radiologin Angelina Guskowa, die 8 Jahre später die Behandlung der Strahlenkranken aus Tschernobyl leiten wird. Mit seinem bis zur Unkenntlichkeit geschwollenen Gesicht und einem Loch längs durch den Schädel liegt Anatoli auf der Intensivstation, wo eigentlich alle davon ausgehen, dass er nur noch 2 bis 3 Wochen zu leben hat. Alles spricht dafür.

Doch es passiert: nichts. Zumindest nicht viel. Seine Haut schält sich zwar und zeigt um die Wunde strahlentypische Verbrennungen, doch alles andere ist unauffällig. Und auch die Schwellung bildet sich langsam zurück, sodass Anatoli schon bald aus dem Krankenhaus entlassen werden kann. Wie ist das mög-

Anatoli Bugorski

lich? Anatoli hat zwar eine deutlich höhere Menge Strahlen abbekommen als »klassische« Strahlenkranke. Doch die Strahlung war durch den schmalen und hochpräzisen Durchschuss lokal stark begrenzt, sodass die tatsächlich aufgenommene Dosis um ein Vielfaches geringer war – was ihm vermutlich das Leben rettete.

Wieder zu Hause, wird Anatoli zunächst zu strenger Geheimhaltung verpflichtet, muss aber regelmäßig zur ärztlichen Kontrolle. Die Verbrennung in seinem Schädel setzt sich fort: Nach 2 Jahren ist seine linke Gesichtshälfte komplett gelähmt. Zudem klagt er über einen kompletten Hörverlust des linken Ohrs und andauernden Tinnitus. Doch abgesehen davon geht es ihm gut, so gut, dass er eineinhalb Jahre später sogar wieder an seinen alten Arbeitsplatz zurückkehren kann. Seine geistigen Fähigkeiten sind auf wundersame Weise nahezu unbeeinträchtigt. Ihm fällt lediglich eine schnellere geistige Erschöpfung auf, weshalb er es 1980 leider nicht schafft, seine vor dem Unfall begonnene Doktorarbeit abzuschließen. Dennoch ist er noch lange Jahre als Koordinator von Teilchenstrahlexperimenten tätig.

Anatoli Bugorski lebt immer noch, auch wenn er wiederholt mit epileptischen Anfällen zu kämpfen hatte. Seinen Optimismus hat er nicht verloren, und er ist dankbar, dass der Sport und der starke Rückhalt seiner Frau Wera ihn so lange haben überleben lassen.

Diese Insekten geben dir einen Vorgeschmack auf die Hölle

Als ich mich an die raue Rinde des Faramea-Baumes lehnte, stieß ich einen Seufzer der Erschöpfung aus. Stundenlang war ich durch den dichten Regenwald von Costa Rica gestapft und hatte mich einzig und allein darauf konzentriert, einen sicheren Platz für die Nacht zu finden. Doch als ich jetzt in einem kurzen Moment der Unachtsamkeit meine Augen schloss, vergaß ich eine wichtige Lektion: In der Wildnis gibt es keine Pausen. Sofort spürte ich einen plötzlichen, unerträglichen Schmerz durch meine Hand schießen, die ich reflexartig zu einer zitternden Faust verkrampfte. War ich von Wilderern angeschossen worden?! Ich keuchte und stolperte zurück. Meine Augen weiteten sich vor Schreck, als ich den Grund für meine Schmerzen sah: Ich war gestochen worden. Aber von was?

Ja, es gibt sie wirklich: Insekten, deren Stiche so extrem schmerzhaft sind, dass sich selbst Survival-Experten vor ihnen fürchten. Doch wie können wir wissen, vor welchen Insekten wir uns in Acht nehmen müssen und welches den heftigsten Schmerz auslöst? Zum Glück müssen wir das nicht mehr selbst herausfinden, sondern können auf die Erfahrungen des US-amerikanischen Forschers Justin Orvel Schmidt zurückgreifen – des wohl hartgesottensten Wissenschaftlers überhaupt. Ganz nach dem Motto »Alles für die Wissenschaft!« ließ er sich im Laufe seines Arbeitslebens von etwa 150 verschiedenen Insektenarten stechen und brachte seine Erkenntnisse – oftmals in sehr malerischen Worten – zu Papier.

Der Liste, die aus diesen Versuchen heraus entsteht, gibt Schmidt den klangvollen Titel »Schmidt Sting Pain Index«. Der Index unterscheidet grundsätzlich zwischen vier verschiedenen Schmerzintensitäten: von fast unbemerkbaren (Stufe 1.0) bis hin zu reinen, intensiven, strahlenden Schmerzen, die den Verstand ausschalten (Stufe 4.0). Die Skala ist dabei so gestaffelt, dass der Schmerz innerhalb jeder Stufe um den Faktor 10 ansteigt. Entsprechend ist ein Stich der Stärke 4.0 etwa 1000-mal so schmerzhaft wie ein Stich der Stärke 1.0.

Bei uns in Mitteleuropa sind die meisten Insekten recht harmlos, und falls sie stechen, liegt der verursachte Schmerz laut Schmidt nicht über 2.0. Es beginnt mit dem Stich einiger kleiner Bienenarten, denen Schmidt einen Wert von unbedeutenden 1.0 zuordnet. Dazu zählen zum Beispiel die rötlichen Blut- oder Buckelbienen und die größtenteils schwarz- bis dunkelbraunen Furchenbienen. Ihr Stich fühlt sich in etwa so an, als würde man sich ein Armhaar ausreißen.

Links: Blutbiene; rechts: Furchenbiene der Gattung Halictus

Die Große Knotenameise, die ihre Nester am liebsten in den Böden der Mittelgebirge und Gebirge baut, gibt mit einem Rating von 1.8 schon etwas mehr Gas. Die Arbeiterinnen sind etwa 6 bis 9 Millimeter lang und haben bis auf den etwas dunkleren Kopf und Hinterleib ein rötliches Erscheinungsbild. Ihr Stich ähnelt immerhin schon einem ordentlichen Kniff in den Unterarm.

Falls du dich jetzt fragst, seit wann Ameisen stechen können, sollte deine Frage eher lauten: Seit wann können Ameisen nicht mehr stechen? Ameisen

Eine Große Knotenameise in Angriffsstellung – beachte, wie sie den Hinterleib zum Stechen nach vorne biegt.

stammen ursprünglich von den Wespen ab, und daher ist eher interessant, warum sich der Stachel bei vielen Ameisenarten zurückgebildet hat. Hinsichtlich der Selbstverteidigung bietet er nämlich den großen Vorteil, dass Ameisen sich zum einen festbeißen und zusätzlich über ihren Stachel Gift absondern können.

Was aber alle Insektenstiche gemeinsam haben, die auf dem Index höchstens 1.9 erreichen: Der Schmerz ist meist nach maximal 5 Minuten wieder vollständig abgeklungen. Konfrontationen mit den üblichen Verdächtigen des Sommers – Wespen, Honigbienen und Hornissen – enden hingegen schon in Schmerzen, die auf Schmidts Skala auf Stufe 2.0 und darüber angesiedelt sind. Hier sollte man sich bereits auf ein Brennen auf der Haut gefasst machen, das etwa 5 bis 10 Minuten andauert und von kleinen, schmerzhaften, rötlichen Schwellungen umgeben ist.

Obwohl Hornissen im direkten Vergleich zu Honigbienen ziemlich groß sind, sollte man nach Schmidts Ergebnissen vor beiden gleich viel Respekt haben: Die Schmerzen, die ihre Stiche verursachen, unterscheiden sich tatsächlich kaum. Das Gift einer Hornisse ist sogar weit weniger stark, aber durch das zusätzlich enthaltene Acetylcholin etwas schmerzintensiver. Der altbekannte Spruch »Drei Hornissenstiche töten dich« ist demnach nicht einmal im Ansatz korrekt.

Etwas Schlimmeres als ein Honigbienen- oder Hornissenstich kann einem im heimischen Garten glücklicherweise kaum passieren. Dafür müssen wir uns auf den amerikanischen Doppelkontinent begeben.

Fast schon berüchtigt ist der sogenannte Tarantulafalke, eine Wespenart, die im Süden der USA und in Mittelamerika heimisch ist. Mit seinen orangenen Flügeln und dem schwarz-blau schimmernden Körper könnte man den Taran-

Ein Wespenstachel unter dem Mikroskop – stark vergrößert erinnert er fast schon an ein scharfes Messer.

tulafalken fast schon als »schön« bezeichnen – würde es sich dabei mit 5 Zentimetern Gesamtlänge nicht um eine der größten Wespen überhaupt handeln.

Der bunt schimmernde Tarantulafalke sieht faszinierend aus.

Abgesehen von seiner völlig übertriebenen Größe hat der Tarantulafalke auch einen überaus schmerzhaften Stich, dem Justin O. Schmidt eine glatte 4.0 verpasst und den er als »heftig« und »furchtbar elektrisch« beschreibt – als würde dir jemand einen eingeschalteten Fön ins Schaumbad werfen. Dieser Schmerz schaltet deinen Verstand aus und du kannst nichts mehr anderes tun als schreien ... 5 Minuten soll er andauern, eine Zeit, die einem aber wohl eher wie Stunden vorkommt.

Das ist aber noch nicht alles: Der hochpotente Stich des Tarantulafalken dient nicht nur der Verteidigung, sondern spielt auch eine essenzielle Rolle bei der Fortpflanzung: Ist es Zeit für Nachwuchs, lockt das Tarantulafalken-Weibchen eine Vogelspinne an und lähmt sie mit einem gezielten Stich in den Bauch. Anschließend zerrt sie ihr Opfer in ein Erdloch, legt ein Ei in dessen Hinterleib und verschließt das Erdloch von außen. Sobald die Larve aus dem Ei schlüpft, ernährt sie sich bis zur Verpuppung vom lebendigen Körper der Spinne.

So barbarisch das klingt: Der Tarantulafalke ist dem Menschen gegenüber relativ friedlich und sticht hauptsächlich zur Verteidigung, wenn er bedrängt wird.

Ein Tarantulafalken-Weibchen bei der Jagd nach einer Vogelspinne

Du hast gedacht, bei Schmerzlevel 4.0 sei Schluss? Für Schmidt war das zumindest zunächst der Fall – bis er auf einer Forschungsreise mit Insekten in Kontakt kam, deren Stichschmerz alles Bisherige in den Schatten stellte. Er sah sich deshalb gezwungen, eine zusätzliche Kategorie einzuführen: 4.0+.

Auf dieser Stufe siedelt Schmidt den Stich der schmerzhaftesten aller Ameisen, der 24-Stunden-Ameise, an. Diese gehört mit bis zu 3,5 Zentimetern Länge zu den größten Ameisen überhaupt und ist in ihrer Größe vergleichbar mit einer bei uns heimischen Hornisse. Ihre relativ kleinen Nester mit nur ein paar Hundert Bewohnern baut sie meist am Fuße saftiger grüner Bäume in den immerfeuchten tropischen Wäldern Mittel- und Südamerikas.

Auch bei der 24-Stunden-Ameise wäre ein Stich eher unsere eigene Schuld, denn auch sie ist einerseits nicht aggressiv und sucht andererseits ihre Nahrung weit außerhalb des menschlichen Lebensbereichs in Baumkronen. Doch wenn sie uns sticht, ist Ende Gelände: Der Stich brennt nicht nur so extrem, dass Justin O. Schmidt das Gefühl hatte, er renne mit einem rostigen Nagel im Fuß über glühende Kohlen – nein! Er hält auch noch bis zu 24 Stunden an. Im Englischen heißt diese Ameise übrigens »Bullet Ant« (Gewehrkugel-Ameise), da ihr Schmerz so strahlend ist, als hätte dich jemand mit dem Gewehr angeschossen.

Aber wie gesagt, es gibt keinen plausiblen Grund, weshalb du jemals mit dieser Ameise in Kontakt kommen solltest – außer du bist männlich und gehörst dem indigenen Volk der Sateré-Mawé an: Zur offiziellen Mannwerdung muss jeder Heranwachsende eine halbe Stunde lang einen Bast-Handschuh tragen, in den zuvor etwa 200 dieser erbarmungslosen Ameisen eingewebt wurden. Ist er danach abgehärtet und hat noch Ambitionen, eine Führungsposition innerhalb des Stammes zu übernehmen, muss er diese Tortur im Lauf seiner Karriere noch bis zu 25-mal aushalten.

Bereits die Mundwerkzeuge der 24-Stunden-Ameise sehen schmerzhaft aus.

Ganz am oberen Ende des Schmerz-Index findet sich aber noch ein etwas unbekannterer Eintrag: die Kriegerwespe. Sie ist ebenfalls in Mittel- und Südamerika heimisch und hat es als einziges Insekt geschafft, dass sich Schmidt fragte: Warum zum Teufel habe ich mit dieser Liste angefangen? Ihr Stich sorgt für ein bis zu 2 Stunden anhaltendes Erlebnis, das Schmidt als »Folter. Du bist angekettet im Lavastrom eines aktiven Vulkans« beschreibt. Schließ einfach kurz deine Augen und versuche, dieses Gefühl nachzuvollziehen! Mit knapp 2 Zentimetern Länge ist diese Wespenart zwar eher unbeeindruckend, doch ihrem schwarz-bläulichen Äußeren und ihren sarkophagähnlichen Nestern solltest du trotzdem nicht zu nahe kommen. Willst du es aber doch darauf anlegen, könntest du der Forschung von Prof. Marcia Mortari zuarbeiten. Sie und ihr Team haben herausgefunden, dass das Gift der Kriegerwespe eine Verbindung enthält, die genauso wirksam gegen Angstzustände zu sein scheint wie das Medikament Diazepam. Bisher wurde das allerdings nur an Ratten getestet, also Freiwillige vor!

Das Nest der Kriegerwespe der Gattung Synoeca hängt an Baumstämmen in eineinhalb bis sechs Metern Höhe.

Auch wenn wir nun das oberste Ende von Schmidts Index erreicht haben, so gibt es doch noch ein letztes Insekt, das er in seiner Arbeit vergessen oder bewusst vermieden hat. Dessen Stich ist nämlich so potent, dass er nicht nur unvorstellbar qualvoll ist, sondern sogar bleibende Schäden verursachen kann. Die Rede ist von der Henkerwespe. Ihr gelber Körper mit ganz leicht ins Braune gehenden Segmenten erinnert an eine »Standardwespe« auf Zaubertrank. Sie wird doppelt so groß, in seltenen Fällen sogar 3,3 Zentimeter, und macht durch ihre satten Farben optisch großen Eindruck. Auch die Henkerwespe ist eigentlich ein friedfertiges Lebewesen. Und doch gibt es auch hier wieder Menschen, die es ganz genau wissen wollen: So ließ es sich der YouTuber Nathaniel »Coyote« Peterson nicht nehmen, ihren Stich am eigenen Leibe zu erleben. Obwohl sich Coyote schon davor – genau wie Schmidt – den unerbittlichsten Insektenstichen ausgesetzt hatte, setzte er die Henkerwespe nach seinem Selbstversuch sofort an die absolute Schmerz-Spitze. Sein Arm war tagelang angeschwollen und seine Haut rund um die Einstichstelle starb schließlich ab, Diagnose: Nekrose.

Glücklicherweise fühlt sich auch die Henkerwespe nur im Gebiet zwischen Südtexas bis Nordargentinien zu Hause – wir können also gesunden Sicherheitsabstand wahren.

Viele der genannten Insekten haben bezüglich ihrer Lebensweise eine große Gemeinsamkeit: Sie leben in einer Gemeinschaft mit oft Tausenden anderen. Dadurch profitieren sie von Vorteilen wie Arbeitsteilung und Kooperation bei Tätigkeiten wie der Brutpflege sowie der Nahrungsbeschaffung und -aufbewahrung. Gleichzeitig gehen sie durch diese Art des Zusammenlebens ein großes Risiko ein, denn für Fressfeinde ist ein Bau voller nahrhafter Larven und ausgewachsener Insekten eine wahre Goldader.

Die Henkerwespe – Respekt für den Fotografen!

Wissenschaftler haben deswegen die Hypothese aufgestellt, dass die evolutionäre Entwicklung solcher kooperativen Insektenstaaten Hand in Hand geht mit der Entwicklung von Giften, die für Angreifer nicht nur schmerzhaft, sondern zu einem gewissen Grad auch schädlich sind. So können die Gifte Fressfeinde effektiv abschrecken, töten sie aber nicht direkt – perfekt, wenn man das Ziel verfolgt, dass die Gestochenen die Botschaft an ihre Artgenossen weitergeben und sie wissen lassen, dass man diesen Insektenbau eher in Ruhe lassen sollte.

Die Tödlichkeit eines Giftes kann man einfach herausfinden. Aber die hervorgerufene Qual? Dafür braucht es Helden wie Justin Orvel Schmidt, die sich mit allen Sinnen ihrer Forschung hingeben und so ein Fundament für weitere Beobachtungen schaffen.

Dieser Text ist der Schlüssel zu mehreren Hundert Millionen Euro

Wir schreiben das Jahr 1688. Es ist der 7. Juli und im Schloss von Versailles blickt ein majestätisch gekleideter älterer Herr in den Spiegel mit prunkvoll verziertem Goldrahmen. Seine wallende schwarze Lockenpracht schimmert im einfallenden Sonnenlicht. Es ist Ludwig XIV., der König von Frankreich und Navarra, und seine Gedanken kreisen um den aktuell laufenden Angriff auf die Pfalz. Dass zu diesem Zeitpunkt jener Mann das Licht der Welt erblickt, den Ludwig XIV. eines Tages zum berüchtigtsten Piraten aller Zeiten machen wird, ahnt er zu diesem Zeitpunkt nicht.

Ludwig XIV. besteigt den Thron im Alter von nur 4 Jahren und regiert bis zu seinem 24. Lebensjahr gemeinsam mit seiner Mutter Anna von Österreich und dem leitenden Minister Kardinal Jules Mazarin. Nach dessen Tod beginnt der kluge und gebildete Ludwig XIV., durch radikale Maßnahmen seine Herrschaft weiter auszubauen: Er entmachtet den oppositionellen Hochadel, der ihn während seiner Kinderjahre stürzen wollte, und verfolgt die aufständischen Hugenotten, die daraufhin zu Hunderttausenden auswandern. Er stärkt den katholischen Glauben und fördert Kunst und Wissenschaft.

Der französische König Ludwig XIV. baute das Schloss Versailles und führte die Hofkultur ein.

Unter seiner Führung erlebt Frankreich eine Blüte mit einer florierenden Wirtschaft und dem stärksten und fortschrittlichsten Militär in ganz Europa. Herzöge, Fürsten und sogar Monarchen anderer Länder sind beeindruckt von der prunkvollen Hofkultur, und so prägt Ludwig XIV. nicht zuletzt mit seinem gewaltigen Regierungssitz, dem Schloss Versailles, eine ganze Herrscherepoche.

Doch gegen Ende seiner Herrschaft gibt es Krieg. Der spanische König Karl II. stirbt und Ludwig XIV. beansprucht dessen Thron für seinen Enkel Phillip. Die anderen europäischen Staaten, allen voran Großbritannien, die Niederlande und Österreich, sind allerdings dagegen und fürchten zudem eine Machterweiterung Frankreichs. Der Spanische Erbfolgekrieg treibt die Teilnehmerstaaten an den Rand des Ruins. Auch Ludwig XIV. hat Finanzierungsprobleme und beginnt, Freibeuterscheine zu verteilen – eine staatliche Berechtigung für das gezielte Plündern von Feindschiffen zur Haushaltsfinanzierung. Einen davon erhält ein junger Mann namens Olivier, der in der Folge seinen Beruf als Architekt aufgibt und von nun an unter der Flagge der französischen Krone Jagd auf feindliche Handelsschiffe macht.

Olivier Levasseur entstammt der wohlhabenderen Mittelschicht Frankreichs, der Bourgeoisie, was ihm alle Möglichkeiten gegeben hätte, ein gutes Leben in geregelten Verhältnissen zu führen. Er entscheidet sich jedoch dagegen und wird Freibeuter. Als der Spanische Erbfolgekrieg dann beendet ist, ereilt Olivier 1714 allerdings der königliche Befehl, seine Freibeuterschaft aufzugeben und umgehend nach Frankreich zurückzukehren. Olivier hat jedoch in der Zwischenzeit großen Gefallen an seinem neuen Beruf gefunden und widersetzt sich. Als König Ludwig XIV. kurz darauf stirbt, schließt sich Olivier 1716 der englischen

Piratenmannschaft um Benjamin Hornigold an und beginnt damit offiziell seine Karriere als Seeräuber.

Olivier erweist sich trotz seiner Seheinschränkung auf dem linken Auge als guter Anführer und Schiffskamerad und die Zusammenarbeit mit Hornigold funktioniert ausgezeichnet. Nach etwa einem Jahr voller erfolgreicher Plünderungen trennen sich schließlich die Wege und Olivier wird selbst Kapitän eines gekaperten Schiffes namens *La Louise*.

In diesen Jahren erlebt die Hochseepiraterie ihre Glanzzeit und wohlhabende Kaufmänner und Könige der ganzen Welt fürchten auf den marinen Handelsrouten um ihre Schätze. Für Olivier Levasseur folgen mehrere sehr erfolgreiche Jahre, in denen er unzählige Schiffe und Boote kapert, aber auch für den Tod von mehreren Hundert Menschen verantwortlich ist. Er wird von der Crew für seine Schnelligkeit und Rücksichtslosigkeit im Kampf bewundert, was ihm den Namen »La Buse« (Der Bussard) einbringt. Bis 1721 durchkreuzt La Buse mit verschiedenen Schiffen alle Weltmeere und erlebt die tollkühnsten Abenteuer: von Frankreich bis zur Küste Brasiliens, dann Richtung Norden in die warme Karibik, vorbei an Westafrika und am Kap der guten Hoffnung bis in den Indischen Ozean.

Am Vormittag des 26. April 1721 läuft La Buse schließlich mit zwei gestohlenen Schiffen in den Hafen von Saint-Denis ein, der Hauptstadt der französischen Insel La Réunion, und entdeckt dort eine prachtvolle Fregatte, die *Nossa Senhora do Cabo*. Unter normalen Umständen wäre es vermutlich eine schlechte Idee gewesen, die 700 Tonnen schwere *Nossa Senhora* als Beuteziel zu wählen, denn sie gehört der portugiesischen Krone und ist normalerweise bis an die Zähne bewaffnet. Allerdings war sie auf ihrem Weg von Indien nach Portugal in einen Sturm geraten, wo ihr Hauptmast brach und die Mannschaft alle 72 an Bord befindlichen Kanonen in den Ozean werfen musste, um nicht zu sinken. Gerade noch so hat es die *Nossa Senhora* in den Hafen von Saint-Denis geschafft, wo sie jetzt vor Anker liegt und repariert wird.

La Buse ist kaltschnäuzig und nutzt den günstigen Augenblick: Er überfällt die *Nossa Senhora do Cabo*. Es dauert nur wenige Augenblicke und ohne eine

So könnte Piratenlegende Olivier Levasseur alias La Buse ausgesehen haben

Der indisch-portugiesische Vizekönig Luis Carlos Inácio Xavier de Meneses überlebt zwar den Angriff auf die Nossa Senhora, *verliert aber all seine mitgeführten Reichtümer.*

einzige abgefeuerte Breitseite gelingt es der Piratencrew, das Schiff zu kapern. In der Folge gibt es zwar ein kurzes Gefecht, aber die *Nossa Senhora* ist haushoch unterlegen und verliert etwa die Hälfte ihrer Besatzung. Als er die Situation unter Kontrolle hat, dämmert es La Buse langsam, dass er gerade im Begriff ist, zu einer unsterblichen Piratenlegende zu werden: Kapitän der Fregatte ist Luís Carlos Inácio Xavier de Meneses höchstpersönlich, kein Geringerer als der indisch-portugiesische Vizekönig. Dieser hat zu seinem eigenen großen Leid sämtliche Schätze an Bord, die er in den letzten 10 Jahren in Indien angehäuft hat und nun nach Portugal überführen wollte: Gold- und Silberbarren, -münzen und -gefäße, edle Gewürze und Stoffe, unzählige Diamanten, Perlen, Juwelen, feines Porzellan und Möbel. Das wohl prestigeträchtigste Objekt ist allerdings ein 2,10 Meter langes, über 100 Kilogramm schweres Kreuz aus reinstem Gold: das Kreuz von Goa. Gleich drei seiner Männer benötigt La Buse, um es vom Schiff zu schleppen. Heutiger Gesamtwert: etwa 5 Milliarden Euro.

Der Schatz wird unter der Piratencrew aufgeteilt: Jeder erhält einen Anteil von 4000 – manche Quellen sagen auch 50 000 – Pfund sowie 42 Diamanten. Der Rest sowie das goldene Kreuz von Goa bleiben bei La Buse.

In den nächsten Jahren wird das Piratendasein zunehmend schwerer. Viele Länder haben genug von den Raubzügen und entsenden ganze Schiffsflotten, um Jagd auf die Seeräuber zu machen. Zudem bieten sie ihnen großzügig Amnestie an, unter der Bedingung, ihre grausamen Aktivitäten zu beenden und sich auf der Insel Réunion zur Ruhe zu setzen. Da die französische Krone jedoch auch einen großen Teil der gestohlenen Beute zurückfordert, taucht La Buse auf Réunions madagassischer Nachbarinsel Sainte Marie unter und bietet später, um 1729, seine Dienste als Schiffslotse in der Baie d'Antongil an, Madagaskars größter Bucht.

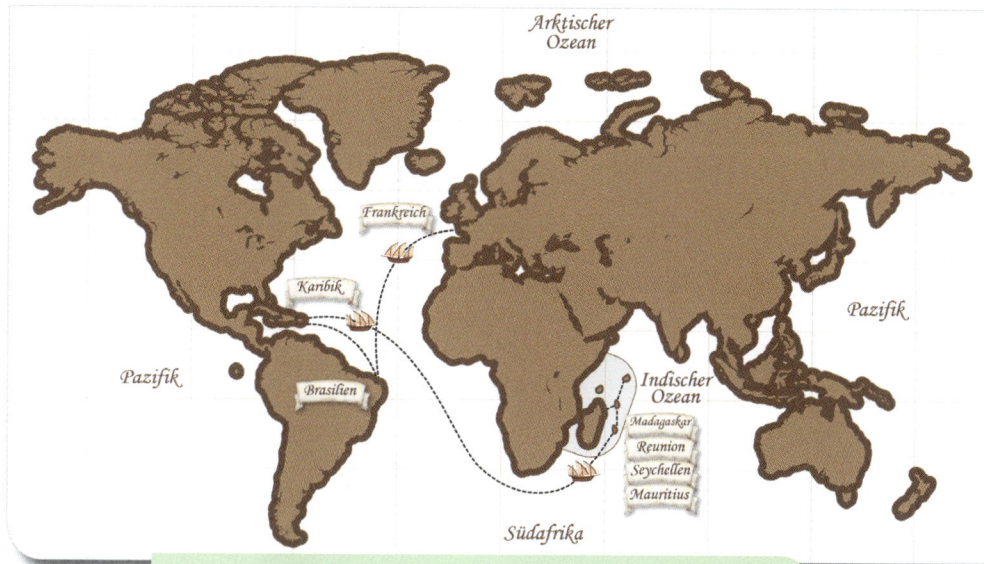

Die rekonstruierte Schiffsroute von Olivier Levasseur

Als er dort eines Tages das Schiff *Le Méduse* der ostindischen Kompanie unter der Führung von Kapitän d'Hermitte besteigt, wird ihm dies zum Verhängnis: Der Kapitän erkennt Olivier Levasseur und nimmt ihn gefangen. In Ketten gelegt wird er in das 800 Kilometer entfernte Réunion überführt, um für seine unzähligen Gräueltaten vor Gericht gestellt zu werden. In einem schnellen Prozess verweigert La Buse gegenüber dem regierenden Gouverneur seine Aussage und wird zum Tod durch Hängen verurteilt.

Die Urteilsvollstreckung findet am Freitag, dem 7. Juli 1730 in der Stadt Saint Paul statt, und dieses Ende seiner Lebensgeschichte begründet das weltweite Mysterium um den französischen Piraten: Auf seinen letzten Metern zum Schafott beim Überqueren der Brücke über die »Ravine à Malheur« soll La Buse zu den begleitenden Wachen gesagt haben: »Mit dem, was ich hier versteckt habe, könnte ich die ganze Insel kaufen.« Als La Buse schließlich mit dem Strick um den Hals auf dem Podest steht und seine letzten Worte formulieren darf, verkündet er: »Meinen Schatz demjenigen, der es versteht!« und wirft einen kleinen Zettel mit dem oben abgebildeten Kryptogramm in die Menge.

Um 17 Uhr wird Olivier Levasseur alias La Buse auf Réunion hingerichtet.

Das Grab von La Buse in Saint-Paul auf Réunion – wahrscheinlich wurde sein Leichnam aber ins Meer geworfen.

Nach diesem Ereignis passiert lange Zeit nichts. La Buse ist tot und sein legendäres Vermächtnis, der sagenumwobene Schatz der *Nossa Senhora do Cabo*, verschollen.

Doch 1923, fast 200 Jahre später, tauchen plötzlich Hinweise und Dokumente auf, die im Zusammenhang mit diesem Schatz zu stehen scheinen. Der Schriftsteller und Konservator der französischen Nationalbibliothek, Charles de la Roncière, erklärt später in einem Interview am 15. Juli 1934, er sei um die Prüfung eines geheimnisvollen Kryptogramms gebeten worden. Auftraggeberin war eine Frau namens Rose Savy, wohnhaft in Bel Ombre Beach auf den Seychellen, die zu diesem Zweck extra zu ihm nach Paris gereist war. Sie hatte auf ihrem Grundstück bei niedrigem Pegelstand mysteriöse Malereien auf einem Felsbrocken entdeckt und den Fund ihrem Neffen, einem Mitarbeiter des Nationalarchivs Réunion, mitgeteilt. Nach einigen Recherchen brachte dieser die Zeichen mit Piraten in Verbindung und ordnete ihnen das (oben abgebildete) Pergament zu, das sie ebenfalls gefunden hatte. In einer anderen Version wird Rose Savy als angeheiratete Verwandtschaft eines Piraten namens Bernadin Nageon l'Estang erwähnt, der das Schriftstück über Generationen weitergab, bis es in die Hände von Savy gelangte.

Wie dem auch sei: Fakt ist, Rose Savy besitzt das Kryptogramm und ist in Paris, um Näheres herauszufinden. Charles de la Roncière stellt nach ausgiebiger Untersuchung die Echtheit des Dokuments fest und datiert es auf das späte 17. bis frühe 18. Jahrhundert. Anschließend veröffentlicht er es sogar in seinem Buch *Le Flibustier mystérieux, histoire d'un trésor caché*. Einen direkten Zusammenhang zu Olivier Levasseur kann er trotz allem jedoch nicht herstellen.

Die Publikation des Kryptogramms ist der Beginn einer weltweiten, bis heute andauernden Schatzjagd. Die Schriftzeichen basieren auf dem Freimaurer-Code und lassen sich somit relativ leicht und zuverlässig dechiffrieren. Solltest du jetzt denken: »Super, dann lass mit der Suche starten«, muss ich dich aber enttäuschen: Auch der neu entschlüsselte Inhalt gibt weder konkrete Hinweise auf den Fundort noch darauf, dass es sich bei dem Urheber tatsächlich um einen Piraten handelt.

Der Engländer Reginald Wilkins ist einer der Ersten, die sich ernsthaft auf die Schatzsuche begeben. Er interpretiert den Text als Andeutung auf die griechische Mythologie, über die La Buse weitreichende Kenntnis gehabt haben soll, und schlussfolgert auf die zwölf Aufgaben des Herkules, die den Sucher zunächst auf eine Probe stellen sollen, ehe er des Schatzes würdig ist. Reginald verbringt viel Lebenszeit damit, nach diesem Schatz zu suchen. Über 27 Jahre hinweg wendet er immense finanzielle Mittel auf, aber bis auf den unspektakulären Fund einiger alter Pistolen, Münzen und Knochen in einer Höhle auf Mahé ist seine Suche vergebens.

Als er stirbt, übernimmt sein Sohn John Cruise-Wilkins das Projekt und versucht mit modernen Hilfsmitteln wie Pumpen und mit Dynamit das über die Jahrhunderte immer weiter verwittere und erodierte Gelände auf den Seychellen umzugraben. Mittlerweile ist auch John alt geworden, aber er ist sich sicher, dem Schatz so nah zu sein wie noch nie. Ein anderer Schatzjäger namens Joseph Tipveau nimmt sich nach 30 Jahren vergeblichen Suchens das Leben.

Einen ganz anderen Ansatz wählt der junge Schatzsucher Emmanuel Mazino, der mir freundlicherweise bei der Recherche zu diesem Thema und vor allem bei der Rekonstruktion von Olivier Levasseurs Wirken in den Weltmeeren zur Seite stand. Er sagt, er habe das Rätsel entschlüsselt, und interpretiert das Kryptogramm in seinem Buch, das er zu diesem Thema veröffentlicht hat, als Sternenkarte, die mit verschiedenen realen Markierungen wie Piratenzeichen oder markanten Orten auf La Réunion ergänzt werden muss.

Ob Mazino mit seiner Taktik erfolgreich sein wird, bleibt abzuwarten. Eines ist aber klar: Es ist eine Suche nach der Nadel im Heuhaufen. Niemand weiß, welche Hinweise wie zu deuten sind und welche davon überhaupt echt sind. Ob das eigentliche Kryptogramm wirklich von der Piratenlegende La Buse stammt und wirklich zu einem Schatz führt, konnte nie zweifelsfrei bestätigt oder widerlegt werden ... Klar ist aber auch: Olivier Levasseurs Anteil am Schatz der *Nossa Senhora do cabo*, vor allem das goldene Kreuz von Goa, ist nach wie vor verschollen. Irgendwo ist er, aber wo?

Die komplexeste Maschine, die die Menschheit je gebaut hat

Ein Blick auf die Messinstrumente verrät Dr. Lukas Kramerach, dass alles nach Plan läuft: 150 000 000 Grad Celsius Plasmatemperatur, die supraleitenden Magnetspulen liegen bei minus 269 Grad, also nur gut 4 Grad über dem absoluten Nullpunkt. Hier treffen physikalische Extreme aufeinander. Das Plasma schwebt als mystisch leuchtender Ring aus geladenen Teilchen stundenlang in diesem Wunderwerk des menschlichen Erfindergeistes. Alle Leistungsparameter sehen gut aus. An die Zeit, in der Menschen noch Kohle zur Stromerzeugung verbrannten, erinnert sich Dr. Kramerach schon längst nicht mehr. Wir haben endlich unsere eigene Sonne gebaut und kommerziell nutzbar gemacht.

Klingt nach Science-Fiction? Ist es auch, zumindest aktuell noch. Auch wenn es den Kernphysiker Dr. Lukas Kramerach von »wissensbert Industries« nicht wirklich gibt, könnte das oben beschriebene Szenario irgendwann Realität werden. Eine nahezu unerschöpfliche Energiequelle ohne Nuklearkatastrophen oder langlebige radioaktive Abfälle. Die Technologie, die das alles verspricht: Kernfusion.

Vorab sei gesagt: Das Thema »Kernfusion« strotzt nur so von Fachbegriffen, physikalischen Prinzipien und Funktionsweisen – und stellt uns in der technischen Umsetzung aktuell noch vor große Herausforderungen. Wie weit wir aber schon sind und was es noch braucht, um unsere globalen Energieprobleme ein für alle Mal zu lösen, schauen wir uns jetzt genauer an.

Einfach ausgedrückt ist Kernfusion die Verschmelzung von kleineren Atomkernen zu größeren Atomkernen, wodurch ein anderes Element entsteht – zwei Wasserstoffatome fusionieren beispielsweise zu einem Heliumatom. Eine solche Reaktion herbeizuführen ist aber gar nicht so einfach. Wenn du schon einmal versucht hast, zwei gleich gepolte Magnete anzunähern, weißt du, was ich meine. Atomkerne sind grundsätzlich positiv geladen und stoßen sich aufgrund gleicher Ladung gegenseitig ab (Coulombkraft). Schafft man es jedoch, die Kerne auf etwa 2,5 Femtometer – also das Zwanzigmilliardstel des Durchmessers eines menschlichen Haares – anzunähern, verschmelzen sie und werden dann durch die sogenannte starke Kernkraft zusammengehalten. Doch wie vereint man zwei Teile, die das eigentlich überhaupt nicht wollen? Man gibt ihnen einen kleinen Schubs. Mit »klein« meine ich: erhitzen auf 150 000 000 Grad Celsius. Vielleicht erinnerst du dich, dass es das Konzept »Kälte« eigentlich gar nicht gibt. Denn alles, was über dem absoluten Nullpunkt, also über minus 273,15 Grad Celsius liegt, ist Wärme, und Wärme bedeutet bei Gasen immer die Bewegung von Teilchen. Je höher die Temperatur, desto schneller die Bewegung. Bei 150 000 000 Grad Celsius sind ein paar wenige Teilchen schließlich schnell genug, dass sie trotz Abstoßung in ganz seltenen Fällen die Annäherungsgrenze von 2,5 Femtometern unterschreiten und somit die Anziehungskraft durch die starke Kernkraft größer wird als die abstoßende Coulombkraft. Die Atomkerne fusionieren.

Das mag sich recht abstrakt und künstlich anhören – ist es aber nicht. Schließlich hängt unser aller Leben schon seit jeher von der Kernfusion ab: Jeder Stern im Universum ist ein riesiges natürliches Kernfusionskraftwerk, und damit auch unsere Sonne. Sie fusioniert jede Sekunde 600 Millionen Tonnen Wasserstoff zu 596 Millionen Tonnen Helium. »Aber«, wirst du dich jetzt sicher fragen, »was passiert mit den restlichen 4 Millionen Tonnen?« Um das zu verstehen, müssen wir einen der fundamentalsten Zusammenhänge der Physik kennen: die Verknüpfung von Masse und Energie.

Egal ob Kernspaltung oder Kernfusion: Das Grundprinzip der Kernenergie beruht auf der Tatsache, dass das Ergebnis der Kernreaktion immer eine geringere Masse hat als die Ausgangsteilchen. Ein sehr kleiner Teil der Masse geht also verloren und wird nach der bekannten Formel von Albert Einstein –

$E = mc^2$ – proportional zum Quadrat der Lichtgeschwindigkeit in Energie umgewandelt. Konkret heißt das: Weil ein Heliumatomkern etwa 0,75 Prozent weniger wiegt als die Summe seiner Einzelteile, ergibt sich hochgerechnet für die gesamte Sonne eben dieser Wert von 4 Millionen Tonnen verlorener Masse pro Sekunde. Das entspricht übrigens einer Energiemenge von 380 Yottajoule, mit der sich der momentane weltweite Primärenergieverbrauch für die nächsten 600 000 Jahre decken ließe. All das passiert in der Sonne in jeder einzelnen Sekunde.

Genau dieses Naturgesetz möchten Forscher nutzbar machen und die freiwerdende Energie zur Stromerzeugung nutzen. Doch das ist leider alles andere als einfach. Die größte Herausforderung stellt dabei die Erzeugung und Aufrechterhaltung der astronomisch hohen Temperaturen dar. Hier haben sich immerhin bereits drei Konzepte als vielversprechend erwiesen.

Die ersten beiden Ansätze basieren auf der Idee, eine kleine Menge Gas auf die benötigten 150 Millionen Grad Celsius zu erhitzen und das dabei entstehende Plasma durch Magnetfelder ringförmig in der Schwebe zu halten. Dadurch wird verhindert, dass das Plasma die Reaktorwand berührt, wodurch es sofort abkühlen würde; die Fusionsreaktion wäre beendet. Schlimmeres wie beispielsweise ein Tschernobyl 2.0 könnte dabei aber nicht passieren, weil sich der Reaktor durch das schnelle Abkühlen einfach ausschalten würde.

Die für diese Art der Fusionsreaktion benötigten Magnetfelder sind recht komplex und die beiden ersten Reaktorkandidaten namens Tokamak und Stellarator unterscheiden sich hauptsächlich in der Art und Weise, *wie* diese Magnetfelder erzeugt werden. Bei beiden bewegt sich das Plasma auf Spiralbahnen um ein ringförmiges Magnetfeld. Dieses ringförmige Magnetfeld alleine reicht jedoch nicht aus, um das Plasma in die Spiralbahn zu zwingen und es dadurch stabil einzuschließen. Dazu ist ein zweites Magnetfeld nötig.

Der Tokamak liefert uns dieses zweite Magnetfeld, indem er über eine riesige Spule in seinem Zentrum einen elektrischen Strom im Plasma erzeugt. Das gleiche Prinzip nutzt man übrigens bei einem Induktionsherd – nur dass wir dort anstelle des Plasmas einen Kochtopf haben. Leider lässt sich das einschließende Magnetfeld nur aufrechterhalten, solange die Spule im Zentrum kontinuierlich höhere Feldstärken erzeugt. Irgendwann erreicht man jedoch die technischen Grenzen der Anlage und die Spule erreicht ihre maximale Feldstärke. Die Folge: Der elektrische Strom im Plasma verschwindet gemeinsam mit dem einschließenden Magnetfeld und das Plasma wird nicht länger sta-

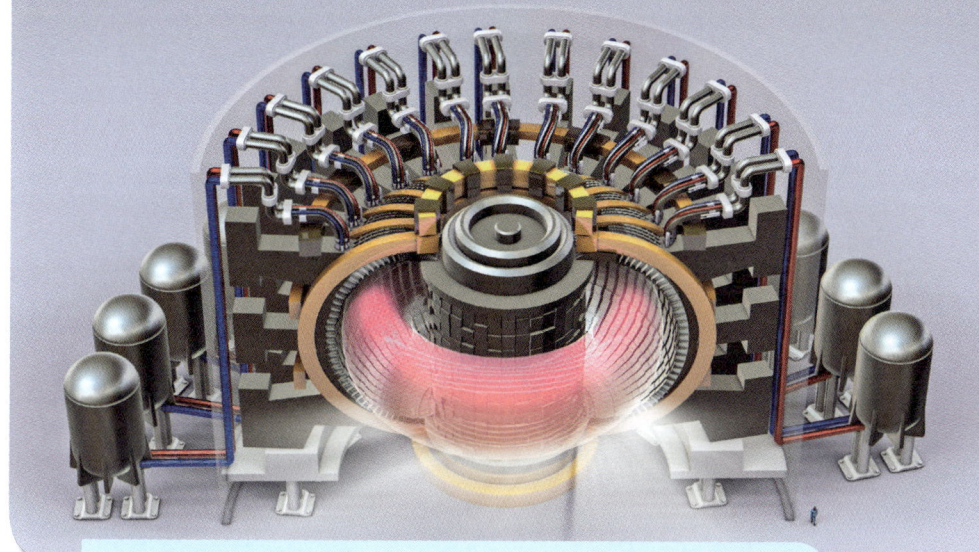

Beim Tokamak wird das (hier rosafarbene) Plasma durch eine Überlagerung von zwei verschiedenen Magnetfeldern eingeschlossen.

bilisiert. Aus diesem Grund ist ein fortlaufender Betrieb beim Tokamak nicht ohne Weiteres möglich. In einem fünfsekündigen Pulsbetrieb gelang es Wissenschaftlern 2020 am JET-Reaktor in England bereits erfolgreich, Atome zu verschmelzen und eine Energie von 57 Megajoule freizusetzen. Leider wurde dabei aber mehr Energie für die Reaktion selbst benötigt, als am Ende frei wurde. Ob das Tokamak-Konzept für kommerzielle Energiegewinnung geeignet ist, bleibt weiterhin fraglich.

Abhilfe soll hier der Stellarator schaffen. Ohne den Umweg über zusätzlichen Strom wird das einschließende Magnetfeld durch eine extrem komplizierte Spulenanordnung direkt erzeugt. So könnte der Stellarator einen kontinuierlichen Reaktorbetrieb ermöglichen. Tatsächlich ist die Anordnung der erforderlichen Spulen derart komplex, dass sie erst mit der gestiegenen Computerleistung Ende des 20. Jahrhunderts berechnet werden konnte. Der momentan leistungsfähigste Stellarator namens Wendelstein 7-X steht im deutschen Greifswald. Und was wie abstrakte Kunst aussieht, ist doch eine der größten ingenieurtechnischen Meisterleistungen aller Zeiten. Erst im August 2022 hat man dort mit Experimenten für einen neuen Rekord begonnen: einen 30-minütigen Plasmaeinschluss bei immerhin über 50 Millionen Grad Celsius. Eine Fusionsreaktion ist zwar noch nicht gelungen, doch gilt der Stellarator wegen der Möglichkeit zum Dauerbetrieb durchaus als geeignetes Konzept zur kommerziellen Energiegewinnung.

Die hochkomplexe Spulenanordnung des Wendelstein-7-X-Stellarators in Greifswald

Die dritte Form zur Nutzbarmachung der Kernfusion basiert auf einer völlig anderen Idee: Mit ultrastark gebündelten Laserstrahlen wird ein Brennstoff in einer millimetergroßen Kapsel auf 100 Millionen Grad Celsius erhitzt und zusätzlich so extrem verdichtet, dass sich Plasma bildet. Laufen Erhitzung und Verdichtung gleichmäßig nach Plan, beginnt die Verschmelzung. Weil die Reaktion schneller abläuft, als sich das Plasma ausbreiten kann, nennt man diese Form der Kernfusion auch »Trägheitsfusion«. Auch eine Wasserstoffbombe basiert auf diesem Prinzip.

Lange Zeit galt diese Variante als aussichtsloser Außenseiter. Noch 2016 gab es wissenschaftlich begründete Zweifel an der Umsetzbarkeit einer Zündung, bis es US-Forschern an der National Ignition Facility (NIF) in Kalifornien im August 2021 erstmals gelang, eine erfolgreiche Trägheitsfusion durchzuführen. Im Dezember 2022 schafften sie es dann sogar, mehr Energie bei der Fusionsreaktion freizusetzen, als sie für die unmittelbare Zündung benötigt hatten. Das klingt nach einem Durchbruch, und das ist es in jedem Fall auch – aber auch hier gibt es einen Haken: Der komplizierte Bündelungs- und Verstärkungsprozess der eingesetzten Laser erfordert insgesamt deutlich mehr Energie, als letztlich bei der Kapsel mit dem Fusionsbrennstoff ankommt. Zudem ist eine kontinuierliche Verschmelzung auch hier nicht möglich, da die Kapsel nach jeder Fusion ausgetauscht werden muss.

Das war nun wirklich viel spannender Stoff – und trotzdem haben wir nur an der Oberfläche gekratzt. Jetzt verstehst du vielleicht, warum Tausende von Wissenschaftlern seit etlichen Jahrzehnten unermüdlich in diesem Bereich forschen, um in winzig kleinen, mühsamen Schritten Erkenntnisse zu gewinnen. Wir sind zwar noch lange nicht am Ziel, doch es werden laufend neue Meilensteine erreicht!

Übrigens: Das vermutlich größte und bekannteste Kernfusionsprojekt ist der ITER in Südfrankreich, ein internationaler Versuchsreaktor vom Typ Tokamak, der sich bereits seit 2007 im Bau befindet. Ende der 2020er-Jahre sollen dort erste Experimente durchgeführt werden. Die Magnetfelder im Inneren des Reaktors sollen so stark werden, dass einige der Magnetspulen einer Kraft von 403 Meganewton widerstehen müssen. Das ist etwa so, als hingen vier Pariser Eiffeltürme an der Spule. Mit dieser Kraft könnte man einen Porsche 911 in 0,1 Millisekunden von 0 auf 100 beschleunigen. Millisekunden! Das wäre 42 000-mal schneller als normal, und diese Autos schieben so schon echt ordentlich.

Kernfusion ist ein wahnsinnig spannendes Thema mit enormem Potenzial für die Menschheit. Wer weiß, welche Fortschritte es auf dem Gebiet in den nächsten Jahren noch geben wird, aber vielleicht ist das Szenario mit Dr. Lukas Kramerach und seiner nahezu unerschöpflichen, CO_2-neutralen Energiequelle ja doch nicht mehr so weit entfernt, wie wir immer dachten.

Die beiden dreikantigen Schalen geben die gekühlte Kapsel mit Brennstoff frei, die kurz darauf von Lasern beschossen wird.

ITER, eines der kompliziertesten Ingenieursprojekte der Menschheit. Der Fusionsreaktor ist so hoch wie ein 12-stöckiges Hochhaus.

Ein kleines Detail machte diesen Krieg zur Sensation

Feuchtwarme Luft umgibt das erste Vogelzwitschern. Das Gebüsch raschelt und im Schutz des geisterhaften Morgennebels machen sich die sechs Kämpfer auf ihren Weg durch das Unterholz. Halt! Der Anführer dreht sich um und die Gruppe hält noch einmal für einen kurzen Moment inne. Mit zusammengesteckten Köpfen besprechen sie ein letztes Mal die Durchführung des Plans – angeordnet vom König höchstpersönlich. Nach kurzem Blickkontakt sind sich alle einig und ziehen los. Ein Verräter aus ihren eigenen Reihen muss für seine Taten büßen. Der bloße Gedanke an die Gesichter all der anderen Abtrünnigen, die schon bald das gleiche Schicksal wie er teilen werden, bringt ihr Kriegerblut in kochende Wallung. Einen kurzen Fußmarsch später erblicken sie den Feind.

Da ist er! Sie werfen den völlig verdutzten Rebellen zu Boden und schlagen und treten immer wieder auf ihn ein. Völlig in Rage beginnen sie sogar, ihn zu beißen – so lange, bis er sich schließlich nicht mehr regt.

Der Gombe-Stream-Nationalpark liegt in Westtansania an der Grenze zum Kongo.

Einen Moment mal – beißen? Ja, denn hier geht es nicht um ein normales Attentat. Was nach einem mittelalterlichen Lynchmob klingt, ist der erste dokumentierte Fall der Ausübung tödlicher Gewalt von Schimpansen gegen ihresgleichen im Jahr 1974. Was die dabei anwesende Verhaltensforscherin Dr. Jane Goodall während ihres Aufenthalts im Gombe-Stream-Nationalpark in Tansania beobachtete, sollte nicht die positiven Seiten dieser Tiere ans Licht bringen – wie beispielsweise, dass sie in der Lage sind, einfache Nussknacker aus Steinen anzufertigen, und durchaus auch Freundschaften untereinander pflegen. Vielmehr sollten sich finstere Abgründe im Verhalten von Schimpansen offenbaren – jener Lebewesen, deren DNA zu 98,63 Prozent mit der unseren übereinstimmt.

Schimpansen gehören neben den Gorillas, den Orang-Utans und den Menschen zur Gattung der Hominiden, also der Menschenaffen. Sie sind ausschließlich in der afrikanischen Äquatornähe heimisch und leben in Großgruppen von

20 bis 80 Individuen, die von einem starken, älteren Alpha-Männchen angeführt werden. Doch nicht nur ihre Kommunikation und die Fähigkeit, Blätter gezielt als Medizin einzusetzen, lassen Wissenschaftler staunen. Auch ihre strikte Rangordnung und Rollenverteilung innerhalb des Stammes erinnern in Ansätzen an uns Menschen. Und wagt es ein jüngeres Schimpansenmännchen, aus dieser sozialen Hierarchie auszuscheren, so wird es nicht bloß gerügt und auf seinen Platz zurückverwiesen – nein! An ihm wird zur Abschreckung ein grausames Exempel statuiert, das vom Herausreißen der Fingernägel über Kastration bis hin zum Ausweiden der Gedärme reicht. Dieses enorme Gewaltpotenzial schlummert interessanterweise nicht nur in den männlichen Schimpansen und ist ebenso wenig auf den Erhalt der Stammesordnung beschränkt. Es wurde auch schon bei einem Duo aus Mutter- und Tochtertier beobachtet. Diese zogen durch die eigene Gemeinschaft, um zunächst Babys von rangniedrigeren Müttern zu trennen, sie anschließend zu ermorden und zu verspeisen. Ein kaltblütiges Vorgehen, das Studien zufolge dem Sichern hochwertiger Nahrungsressourcen durch das Ausschalten von Konkurrenz dient.

Ohrenbetäubende Schreie, bedrohlich gefletschte Zähne – so kündigt sich aggressives Verhalten von Schimpansen an.

Nun ist Grausamkeit an sich in der Tierwelt allgemein keine Seltenheit. Das mitunter gewaltsame Verteidigen geeigneter Lebensräume zur Erhaltung der eigenen Art ist bei nahezu jedem höheren Lebewesen zu finden und ein fundamentaler Baustein der Darwinistischen Selektionstheorie. Schimpansen bewegen sich im Vergleich aber auf einem ganz eigenen Level: Ähnlich wie wir Menschen führen sie nämlich hinterlistige Konflikte und legen dabei strategische Vorgehensweisen an den Tag, die sie deutlich von primitiveren Tieren unterscheiden. Im Gegensatz zu spontaner Gewaltausübung im Rahmen eines Revierkampfes oder der Sicherung einer Nahrungsquelle können sich

So sah vielleicht der Beginn der Verschwörung gegen den Anführer der Gruppe aus.

ihre Aggressionen sogar gegen eine ganze befeindete Gruppe richten und über einen längeren Zeitraum anhalten. Treibendes Motiv ist häufig – wie bei uns Menschen auch – die Territoriumserweiterung und damit die Ausdehnung des eigenen Einflussbereichs. Kurzum: Mehr Macht durch Krieg.

Für Dr. Jane Goodall war diese Erkenntnis ein regelrechter Schock. Zwar hatte sie schon einen beträchtlichen Teil ihres Lebens der Beobachtung von Primaten gewidmet und damit erheblich zum heutigen Wissensstand über diese intelligenten Lebewesen beigetragen. Ein derartiges Verhalten von Schimpansen in freier Wildbahn war ihr jedoch völlig neu. Die Szene vom Beginn dieses Kapitels markierte den Beginn der systematischen Vernichtung aller Männchen einer abtrünnigen Schimpansengruppe im Gombe-Stream-Nationalpark in Tansania.

Alles begann wohl mit dem Tod des ranghöchsten Alpha-Männchens in der einstigen Gombe-Gemeinschaft. Der »Thronfolger«, der den Platz des Verstorbenen einnehmen sollte, wirkte auf manche seiner Artgenossen wohl zu schwach für diese Aufgabe, was zwei Schimpansenbrüder zum Anlass nahmen, für Unruhe zu sorgen und ihr soziales Umfeld anzustacheln. Unter

Dr. Jane Goodall wurde 1995 von Queen Elizabeth II. in den Adelsstand erhoben.

diesem schädlichen Einfluss zerfiel die Primatengemeinschaft von Gombe Stück für Stück. Der ursprüngliche Stamm (die Kasakela) verblieb im Norden des Parks, während die zunehmend rivalisierenden Rebellen (die Kahama) in den Süden abwanderten.

Ab dann wurde nicht mehr lange gefackelt: Wie anfangs geschildert, zogen sechs der Kasakela los, um den Kahama-Rebellen mit einem tödlichen Angriff auf einen ihrer Angehörigen den Krieg zu erklären. Der darauf folgende Konflikt zog sich über 4 Jahre, von 1974 bis 1978, bis schließlich feststand, dass der Thronfolger entgegen der Rebellenmeinung wohl doch seinem Rang gewachsen war und seinen Titel behalten durfte. Er und seine untergebenen Kasakela löschten strategisch geschickt die gesamten Kahama aus, indem sie den Bestand der Männchen auf null reduzierten und daraufhin die verbliebenen abtrünnigen Weibchen zurück in die Kasakela-Gruppe integrierten.

Die wissenschaftliche Forschung rang regelrecht um Erklärungen. Manche Experten wollten nicht akzeptieren, dass die Menschenaffen von sich aus ein derartig systematisch aggressives Verhalten an den Tag legten, und sahen in Dr. Jane Goodall und ihrem Team die Schuldigen: Im Rahmen seiner Forschungen hatte das Team die Affen nämlich mit Bananen angelockt. Durch die verbesserte Verfügbarkeit von Futter hatten sie sich schneller vermehrt, wodurch die Anzahl der Tiere möglicherweise ein natürliches, stabiles Niveau überschritten hatte, was dann zu einer unnatürlichen Reaktion führte. Eine Vermutung, die jedoch durch eine 2014 erschienene Studie nicht bestätigt werden konnte. Denn daraus ging hervor, dass das aggressive Verhalten eher auf eine evolutionsbiologisch entwickelte Kompetenz zurückzuführen ist, die den Schimpansen seit jeher Überlebensvorteile verschafft.

Ebenfalls gegen diese Theorie spricht eine Auseinandersetzung, die sich im Kibale-Nationalpark in Uganda ereignete und bei der ein Schimpansenstamm ebenfalls einen langjährigen Krieg führte. Innerhalb von 20 Jahren konnte der Stamm der Ngogos dort sein Territorium von 28 auf 34 Quadratkilometer und seinen Bestand von 142 auf ganze 204 Mitglieder erhöhen. Diese zwei Jahrzehnte entsprechen jedoch lediglich dem Beobachtungszeitraum, in dem die Forscher David Watts und John Mitani das rege Treiben im Dschungel beobachteten – womöglich dauert dieser Krieg also noch immer an.

Wir sehen: Der Durst nach mehr Macht, mehr Einfluss und mehr Wohlstand ist nichts, was uns Menschen vorbehalten ist. Auch unsere nahen Verwandten scheinen die notwendigen Hirnareale zu besitzen, um ein ähnlich komplexes Sozialverhalten an den Tag zu legen. Im Gegensatz zu Schimpansen verfügen wir jedoch über ein weiter fortgeschrittenes Bewusstsein, sodass wir in der Lage sind, grausames Handeln und das dadurch verursachte Leid zu reflektieren und alternative, friedliche Lösungen für unsere Probleme zu finden – wobei ich der Meinung bin, dass wir gerne öfter von dieser Fähigkeit Gebrauch machen sollten.

Mit diesem gigantischen »Flugzeug« hat die Sowjetunion den USA einen riesigen Schrecken eingejagt

»Was zur Hölle?!«, hat wohl der US-Geheimdienstmitarbeiter gedacht, der 1967 völlig nichtsahnend mit einer Tasse Kaffee in der Hand ein paar Satellitenbilder betrachtete. Bei der gewöhnlichen Routineauswertung ließ ihn ein Detail plötzlich zusammenzucken, denn was er sah, ergab überhaupt keinen Sinn: ein gigantisches … ähm … Flugzeug? Mitten auf dem Kaspischen Meer?

Unglaublich! Dabei handelte es sich eigentlich nicht um ein klassisches Flugzeug, sondern um ein 1965 in der damaligen Sowjetunion gebautes sogenanntes Bodeneffektfahrzeug. Vereinfacht gesagt ist das eine Mischung aus Flugzeug und Boot, die sich den »Bodeneffekt« zunutze macht: Durch ein Aufstauen der Luft erzeugt das Gefährt in Bodennähe oder in der Nähe zu einem anderen Untergrund wie zum Beispiel Wasser eine Art Luftpolster. Das Bodeneffektfahrzeug erfährt so besonders viel Auftrieb. Das Ergebnis: eine Flughöhe von nur etwa 10 Metern, kaum Reibung und dadurch eine hohe Energieeffizienz.

Weil dieses ... na ja, Ding ... auf den Bildern so unwirklich groß aussah und man nicht einordnen konnte, worum es sich da genau handelte, wurde es von den ahnungslosen US-Geheimdienstmitarbeitern »Kaspisches Seemonster« genannt. Wie sich später herausstellte, war dieses Monster etwa 92 Meter lang (zum Vergleich: eine Boeing 747-800 kommt gerade einmal auf 76 Meter) und konnte mit einer Flügelspannweite von 40 Metern ganze 500 Kilometer pro Stunde erreichen.

Bugatti Chiron auf Wish bestellt? Nicht ganz! Das Kaspische Seemonster hatte eine etwas großzügigere Ladefläche als der Supersportwagen: Mehr als 300 Tonnen Gewicht (etwa acht sowjetische T-55-Panzer oder 3700 Soldaten) konnte das Ungetüm transportieren und es stellte mit seinem Gesamtgewicht von 544 Tonnen einen Rekord auf, der erst durch die legendäre Antonow An-225 *Mrija* gebrochen wurde.

Weltpolitisch herrschte damals zwischen der Sowjetunion und den USA der Kalte Krieg. Dieser wurde mit allen möglichen Mitteln geführt, wobei direkte militärische Auseinandersetzungen jedoch stets vermieden wurden. Beide Seiten versuchten, die neuesten furchterregendsten Waffen und Technologien zu entwickeln, um dem Gegner immer einen Schritt voraus zu sein. Das Kaspische Seemonster wurde vor allem zu Testzwecken gebaut. Langfristig sollte es beispielsweise Truppen für Sonar und Radar unsichtbar, dabei aber gleichzeitig schnell und energieeffizient transportieren.

Um ihren Giganten zunächst so lange wie möglich geheim zu halten, brauchten die Sowjets einen klugen Plan. Also wurde das Flugzeug in Einzelteilen und nur nachts vom heutigen Nischni Nowgorod (früher: Gorki) über die Wolga bis zum Kaspischen Meer nach Kaspijsk transportiert. Verständlich, denn bei dieser Größe gab es wahrscheinlich keine bessere Möglichkeit, vor den US-Spionagesatelliten sicher zu sein. Der Plan ging offenbar auf, sodass die US-Geheimdienste das Kaspische Seemonster erst deutlich später entdeckten.

Bis heute gibt es kein Flugzeug, das so lang ist wie das Kaspische Seemonster. Mit seinen acht Triebwerken oberhalb des Cockpits und den steilen Höhenflossen am Heck sieht es auch wirklich ziemlich monströs aus ...

Leider flog das Kaspische Seemonster sehr instabil und kenterte irgendwann. Danach wurde es durch die bis an die Zähne bewaffnete LUN-Reihe ersetzt, aus der ein Exemplar bis 2020 noch in Dagestan, einer russischen Republik im Nordkaukasus, Touristen aus aller Welt anzog. Jetzt soll es allerdings Teil eines militärischen Freizeitparks werden. Das Ganze soll »Patrioten-Park« heißen. Na ja!

Ein weiteres, fast fertiggestelltes Exemplar namens »Spasatel« steht – oder stand zumindest Ende 2022 noch – in Nischni Nowgorod auf dem Gelände der früheren Werft. Die Koordinaten: 56.362807 43.878759. Mit einer Kartensoftware deines Vertrauens und Satellitenansicht kannst du es dort hoffentlich noch eine Weile bewundern. Oder du reist einfach selbst dorthin.

Noch ist das Kapitel »Ekranoplan« (so heißen diese Flugzeug-Schiff-Hybride) aber nicht geschlossen. Sowohl Russland als auch die USA planen weitere Entwicklungen im Bereich solcher Bodeneffektfahrzeuge. Medienberichten zufolge ist die Rückkehr des Ekranoplan bereits im russischen Rüstungsprogramm bis 2025 enthalten. Wegen des im Februar 2022 begonnenen russischen Krieges gegen die Ukraine bleibt die tatsächliche Umsetzung jedoch wohl erst einmal fraglich.

Das Nachfolgemodell des Kaspischen Seemonsters, ein Exemplar aus der LUN-Reihe, lag bis 2020 am Strand des Kaspischen Meers.

Diese Science-Fiction-Waffe wurde in den letzten Jahren Realität

Noch 3 Sekunden ... 2 ... 1 ... Dann brüllt irgendwo jemand: »Kāihu!« Auf dem Raketenzerstörer vom Typ 055 der chinesischen Marine baut sich ein immer lauteres Zischen auf und übertönt das unablässige Surren der Elektronik. Ein gedämpfter Knall, dann schießt das Hyperschall-Projektil, für das menschliche Auge kaum sichtbar, mit einer Geschwindigkeit von 10 000 Kilometern pro Stunde (Mach 8) aus der Mündung des Laufs. Nur wenige Augenblicke später ist es in den Wolken verschwunden und auch sonst erinnert wenig an diesen historisch bedeutenden Schuss. Einzig das laute Surren bleibt – und das Wissen, hier eine der stärksten Waffentechnologien des frühen 21. Jahrhunderts vor sich zu haben: eine Railgun.

Elektromagnetische Railgun der U.S. Navy

Konventionelle Geschütze wie ein Gewehr funktionieren durch die Explosion einer Treibladung, die das Projektil im Gewehrlauf beschleunigt, ehe es mit etwa 3000 Kilometern pro Stunde die Mündung verlässt. Der Knall einer Railgun rührt jedoch nicht von einer Explosion. Stattdessen wird das Projektil mithilfe elektromagnetischer Kräfte so stark beschleunigt, dass der Knall lediglich durch das Überschreiten der Schallgeschwindigkeit entsteht. Dadurch ist eine Railgun insgesamt leiser als konventionelle Geschütze. Die Mündungsgeschwindigkeit der aktuellen militärischen Railgun-Designs liegt bei bis zu 12 600 Kilometern pro Stunde bei Mündungsenergien von bis zu 50 Megajoule. Das entspricht einem ausgewachsenen Elefanten, der mit 509 Kilometern pro Stunde auf dich zurennt.

Aber wie funktioniert das? Das Projektil sitzt beweglich auf zwei stromführenden Schienen und verbindet diese elektrisch leitend. Der elektrische Strom in den Schienen erzeugt ein Magnetfeld im und um das Projektil, wodurch die sogenannte Lorentzkraft entsteht, die das Projektil am Ende beschleunigt.

Bei herkömmlichen Feuerwaffen kann das Projektil nie schneller sein, als sich die Explosion der Treibladung ausbreitet. Diese Einschränkung hat eine Railgun nicht. Stattdessen hängt die antreibende Kraft zu jedem Zeitpunkt der

Beschleunigung nur von Magnetfeldstärke und Stromfluss ab. Dank ihrer enormen Geschwindigkeit könnten Railguns daher künftig auch zur Abwehr von Hyperschallraketen verwendet werden, was bisher nahezu unmöglich ist.

Ein weiterer, vor allem wirtschaftlich bedeutender Vorteil sind die weitaus niedrigeren Kosten pro Projektil. Steuerfähige Marschflugkörper mit ähnlicher Geschwindigkeit und Reichweite wie Railguns kosten pro Schuss mehrere Hunderttausend Dollar. Zum Vergleich: Im Jahr 2014 ließ Rear Admiral Matt Klunder verlauten, dass die damals getesteten Railgun-Projektile mit einem Preis von etwa 25 000 US-Dollar pro Schuss die Kosten eines Tomahawk-Marschflugkörpers (ca. 650 000 US-Dollar, mehr als das 25-Fache!) bei Weitem unterbieten würden.

Aber wie üblich ist auch dieses Projekt mit Herausforderungen verbunden: Damit der Stromkreis geschlossen bleibt, muss das Projektil permanent die Schienen berühren. Bei einer Austrittsgeschwindigkeit von mehreren Tausend Kilometern pro Stunde entsteht dabei sehr viel Reibung und Abnutzung. Erinnerst du dich, wie du mal im Sportunterricht gestol-

Die elektrischen Zuleitungen einer Railgun: Die benötigten Stromstärken sind etwa zehnmal höher als die eines Blitzes. Um dieser Belastung standzuhalten, braucht es sehr viele Kabel.

Testschuss einer Railgun im Naval Surface Center der USA. Die scheinbare Explosion hinter dem Projektil ist in Wirklichkeit eine durch den enormen Druckunterschied erzeugte Plasmawolke.

pert und mit dem Knie über den Hallenboden gerutscht bist? Jetzt stell dir vor, du wärst dabei etwa 1000-mal schneller gewesen. Der Abrieb an deinem Knie hätte in diesem Fall etwa dem der Schiene entsprochen.

Gleichzeitig muss die gewaltige Menge an elektrischer Energie irgendwie bereitgestellt und innerhalb weniger Augenblicke in kinetische Energie umgewandelt werden. Eine große gespeicherte Menge elektrischer Energie und ihre gleichzeitige schnelle Bereitstellung widersprechen sich aber aktuell noch technisch, was ein weiteres Problem darstellt.

Probleme hin oder her: »Kāihuǒ!« (was auf Deutsch so viel heißt wie »Eröffnet das Feuer!«) wird man an Bord der chinesischen Raketenzerstörer vom Typ 055 vermutlich in Zukunft häufiger hören. Denn nach einigen erfolgreichen Tests scheint die Hyperschall-Technologie in China kurz vor der Kriegsreife zu stehen – einige Jahre früher, als von Militärexperten im Westen prognostiziert. Eine etwas besorgniserregende Entwicklung.

Der chinesische Zerstörer vom Typ 055 könnte in Zukunft mit Railguns ausgestattet sein.

Das blüht uns voraussichtlich im Jahr 2034

2019. Spatenstich. Mit voller Kraft stößt Andy die Schaufel in die Erde und schreit auf, als ein dumpfer Schmerz durch seine Arme fährt: Wenige Zentimeter unter der Erde ist die Schaufel auf Widerstand gestoßen. Eigentlich sollten hier im neuseeländischen Northland heute die Bauarbeiten für das Ngāwhā-Geothermiekraftwerk beginnen, doch Andy hat durch Zufall etwas Besonderes entdeckt: den etwa 60 Tonnen schweren versteinerten Stamm eines Kauri-Baumes. Er stammt aus einer Zeit, die Forschern nach wie vor Rätsel aufgibt. Als ein 33-köpfiges Forscherteam um Dr. Alan Cooper das Fossil zwei Jahre später, im Jahr 2021, genauer untersucht, kommen die Wissenschaftler zu einem überraschenden Ergebnis – das allerdings für die Menschheit nichts Gutes verheißt.

Vor etwa 41 300 Jahren, als der Kauri-Baum also noch wuchs und gedieh, fand das sogenannte Laschamp-Ereignis statt. Während dieser Zeit hatte sich früheren Forschungsergebnissen zufolge das Erdmagnetfeld für einen – aus geohistorischer Sicht kurzen – Zeitraum von 440 Jahren vollständig umgepolt. Wären wir also zu dieser Zeit mit einem Expeditionsschiff auf der Suche nach Eisbären einem Kompass Richtung Norden gefolgt, so wären wir höchstwahrscheinlich stattdessen am Südpol gelandet. Das ist aber nicht alles. Neben der Umpolung schwächte sich auch das Magnetfeld massiv ab – in ihrem Verlauf um teilweise bis zu 95 Prozent.

Warum erzähle ich das? Das Erdmagnetfeld ist alles andere als statisch. Es wird in erster Linie durch den sogenannten Geodynamo erzeugt, also durch die Bewegungen des flüssigen Metalls im äußeren Erdkern. Weil diese Bewegungen aber nicht immer gleich sind und sich im Laufe der Jahrtausende immer wieder verändern, ist auch das Erdmagnetfeld nicht immer gleich – weder die Stärke noch die Richtung. Was die wenigsten wissen: Die magnetischen Pole wandern auch jetzt kontinuierlich. Folgen wir heute unserem Kompass in Richtung Norden, so kommen wir mit unserem Expeditionsschiff an einen anderen Ort als vor 100 Jahren oder sogar noch gestern.

Man könnte jetzt meinen, die Abweichung zu gestern sei kaum messbar. Aber genau da liegt der springende Punkt: Wir sprechen nicht von ein paar Millimetern. Der nördliche Magnetpol lag gestern nämlich noch etwa 90 Meter von seiner heutigen Position entfernt, und die Abweichung hat sich in den vergangenen Jahren immer weiter beschleunigt. Mit etwa 30 bis 65 Kilometern pro Jahr bewegt sich der nördliche Magnetpol etwa 500 000-mal schneller als die meisten tektonischen Platten.

Zusätzlich wird das Erdmagnetfeld seit einigen Jahrzehnten immer schwächer. In den letzten 170 Jahren hat seine Stärke um etwa 9 Prozent abgenommen. Man ging deshalb davon aus, dass die Abnahme bei etwa 5 Prozent pro Jahrhundert liegt. Messungen der ESA-Swarm-Satelliten von 2014 zeigen aber, dass die Abnahme zuletzt eher bei 5 Prozent pro Jahrzehnt lag – das Erdmagnetfeld also zehnmal so schnell abnimmt wie bisher angenommen. Besonders betroffen ist die »Südatlantische Anomalie«, eine gewaltige Fläche über Südamerika und dem Südatlantik mit besonders schwachem Erdmagnetfeld. Diese Anomalie dehnt sich seit Jahren aus, so stark, dass Wissenschaftler deshalb inzwischen eine besorgniserregende Prognose wagen: Bis zum Jahr 2034 könnte die halbe Erde von dieser magnetischen Anomalie betroffen sein – also schon bald, sehr bald.

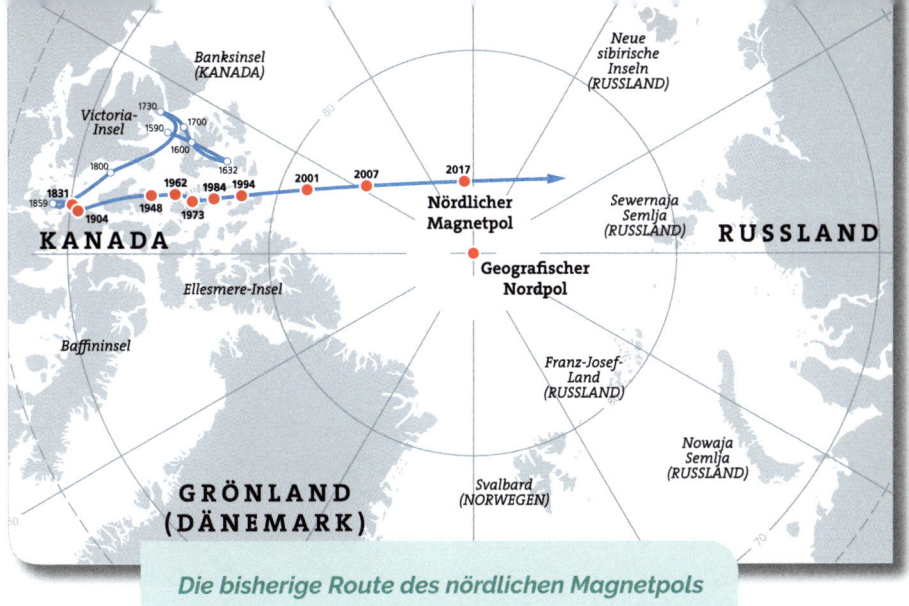

Die bisherige Route des nördlichen Magnetpols

Doch was heißt das konkret? Dieser Frage wollten Alan Cooper und sein Forscherteam auf den Grund gehen. Sie untersuchten die Jahresringe des Kauri-Baum-Fossils, um die klimatischen Bedingungen während des Laschamp-Ereignisses besser zu verstehen. Dabei stellten sie nicht nur fest, dass die Dicke der Jahresringe zur Zeit der Umpolung stark abnahm, was auf ein schlechteres Wachstum hindeutet, sondern dass gleichzeitig die Konzentration des Kohlenstoffisotops ^{14}C erheblich anstieg. Letzteres könnte den Wissenschaftlern zufolge auf einen teilweisen Verlust der Ozonschicht hindeuten und lässt sich durch den Vergleich mit grönländischen Eisbohrkernen der Zeitspanne zuordnen, in der das Magnetfeld am schwächsten war.

Zusätzlich betrachtete das Forscherteam um Alan Cooper den zeitlichen Zusammenhang mit anderen erdgeschichtlichen Ereignissen wie dem Massenaussterben riesiger Landsäugetiere in Australien, dem Ende der Neandertaler und der starken Zunahme von Höhlenmalerei. All diese Ereignisse fanden zeitlich vergleichsweise nah beieinander statt, weshalb das Laschamp-Ereignis als gemeinsame Ursache angenommen wurde.

Diese Sichtweise wird jedoch von vielen anderen Wissenschaftlern angezweifelt. Sie argumentieren, dass die angeblichen Folgen des Laschamp-Ereignisses teilweise Zehntausende Jahre vorher oder nachher zutage getreten seien und sich über einen sehr viel längeren Zeitraum erstreckt hätten, als die vergleichsweise kurze Umpolung des Magnetfeldes vermuten lassen würde.

Sicher scheint jedoch zu sein, dass bei einer Abschwächung des Erdmagnetfeldes die Intensität kosmischer Strahlung in der Atmosphäre zunehmen würde. Studien legen nahe, dass daraus die Bildung globaler Ozonlöcher resultieren würde oder aber die Wolkenbildung und damit das Klima beeinflusst werden könnte. Wie stark dieser Einfluss tatsächlich wäre, ist bisher allerdings nach wie vor nicht abschließend geklärt.

Die Polverschiebung selbst dürfte vor allem in der Tierwelt für Chaos sorgen, da viele Tierarten zur Orientierung auf das Erdmagnetfeld angewiesen sind. Es ist außerdem gut möglich, dass man während der Wanderung der Pole über weite Teile des Globus Polarlichter sehen könnte. Welche sonstigen Auswirkungen die Umpolung haben kann, ist allerdings weitestgehend unklar.

Niemand kann also mit Sicherheit sagen, was uns im Falle einer weiterhin rasanten Abschwächung des Erdmagnetfeldes im Jahr 2034 blüht, auch nicht die Fossilien von uralten neuseeländischen Kauri-Bäumen. Und dennoch: Die Umpolung des Erdmagnetfeldes scheint bereits begonnen zu haben.

Das Erdmagnetfeld (blau) wirkt wie ein Schutzschild gegen kosmische Strahlung.

Der Tag, an dem der gigantischste Staudamm der Welt brach

»Sind wir bald da?«, ertönt es genervt vom Beifahrersitz. Seit einer halben Stunde geht es nur noch bergauf und die letzten Serpentinen ziehen sich wie Kaugummi. Es ist längst dunkel und du hoffst sehnlichst, dich nach dieser langen Autofahrt einfach nur noch ins Bett werfen zu können. »Schau mal da, das müsste es sein!« Dein Finger zeigt mitten ins schwarze Nichts und lediglich bei genauerem Hinsehen sind ein paar Fenster auszumachen, hinter denen noch Licht brennt. Laut gähnend setzt du den Blinker. Der Scheinwerferkegel wandert über den leeren Parkplatz und offenbart den

Eingang eines etwas in die Jahre gekommenen Hotels: »Das hat uns Fabienne empfohlen? Ach, was soll's.«

Endlich im Zimmer schaffst du es gerade noch, deine Taschen abzulegen, als dich der Schlaf übermannt und du samt Kleidern schnarchend auf dem schön bezogenen Bett liegst, ohne auch nur kurz hinterfragt zu haben, wo genau du dich gerade befindest.

Als du nämlich am nächsten Morgen verschlafen aus dem Fenster siehst, bekommst du den Schock deines Lebens: Beton, überall Beton, nach links, nach rechts, nach oben bis in den Himmel! »What the ...?!!« Ein eiskalter Schauer läuft dir über den Rücken und es dauert einige Momente und eine GPS-Abfrage auf dem Handy, bis deine Eindrücke sortiert sind. Du befindest dich nicht am Rand der Welt und auch nicht in einer realen Version von Maze Runner – sondern am Fuß der größten Gewichtsstaumauer der Welt. Willkommen in der französischen Schweiz! Genauer gesagt: an der Grande Dixence.

Die Grande-Dixence-Staumauer, eine der größten der Welt

Dieses monumentale Bauwerk wurde unter Beteiligung von 3000 Arbeitern zwischen 1950 und 1961 errichtet. Ziel war es, das Gebirgswasser des umliegenden Alpenmassivs zu sammeln und zur sauberen Energiegewinnung zu nutzen. Dafür wurden 6 Millionen Kubikmeter Beton – mit dieser Menge Beton hätte man einen 1,5 Meter hohen und 10 Zentimeter dicken Ring rund um die Erde bauen können! – in eine 700 Meter breite und unglaubliche 285 Meter hohe Gewichtsstaumauer gefasst. Im Gegensatz zu anderen Staumauer-Arten wie beispielsweise der Bogenstaumauer, die sich links und rechts an den Bergflanken festhält, stützt sich eine Gewichtsstaumauer lediglich durch ihr eigenes Gewicht.

Mithilfe von 75 Wasserfassungen, fünf Pumpwerken und einem 100 Kilometer langen unterirdischen Stollennetz schafft es die Grande Dixence heute, Regen- und Schmelzwasser von 35 Gletschern aufzufangen, um den dahinter befindlichen Lac des Dix auf ein Volumen von 400 Milliarden Liter Wasser zu stauen – etwa 160 000 Olympiabecken. Durch viele lange Rohrleitungen fließt das Wasser ins Tal, wo die dortigen Kraftwerke innerhalb von nur 42 Tagen den kompletten Seeinhalt umsetzen und jährlich 400 000 Haushalte mit Strom versorgen können.

Am Abend des 12. Dezember 2000 kommt es jedoch zu einem folgenschweren Ereignis: Gegen 20:10 Uhr reißt eine der Rohrleitungen, die zum Kraftwerk Bieudron führen, und es entsteht ein Loch von 9 Metern Länge und 60 Zentimetern Breite. Das automatische Sicherheitssystem reagiert sofort und schließt die Kopfschieber, um die weitere Wasserzufuhr zu kappen. Das Problem? Das bereits eingeleitete Wasser drückt unkontrolliert aus der Stahlverkleidung und frisst sich durch das etwa 100 Meter dicke Gestein. Es dauert nicht lange, und 27 Millionen Liter Wasser sprudeln aus dem Berg, erzeugen Erdrutsche und Schlammlawinen und zerstören bei ihrem Sturz ins Tal alles, was sich in den Weg stellt. 31 Häuser, Hütten und Bauernhöfe werden teilweise komplett mitgerissen, eine Fläche von einem Quadratkilometer wird komplett verwüstet, drei Menschen kommen ums Leben. Augenzeugen berichten später, sie hätten ein fürchterliches Donnern vernommen, ähnlich dem eines Kampfjets.

Unglücke im Zusammenhang mit Staumauern kommen fast immer aus dem Nichts und völlig überraschend. Waren zu Beginn der Riesendamm-Ära im frühen 20. Jahrhundert häufig noch Konstruktionsfehler das Problem, sind es heute mangelnde Wartung oder unvorhergesehene geologische Ereignisse. Am 19. Oktober 1963 zum Beispiel stürzt die Bergflanke des italienischen Monte Toc in den erstmals befüllten Stausee am Vajont-Damm und verursacht einen Megatsunami, der in einer 250 Meter hohen Welle über die ohnehin schon 263 Meter hohe Dammkrone schwappt. Die ins Tal prasselnden Wassermassen von geschätzten 50 Milliarden Litern reißen knapp 2000 Menschen in den Tod.

Die Staumauer blieb zwar unversehrt, der See wurde aber aufgrund der Instabilität des Berges und der enormen Landschaftsveränderung trockengelegt.

Bei dem wohl folgenschwersten Fall in der jüngsten Vergangenheit brach 1975 der nur 24,5 Meter hohe Banqiao-Staudamm in China als Folge einer kom-

Links: Der Erdrutsch verdrängte einen Großteil des Vajont-Stausees. Geologen warnten bereits im Vorfeld vor der Instabilität des Berges – wurden aber ignoriert. Rechts: Blick auf den Vajont-Damm von unten, jüngere Aufnahme

pletten Fehlkalkulation. Zwar war er so konzipiert, dass er einer Jahrtausendflut hätte standhalten können – unter normalen Umständen. Doch Taifun Nina sorgte mit einer Niederschlagsmenge von 1000 Millimetern pro Quadratmeter an einem einzigen Tag für einen kompletten Jahresniederschlag. Der Stausee schwoll auf den doppelten angenommenen Maximalwert an – viel zu viel für die miserable Lehmkonstruktion:

Der Pegel steigt und steigt, bis das Wasser in der Nacht zum 8. August 1975 über die Mauer läuft. Als dann gegen 00:30 Uhr noch der stromaufwärts gelegene Shimantan-Damm bricht und auch diese zusätzlichen Wassermassen unkontrolliert laufen, zerbirst der Banqiao-Staudamm und eine 11 Kilometer breite Flutwelle von 10 Metern Höhe donnert flussabwärts. Rasch erfasst sie die nahegelegene Stadt Daowencheng und tötet sämtliche Einwohner. Insgesamt brechen infolge einer Kettenreaktion 62 Staudämme und setzen eine sintflutartige Wassermenge von 15,7 Billionen Litern frei, die ein Gebiet fast von der Größe Thüringens überschwemmt. Wegen der maroden Infrastruktur ist eine Evakuierung unmöglich, 6,8 Millionen Häuser werden vernichtet und etwa 240 000 Menschen verlieren vor allem auch wegen der anschließenden humanitären Katastrophe ihr Leben.

So schrecklich diese Unglücke allesamt waren: Sie sind nichts im Vergleich zu dem, was sich vor rund 5,33 Millionen Jahren abspielte. Schauplatz: Mittelmeer.

Der Banqiao-Damm war zwar nicht hoch, staute aber eine ungeheure Menge Wasser.

Die Ursache ist noch heute unklar, aber wahrscheinlich hoben plattentektonische Bewegungen vor 6 Millionen Jahren die Straße von Gibraltar an, also die Meerenge zwischen Spanien und dem afrikanischen Kontinent, und trennten damit das Mittelmeer vom Atlantik.

In der Folge beginnt das Mittelmeer auszutrocknen. Erst langsam, dann aber immer schneller, sodass es schon nach einigen Tausend Jahren nahezu verschwunden ist. In dem kilometertiefen Becken bleiben lediglich ein paar Seen zurück, die durch ihren extrem hohen Salzgehalt und das lebensunfreundliche Klima kaum Vegetation zulassen. Schätzungen zufolge liegt die Temperatur dort jetzt um 15 bis 40 Grad Celsius höher als auf der Ebene des Meeresspiegels – wie hoch genau, ist aber schwierig zu beurteilen, denn es gibt heute kein Terrain, das damit auch nur ansatzweise vergleichbar wäre. Die tiefste aktuell zugängliche Landstelle mit »nur« 420 Metern unter dem Meeresspiegel liegt am Ufer des Toten Meers.

Während dieser Zeit, die man als messinische Salinitätskrise bezeichnet, gelingt vielen Tierpopulationen die Wanderung von Afrika nach Europa. Das Süßwasser großer Flüsse wie Nil oder Rhone bietet ihnen die einzig mögliche Lebensgrundlage in diesem Becken. Es frisst sich im Verlauf mehrerer Hunderttausend Jahre so tief ins Gestein, dass die Spuren noch heute zu sehen sind.

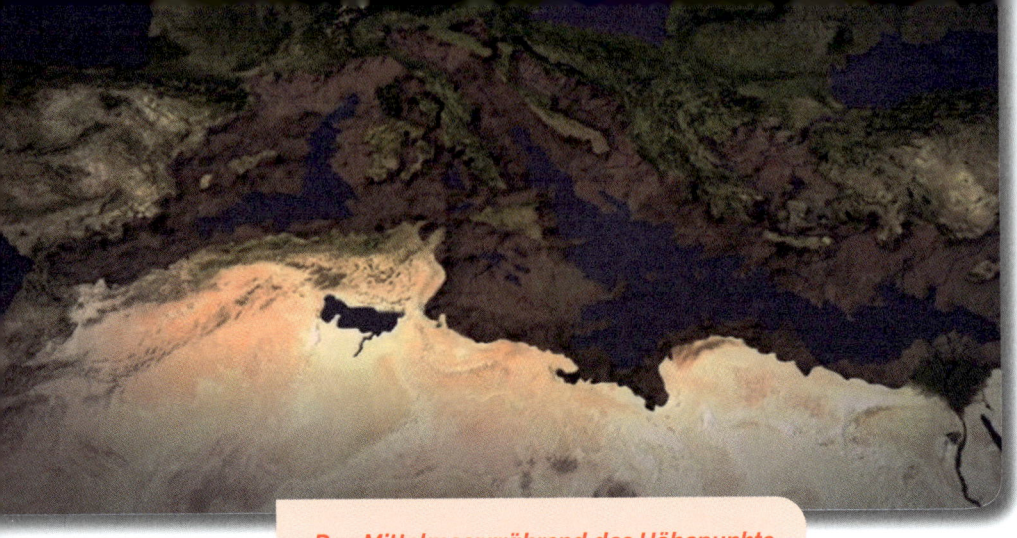

Das Mittelmeer während des Höhepunkts der messinischen Salinitätskrise

Was dann geschieht, ist wahrscheinlich die Folge eines Meeresspiegelanstiegs bei gleichzeitiger tektonischer Absenkung der Straße von Gibraltar: Der Atlantik fließt in das nahezu leere Mittelmeerbecken. Während die Ergebnisse früherer Studien ein plötzlich eintretendes Ereignis mit einem unvorstellbar gigantischen Wasserfall nahelegen, geht man heutzutage eher von einem ersten kleinen Rinnsal aus, das sich im weiteren Verlauf immer weiter verstärkte, bis das Atlantikwasser an einer steilen Rampe von etwa 5 Prozent Gefälle ins Mittelmeerbecken hinabstürzte. (Zum Vergleich: Der Rhein hat auf der Höhe von Mainz ein Gefälle von 0,007 Prozent.) Dabei soll die Durchflussmenge zu Spitzenzeiten apokalyptische 100 Milliarden Liter pro Sekunde (!) betragen haben, welche mit ihrer Fließgeschwindigkeit von über 144 Stundenkilometern das Bett um bis zu 70 Zentimeter pro Tag (!) erodiert haben dürften. Schwer vorzustellen: Diese Durchflussmenge entspricht dem 80-Fachen aller Flüsse der Welt zusammen. Der Wasserpegel im Mittelmeerbecken steigt in der Folgezeit um 7 bis 10 Meter pro Tag und nach knapp 2 Jahren ist das Becken wieder komplett gefüllt.

Da sich die Afrikanische Platte mit einer Relativgeschwindigkeit von 2,15 Zentimetern pro Jahr auf die Eurasische zubewegt, ist anzunehmen, dass sich die Straße von Gibraltar in etwa 600 000 Jahren erneut schließen und das Mittelmeer erneut austrocknen wird. Diesmal aber wahrscheinlich für immer, denn durch die tektonische Konvergenz wird das Mittelmeer irgendwann vollständig verschwinden und die Alpen werden sich in Himalaya-ähnliche Höhen anheben.

Aber zurück zu den von Menschenhand geschaffenen Staudämmen. Der Wunsch nach Kontrolle über die Natur hat uns in der Vergangenheit schon viele verheerende Unglücke beschert – aber auch zu technischen Höchstleistungen getrieben, die uns unseren modernen Lebensstandard ermöglichen. Die sehr umstrittene Talsperre im chinesischen Drei-Schluchten-Tal ist nur eines von vielen monumentalen Staudamm-Projekten, die China vor allem in den letzten Jahrzehnten aus dem Boden gestampft hat, um die riesigen Ackerflächen des von Überschwemmung geplagten Landes kontrolliert bewässern und den Energiedurst seiner 1,3 Milliarden Einwohner stillen zu können. Rechnet man die im Bau befindlichen Projekte dazu, stehen allein sechs der zehn größten Stauanlagen mit über 280 Metern Höhe in China – mit jeweils enormen Eingriffen in die Natur. Die Drei-Schluchten-Talsperre gehört mit ihren 181 Metern Höhe zwar nicht zu diesen Top Ten, ist aber aufgrund ihrer imposanten Kronenlänge von 2,3 Kilometern und ihrer hochmodernen Turbinen die leistungsfähigste der Welt. Allein sie bedroht mehrere Tausend Tier- und Pflanzenarten, von denen der Chinesische Flussdelfin bereits seit 2007 und der Schwertstör seit 2022 als ausgestorben gelten.

Atlantikwasser strömt über ein steiles Gefälle ins Mittelmeer.

Und noch ein ganz anderer, vielleicht noch weniger erwarteter Effekt entsteht durch das Aufstauen solch gigantischer Wassermengen: Seit der Erstbefüllung des Sees hinter der Drei-Schluchten-Talsperre hat sich aufgrund des angestauten Volumens – das etwa dem 100-Fachen des eingangs erwähnten Lac des Dix entspricht – das Trägheitsmoment der Erde verringert. Ähnlich wie eine Eiskunstläuferin, die ihre Arme bei einer schnellen Pirouette langsam nach außen streckt, wurde auch die Erde durch diesen Effekt langsamer. Die NASA hat errechnet, dass unsere Tage seither 0,06 Mikrosekunden länger geworden

Die Drei-Schluchten-Talsperre verändert die Natur – erspart aber auch das Verbrennen mehrerer Millionen Tonnen Kohle.

sind. Vielleicht ein mickriger Wert, aber wer weiß, welche Auswirkungen er auf andere fragile Aspekte unseres Ökosystems hat.

In den USA hat man sich daher bereits dafür entschieden, solche Megaprojekte gar nicht mehr zu realisieren. Stattdessen werden bestehende Talsperren sogar zurückgebaut, um der Natur wieder ihren Lauf zu lassen. Denn eines ist sicher: Nicht nur der Bau eines Staudamms ist eine technische Herausforderung, sondern auch seine Wartung. Die verwendeten Materialien, allen voran Beton, haben eine begrenzte Lebensdauer. Danach verlieren sie an Stabilität, was höchst umfangreiche Sanierungsmaßnahmen erforderlich macht. Natürlich nur, wenn einem die Sicherheit der Anlage – wie auch der Lebewesen, der Natur und der Infrastruktur im Umfeld – am Herzen liegt.

Wie du die mysteriöseste aller Dimensionen kontrollierst

Hektisch reißt Larissa den Kopf herum. Hinter ihr her rennen noch immer die sieben maskierten Gestalten in ihren langen, dunkelgrün leuchtenden Gewändern. Wie können diese Kerle nur so unnatürlich schnell sein? Als Larissa rechts in eine Seitenstraße abbiegt, muss sie abrupt abbremsen. Vor ihr ragt eine ausgeblichene Hausfassade aus roten Ziegelsteinen mehrere Meter in die Höhe. Eine Sackgasse! Während sie sich völlig außer Atem umdreht, kommen auch ihre Verfolger zum Stehen. Schweiß rinnt der jungen Frau über die Stirn. Es gibt keinen Ausweg. Oder doch? Ein gleißender Lichtblitz erhellt plötzlich den dunklen Novemberhimmel. Dann noch einer, und nach einer kurzen Pause leuchtet auch ein dritter Blitz auf. Das ist das Zeichen! Larissa sieht kurz auf ihre Hände: Jetzt ist sie sich sicher. Sie schließt für einen Augenblick die Augen und atmet tief ein. Hoch konzentriert fokussiert sie sich auf einen ganz bestimmten Gedanken, während die Welt um sie herum fast völlig zum Stillstand kommt. Ein entschlossener Blickkontakt, und sie sprintet auf die seltsamen Gestalten zu, die sich langsam und träge wie durch Honig bewegen. Mit gefährlicher Präzision blockiert Larissa jeden ihrer Angriffe und wenige Augenblicke später sind alle Verfolger außer Gefecht gesetzt. »Fast perfekt«, lächelt Larissa, »der letzte Kick war aber etwas zu tief.« Larissa hat einen braunen Gürtel in Kickboxen, aber was viel wichtiger ist: Larissa träumt … und sie weiß es!

Hast du in deinem Leben jemals in einem Traum gewusst, dass du gerade träumst? Falls ja, geht es dir wie etwa der Hälfte aller Menschen. Diese Form des Träumens nennt man luzid, was so viel bedeutet wie »klar« oder »deutlich«. Beim Großteil der glücklichen Menschen, die dieses Phänomen bereits einmal erleben durften, treten diese luziden Träume (auch: Klarträume) allerdings unkontrolliert auf. Meistens kann der Träumende dabei an einem unstimmigen Detail im Traum feststellen, dass es sich nicht um die Realität handelt. Seltsamerweise sind diese Details oftmals vollkommen absurd. So werden besondere Fähigkeiten wie Fliegen oder stark surreale Umgebungen wie die Marsoberfläche seltener als Erkenntnis-Trigger wahrgenommen als beispielsweise ein Bild, das woanders hängt, oder ein verschwundenes Shirt, von dem man sich sicher war, es auf den Stuhl gelegt zu haben. Mein Bruder sollte beispielsweise vor ein paar Jahren in einem Traum eine Matheklausur schreiben, von der er sicher war, dass sie erst 2 Wochen später anstand. So entlarvte er den Traum.

Aber warum fällt es uns so schwer, die ja oft wirklich lächerlich unrealistischen Träume als nicht real zu erkennen? Eine Schlüsselrolle spielt hierbei der präfrontale Kortex. Er erlaubt uns im Wachzustand unter anderem, unser eigenes Denken kritisch zu hinterfragen. Diese Fähigkeit nennt man Metakognition. Im nichtluziden Traumzustand ist die Aktivität dieses präfrontalen Kortex stark gehemmt, weshalb uns auch die Fähigkeit zum Hinterfragen verloren geht. Die grüne Kuh mit Strohhut und sieben Armen, die mit der Stimme von Bruce Willis »Never gonna give you up« singt und dazu auf dem Banjo spielt, nehmen wir nach dem Motto hin: »Gut, das ist jetzt halt einfach so.«

Neben dem präfrontalen Kortex spielt aber auch der sogenannte Precuneus eine zentrale Rolle. Dieses Hirnareal wird mit bewusster Informationsverarbei-

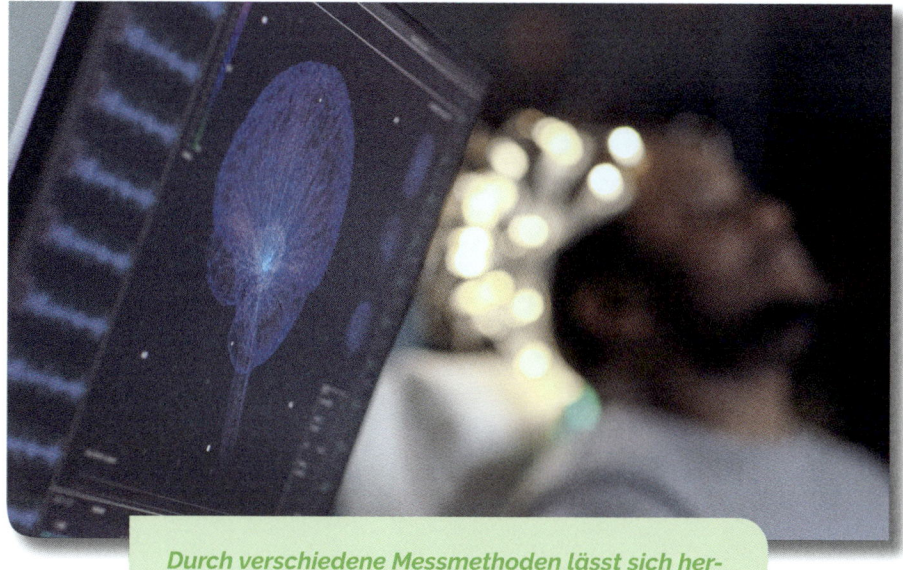

Durch verschiedene Messmethoden lässt sich herausfinden, welche Gehirnareale gerade aktiv sind.

tung, Selbstwahrnehmung und dem Gefühl von Handlungsfähigkeit in Verbindung gebracht und ist während eines nichtluziden Traumes ebenfalls weitgehend inaktiv. Dadurch bleibt es uns verwehrt, unsere eigenen Handlungen aktiv zu steuern, wodurch wir das Traumgeschehen wie eine Art Film erleben, ohne wirklich eingreifen zu können. Diese beiden Hirnareale sind also der Schlüssel zu einer Welt, die nur durch die Macht unserer eigenen Vorstellungskraft limitiert wird.

Wie also erlangt man die Kontrolle über seinen Traum? Zu dieser Frage hat es in den vergangenen Jahren unzählige Studien und Experimente gegeben. Dank dieser unermüdlichen Forschung kann ich dir hier einen kleinen Klartraum-Ratgeber an die Hand geben, der jene Techniken enthält, die sich tatsächlich als wirkungsvoll erwiesen haben.

Allen voran stehen die sogenannten DILD-Techniken. DILD steht für »dream-initiated lucid dreaming« und beschreibt Methoden, bei denen der Träumende erst im Laufe des Traumes merkt, dass er träumt, oder durch den vorherigen Wunsch, etwas Bestimmtes im Traum zu tun, einen Klartraum initiiert. Der wohl mächtigste Trigger hierfür ist der sogenannte Realitätscheck. Diesen trainiert man sich quasi an, indem man sich im Wachzustand tagsüber immer wieder ernsthaft fragt: »Bin ich gerade wach oder träume ich?« Wichtig ist, dass einem dieses Denkmuster in Fleisch und Blut übergeht, sodass die Frage auch irgendwann unterbewusst im Traum aufkommt. Wichtig ist zudem, dass man seine Antwort immer gut begründet. Naheliegende Argumente sind zum Beispiel Unmöglichkeiten wie Fliegen oder vier Arme zu besitzen.

Aber was macht man, wenn der Traum so real ist, dass er sich so auch in Wirklichkeit abspielen könnte? Dann hilft ein Blick auf die eigenen Hände. Interessanterweise scheinen diese nämlich im Traum anders auszusehen als in der Realität. So kann es gut sein, dass man im Traum sechs Finger hat oder die Finger seltsam unförmig erscheinen. Darüber hinaus werden Uhrzeiten im Traum oft falsch dargestellt und die Umgebung verändert sich ständig. Schau dir also deine Umgebung genau an, wende kurz den Blick ab und schaue wieder hin. Sieht die Umgebung plötzlich anders aus, träumst du.

Hast du im Traum jemals deine Hände gesehen? Nutze sie als Anker.

Übe diese kritische Denkweise in Bezug auf deinen Bewusstseinszustand tagsüber regelmäßig ein, um nachts deine Träume zu überlisten.

Die zweite sehr wirkungsvolle Technik ist die Intention. Hierbei legst du dich mit dem fokussierten Wunsch schlafen, einen Klartraum zu erleben. Das prospektive Gedächtnis, das uns ermöglicht, geplante Handlungen in der Zukunft auszuführen, kann den Gedanken dann im Traum unterbewusst einbringen. Dabei ist es sehr wichtig, bis zum Zeitpunkt des Einschlafens keinen anderen Gedanken zuzulassen außer dem Wunsch, luzid zu träumen.

Eine spezielle Form der Intention ist die MILD-Technik des US-amerikanischen Psychologen und Klartraumforschers Stephen LaBerge. MILD steht für »mnemonically induced lucid dreaming«. Das Wort »mnemonisch« bedeutet dabei, eine Merkhilfe wie beispielsweise einen Reim zu verwenden, weil Reime vor allem bei ständiger Wiederholung besser im unterbewussten Gedächtnis bleiben. Ein Beispiel wäre:

> *Seh'n Hände aus wie Bäume,*
> *weiß ich, dass ich träume.*

Versuche, dir dabei vor dem inneren Auge vorzustellen, wie du immer wieder auf deine Hände schaust. Wiederhole für die MILD-Technik den Reim wieder und wieder im Kopf, bevor du einschläfst, oder denk dir selbst etwas Kreatives aus. Im Idealfall geht dir der Reim auch im Traum durch den Kopf und erinnert dich daran, auf deine Hände zu sehen. Gleichzeitig erinnert dich der Spruch daran, dass seltsam geformte Hände auf einen Traum hindeuten.

Noch einen Schritt weiter geht die sogenannte Trauminkubation, bei der man sich vor dem Einschlafen genau überlegt, was man träumen oder welche bestimmte Person man im Traum besuchen möchte. Trauminkubation gehört ebenfalls zu den Intentionstechniken und kann auch zur Problembewältigung genutzt werden. Dafür musst du wiederholt mit einer konkreten Problem- oder Fragestellung im Kopf einschlafen, die du für dich gerne klären möchtest – beispielsweise: Wie beende ich den Streit mit meiner Freundin?

Um die Chancen auf einen Klartraum noch weiter zu erhöhen, kann man verschiedene Techniken miteinander kombinieren. Am naheliegendsten ist da die Kreuzung aus Realitätscheck und Intention, was sich »Tholeys Kombinationstechnik« nennt. Das klingt für mich zwar ein bisschen wie eine Fähigkeit aus *Dragonball Z,* ist aber tatsächlich sehr wirkungsvoll und vor allem einfach umsetzbar.

Träume öffnen das Tor ins Unterbewusstsein.

Während ihrer Meditation erreichen erfahrene Buddhisten tiefe transzendente Bewusstseinsstufen.

Es gibt aber auch noch exotischere Wege. Einer davon wird inzwischen als Heilmittel für nahezu alles gehandelt, doch wissen buddhistische Mönche genau, warum sie die letzten paar Tausend Jahre keine andere Technik so sehr perfektioniert haben: Meditation. Gleich mehrere Studien konnten deren Wirksamkeit zur Einleitung von Klarträumen belegen. Insbesondere Achtsamkeitsmeditation ist hier effektiv. Wir erinnern uns, dass bei luziden Träumen speziell die Hirnareale zur Selbstwahrnehmung deutlich aktiver sind als bei normalen Träumen. Der Zusammenhang von Klarträumen und Achtsamkeitsmeditation, bei der genau diese Selbstwahrnehmung trainiert wird, liegt also nahe.

Auch externe Reize können Klarträume induzieren. Die drei hellen Blitze, die Larissa in der Anfangsgeschichte im Himmel sieht, waren dort aus einem bestimmten Grund: Eine der effektivsten Techniken besteht darin, die träumende Person während der REM-Schlafphase externen Lichtsignalen auszusetzen. So wurde auch Larissa im Schlaflabor von einem Expertenteam mit drei Lichtsignalen angeleuchtet, die sie dann im Traum sehen konnte. Die Herausforderung besteht dabei darin, die Intensität der Reize genau so zu wählen, dass der Träumende sie zwar wahrnehmen kann, aber nicht davon aufwacht. Ein anderer Ansatz ist das Stimulieren des Schädels mit schwachem Wechselstrom. Halte dir aber jetzt bitte nicht zwei Kabel aus der Steckdose an den Kopf. Das wird dann nämlich kein luzider Traum, sondern ein klarer Fall von Tod durch Dummheit.

Wie du dir vielleicht vorstellen kannst, können auch bestimmte chemische Substanzen das Traumempfinden verändern oder sogar Klarträume ermöglichen. Besonders indigene Völker in Südamerika und Afrika nutzen diesen Umstand oft für verschiedene spirituelle Rituale. Die schiere Menge der Stoffe ist hier aber so groß, dass die Nennung jedes einzelnen den Rahmen sprengen würde. Interessant ist aber, dass in Studien eine dreitägige Gabe von 250 mg Vitamin B6 das Traumerleben intensivieren konnte und die Traumerinnerung bei den Probanden um mehr als 60 Prozent zunahm. Diese Dosis ist auf natürlichem Wege aber unmöglich zu erreichen: Sie entspricht etwa 26 Kilo Lachs oder 29 Kilo Walnüssen. Das ist vielleicht auch besser so, denn 250 mg Vitamin B6 liegen um das Hundertfache über dem empfohlenen Tagesbedarf und können langfristig zu Nervenschäden führen.

Willst du deine Traumerinnerung auf weniger giftige Weise verbessern, kann auch ein Traumtagebuch helfen. Schreib dort jeden Morgen direkt nach dem Aufwachen alles auf, an das du dich erinnern kannst – und seien es noch so kleine Traumfetzen. Du wirst sehen, mit der Zeit wird es immer mehr!

Wofür auch immer du dich letztlich entscheidest: Sei dir bewusst, dass all diese Techniken Übung erfordern und seltenst direkt bei der ersten Anwendung zum gewünschten Ergebnis führen.

Übrigens: Nur 3 Wochen, nachdem ich dieses Kapitel geschrieben und die Techniken meinem Bruder vorgestellt hatte, träumte dieser tatsächlich seinen ersten aktiv induzierten Klartraum. Bei ihm funktionierte es durch tägliches Training der Kombinationstechnik nach Tholey, wobei er für die Intention LaBerges MILD-Technik anwendete. Er meinte, beim Anschauen seiner Hände im Traum begannen zwei Finger zu verschmelzen, sobald sie zu nah beieinander waren. Der tagsüber einstudierte Trigger wirkte – einfach krass!

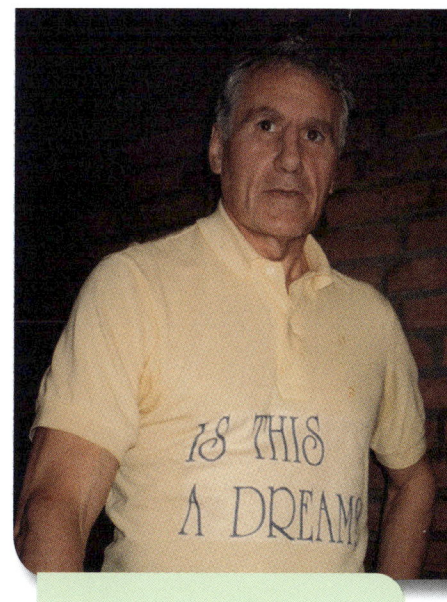

Der Deutsche Paul Tholey war einer der bedeutendsten Klartraumforscher.

Du weißt jetzt also theoretisch, wie man Klarträume induzieren kann. Doch was bringt es uns eigentlich, wenn wir jeden Tag träumen können, im Lotto zu gewinnen oder endlich unserem Chef die Meinung zu geigen?

Man kann Klarträume zum Beispiel nutzen, um komplizierte Bewegungsabläufe, die man tagsüber gelernt hat, weiter zu verbessern. Paul Tholey, einer der weltweit bekanntesten Klartraumforscher und Namensgeber für die oben erwähnte Kombinationstechnik, konnte auf diese Weise im Schlaf Skateboard- oder Snowboardfahren trainieren. Besonders Spitzensportler versuchen sich diese Technik anzueignen, um noch intensiver trainieren zu können. Außerdem wird die REM-Schlafphase in engen Zusammenhang mit menschlichen Lernprozessen gebracht, insbesondere mit der Filterung und Verfestigung von Wissen. Wenn du also grundsätzlich weißt, wie man mit dem Fahrrad auf dem Hinterrad balanciert, ist es dir möglich, diese Fähigkeit während eines Klartraums weiter zu verbessern.

Und noch etwas wirklich Verrücktes: Mit Klarträumern – auch Oneironauten genannt – kann man von außen kommunizieren. In Experimenten wurden luzid Träumenden verbal einfache Matheaufgaben wie »8 minus 6« gestellt, auf die sie mit vorher abgestimmten Augenbewegungen richtig antworteten. Es gibt aber noch andere Möglichkeiten, Signale an Träumende zu senden und von Träumenden zu empfangen, sodass es theoretisch sogar möglich ist, zwei Schlafende innerhalb ihres Traumes miteinander kommunizieren zu lassen. Wer weiß, irgendwann können wir vielleicht auch mit unseren Freunden und Familien gemeinsam träumen.

Klarträume bilden eine faszinierende Brücke zwischen Bewusstsein und Unterbewusstsein, die uns ansonsten in der Regel verwehrt bleibt. Außerdem können wir in Klarträumen Personen aus unserem Traum nach ihrer Bedeutung und den Gründen für den Traum selbst fragen. Dabei handelt es sich um eine gänzlich neue Ebene der aktiven Traumdeutung, die es uns letztlich ermöglichen kann, Zugang zu unserem eigenen Unterbewusstsein zu erlangen. Forscher erhoffen sich davon genauere Einblicke in die Funktionsweise des menschlichen Gehirns und in die unendliche, bisher noch kaum verstandene Welt der Träume.

In diesem Sinne: Träume nicht dein Leben, träume deinen Traum!

Das passiert, wenn das Blut der Erde kocht

Es ist Juli, als die 18-jährige Mary Godwin aus dem Fenster über den verregneten Genfer See blickt. Es könnte so schön sein zu dieser Jahreszeit. Doch draußen ist es kalt, viel kälter als sonst im Juli. »Die Gewitter, die uns heimsuchen, sind so gewaltig und schrecklich, wie ich nie welche erlebt habe«, schreibt die Engländerin. Einen Monat zuvor hatte es immer wieder geschneit. Nur drei Tage im Juli bleiben trocken, die restlichen 28 gleichen dem heutigen: Es regnet – meistens von morgens bis abends. Flüsse treten über die Ufer. Vor allem in Europa und Nordamerika gibt es unzählige Überschwemmungen. Getreide kann unter diesen Bedingungen nicht wachsen, Kartoffeln verfaulen bereits in der Erde. Ernten fallen aus, die Menschen hungern. Aber warum? Dieser Juli ist nicht wie jeder andere, das spüren die meisten. Es ist der Juli des Jahres 1816, das später in die Geschichte eingehen wird als das »Jahr ohne Sommer«.

Was in Europa und Nordamerika zu diesem Zeitpunkt kaum jemand weiß: Ein Jahr zuvor war auf der indonesischen Insel Sumbawa der Vulkan Tambora ausgebrochen. Es war die vermutlich stärkste Eruption seit mehr als 25 000 Jahren. Etwa 140 Milliarden Tonnen vulkanisches Material (auch Tephra genannt) wurden mit einer geschätzten Gesamtenergie von 2,3 Millionen Hiroshima-Bomben kilometerweit in die Luft geschleudert. Für Tage verdunkelte sich der Himmel fast vollständig über einer Fläche dreimal so groß wie Deutschland. Durch den Ausbruch starben allein auf den indonesischen Inseln Sumbawa und Lombok über 71 000 Menschen. Wie viele weitere Menschen weltweit insbesondere durch das Jahr ohne Sommer und die resultierende fürchterliche Hungersnot ihr Leben verloren, darüber kann nur spekuliert werden. Aber auch eine andere Frage bleibt: Wie konnte ein Vulkanausbruch ein ganzes Jahr später und Tausende Kilometer weit entfernt den Sommer ausfallen lassen?

Der Krater des Tambora. Stell dir mal die Eruption dazu vor ...

Tatsächlich sind nur sehr wenige, besonders heftige Vulkanausbrüche zu so etwas fähig. Die Heftigkeit eines Vulkanausbruchs wird dabei mit dem sogenannten Vulkanexplosivitätsindex (kurz: VEI) angegeben. Ähnlich wie bei Erdbeben gilt hier: Je höher der Wert, desto heftiger das Ereignis, und auch beim VEI steigt die Zerstörungskraft der Eruption exponentiell mit jedem Punkt. Aber was genau heißt hier »heftig«? Hauptgröße zur Bestimmung ist beim VEI das Volumen an ausgeworfenem vulkanischem Material, also Tephra. Jede weitere VEI-Stufe bedeutet also: zehnmal so viel Tephra, die den Himmel verdunkelt. Mit anderen Worten: Ein Ausbruch der Stärke 6 generiert zehnmal so viel Material wie ein Ausbruch der Stärke 5.

Um das Ganze zu veranschaulichen, drehen wir einmal den Globus und besuchen die spektakulärsten Vertreter der einzelnen VEI-Stufen – ich würde sagen, wir beginnen gleich bei Stärke 4.

Vielleicht erinnerst du dich noch an den Ausbruch des isländischen Vulkans Eyjafjallajökull im Jahr 2010. Der war zwar nicht besonders stark, trotzdem war die Welt in Aufruhr und man stellte über Tage hinweg den Flugverkehr in Mittel- und Nordeuropa ein – die größte Beeinträchtigung des Flugverkehrs seit den Anschlägen des 11. September 2001. Über 100 000 Flüge fielen aus. Gleichzeitig versuchten die Leute tagelang vergeblich, den Namen des Vulkans richtig auszusprechen: Eyjafjallajökull. Spaß beiseite. Das war gerade mal Kategorie 4. Globale Auswirkung: Behinderung des Flugverkehrs aus und nach Europa.

In die Kategorie 4 fällt theoretisch auch der Ausbruch des isländischen Vulkans Laki in den Jahren 1783 bis 1784. Die Menge an dabei ausgestoßenen Gasen wird im VEI jedoch nicht berücksichtigt. Der Ausbruch hatte Klimaveränderungen in Europa zur Folge. Missernten und der darauf folgende Anstieg der Lebenshaltungskosten waren vermutlich mitverantwortlich für den Beginn der französischen Revolution 1789. Wie genau es zu den Klimaveränderungen kam, sehen wir später.

Drehen wir nun den Globus ein ganz klein wenig weiter und kommen wir zu einem der legendärsten Vulkanausbrüche aller Zeiten. Plinius der Jüngere schrieb später an den römischen Historiker Tacitus: »Auf der Landseite schwebte eine schwarze, bedrohliche Wolke, durchbrochen von wirbelnden und pulsierenden Funken feurigen Atems; sie mündete in langgezogene Flammengestalten, wie Blitze, aber größer.«

Durch den Ausbruch des Vesuvs am 24. August im Jahr 79 nach Christus werden einige der umliegenden Städte und Dörfer, darunter Pompeji und Hercula-

Ob der Ausbruch des Vesuvs wohl so aussah, wie William Turner ihn sich um 1817 vorstellte?

neum, mit einer bis zu 20 Meter hohen Tephra-Schicht bedeckt. Tausende Menschen sterben. Auch wenn sich die Historiker um das genaue Datum und die Anzahl an Getöteten noch streiten, ist man sich einig, dass der Vulkanausbruch damals »nur« eine Stärke von 5 erreichte.

Was du über den Vesuv vielleicht noch nicht wusstest: Vor Tausenden von Jahren war er vermutlich deutlich höher als heute, zwischen 1600 und 1900 Meter, und schrumpfte durch mehrfache Ausbrüche kontinuierlich. Heute misst er nur noch 1281 Meter. Solltest du also einmal in Neapel sein, stell dir einfach vor, auf dem Berggipfel stünden noch sechs Freiheitsstatuen übereinander. Dann hast du eine grobe Idee, wie hoch der Monte Somma – wie der Vorgänger des Vesuvs hieß – damals gewesen sein muss. Auf dem Foto sieht man den heutigen Vesuv innerhalb des deutlich größeren Vulkankraters von 79 nach Christus.

So, jetzt den Globus ein ganzes Stück weiterdrehen – es wird langsam spannend ... Wir kommen zum Ausbruch des Krakatau im Jahr 1883. Die Eruption des zwischen den indonesischen Inseln Sumatra und Java gelegenen Vulkans fällt in die Kategorie 6. Indonesien war offensichtlich in den letzten Jahrhunderten echt nicht der sicherste Ort zum Leben! Die Explosion sendete eine Druck-

Der Vesuv inmitten des ehemaligen Vulkans Somma. Die Überreste des Somma sind als Bergkette hinter dem Vesuv erkennbar.

welle siebenmal um die Erde und ließ die Insel fast vollständig kollabieren. Das führte zu bis zu 40 Meter hohen Tsunamis an den umliegenden Küsten. 36 000 Menschen starben. Insgesamt wurden durch den Ausbruch des Krakatau etwa 20 Kubikkilometer Tephra in den Himmel geschleudert. Wollte man all das ausgestoßene Material mit einem Güterzug abtransportieren, hätte dieser über 555 Millionen Waggons und würde einmal komplett um die Sonne reichen. Vulkanausbrüche mit einem VEI von 6 können bereits merkliche Klimaveränderungen verursachen. So auch die Eruption des Krakatau 1883.

Aber wie sind Klimaveränderungen infolge von Vulkanausbrüchen überhaupt möglich? Wie du sicher weißt, führt ein hoher CO_2-Gehalt in der Erdatmosphäre zu einem Treibhauseffekt, der die Temperatur auf der Erde ansteigen lässt, so wie es gerade beim anthropogenen (menschengemachten) Klimawandel der Fall ist. Vulkanausbrüche hingegen führen trotz eines gewaltigen CO_2-Ausstoßes überraschenderweise fast immer zu einer Abkühlung. Denn bei einem heftigen Ausbruch verteilen sich Asche und andere Partikel großflächig in der Atmosphäre. Sie reflektieren Teile des Sonnenlichts, bevor es die Erde erreichen kann. Mitverantwortlich ist hier insbesondere das Gas Schwefeldioxid (SO_2), das durch die Bildung von schwefelsäurehaltigen Aerosolen auch bei der

Smogbildung in Städten eine entscheidende Rolle spielt. Durch den so entstehenden Schleier rund um die Erde sinkt die Durchschnittstemperatur. Bei kleineren Ausbrüchen ist diese Veränderung lokal, bei größeren Eruptionen jedoch ist die ganze Welt betroffen. Mit der Zeit fallen die Partikel auf die Oberfläche zurück, wodurch die Trübung der Atmosphäre über die Jahre wieder abnimmt. Um den Effekt irgendwie messen und verschiedene Katastrophen miteinander vergleichen zu können, definierte man dafür sogar einen eigenen Index: den sogenannten Trübungsindex. Je höher dieser Index, desto stärker trübt der Schleier die Atmosphäre und desto weniger Sonnenlicht erreicht schlussendlich die Erde. Der Trübungsindex wurde nach dem Ausbruch des Krakatau eingeführt und für diese spezielle Eruption von 1883 auf einen Wert von 1000 festgelegt. Damit du ein Gefühl dafür bekommst, was dieser Wert bedeutet: Im darauffolgenden Jahr sank die Durchschnittstemperatur auf der Nordhalbkugel um 1,2 Grad Celsius. Das klingt zwar nicht nach viel, aber bedenke, was eine permanente Erhöhung der Durchschnittstemperatur von 2 Grad vermutlich auf unserem Planeten anrichten wird.

Der Krakatau vor und nach der Eruption

Übrigens fiel der Ausbruch des Hunga Tonga-Hunga Ha'apai im Januar 2022 ebenfalls in die Kategorie 6. Größere Schäden und Todesfälle gab es nur deshalb nicht, weil sich dieser Vulkan in einem entlegenen Gebiet im Pazifik befindet, etwa 2000 Kilometer nordöstlich von Neuseeland. Vielleicht hast du ja mein Video dazu gesehen! Die Menge an ausgestoßenem Schwefeldioxid war allerdings nicht groß genug, um signifikante globale Klimaveränderungen zu bewirken.

Es wird Zeit, die Geschichte vom Anfang dieses Kapitels weiterzuführen! Der Ausbruch des Tambora im Jahr 1815 schaffte es mit seinen etwa 160 Kubikkilometern Tephra locker auf VEI-Stufe 7. Solche Ereignisse kamen in der Vergangenheit nur alle 500 bis 1000 Jahre vor, was bedeutet, dass wir statistisch gesehen kein solches Ereignis mehr erleben werden. Zu unserem Glück! Der hypothetische Güterzug zum Abtransport des Materials hätte hier mit 4,4 Milliarden Waggons zehnmal um die Sonne gereicht.

Durch diese gewaltige Menge Tephra erreichte die Eruption einen Trübungsindex von satten 3000, wodurch die Durchschnittstemperatur global um 1 bis 2 Grad Celsius, lokal sogar um bis zu 5 Grad Celsius sank. Das war auch der Hauptgrund, warum Mary Godwin, die spätere Mary Shelley, zu dieser tristen Zeit so viel schrieb und gemeinsam mit ihren Freunden Gruselgeschichten am knisternden Kaminfeuer erzählte. Eine dieser Geschichten soll die Grundlage für ihren 1818 erschienenen Roman, den späteren Weltklassiker *Frankenstein*, gewesen sein. Die Eruption des Tambora war so stark, dass die von ihm ausgelösten Missernten noch bis ins Jahr 1819 anhielten. Seuchen wie Typhus und die Pest konnten sich in dieser Zeit wegen der unhygienischen Bedingungen und der Mangelernährung vieler Menschen nahezu ungehindert ausbreiten.

Das einzig Gute, was die Menschen der Katastrophe wohl abgewinnen konnten, waren die Abende. Durch die Aerosole in der Atmosphäre wurden insbesondere die langwelligeren roten Anteile des Lichts stark gestreut. Dadurch gab es völlig surreale Sonnenuntergänge, wie wir sie uns heute kaum vorstellen können. Alle Farbtöne und Schattierungen von Rot, Orange, Violett und Gelb, ja sogar Grün konnte man bestaunen. Wir können einen wenn auch nur sehr begrenzten Eindruck von diesen einzigartigen Sonnenuntergängen erhaschen, wenn wir uns das Bild »Frau vor der untergehenden Sonne« von Caspar

Oben: Ein kleinerer Ausbruch des Hunga Tonga-Hunga Ha'apai im Dezember 2021. Unten: Der Ausbruch der VEI-Stufe 6 im Januar 2022. Man beachte die Größe der Insel im Vergleich zur Wolke ...

So sah vermutlich der Abendhimmel in den Jahren nach dem Ausbruch des Tambora aus.

David Friedrich von 1818 genauer anschauen. Tja, das hätte ich schon gerne mal selbst gesehen!

Alles, was ich bisher geschildert habe, stellte trotz der teilweise durch die Ausbrüche ausgelösten Katastrophen keine wirkliche Gefahr für die Existenz der menschlichen Spezies dar. Doch kommen wir zur Königsklasse unter den Vulkanausbrüchen: den stärksten Eruptionen, die unseres Wissens in der Erdgeschichte stattgefunden haben. Mit einem VEI der Kategorie 8 hatten sie verheerende Auswirkungen auf das Weltklima und mitunter ganze Eiszeiten und massive Artensterben zur Folge. Vermutlich weißt du deshalb nichts oder wenig darüber, weil sie lange vor unserer Zeit geschahen – Eruptionen von sogenannten Supervulkanen.

Einer der bekanntesten Vertreter dieser Art ist der Yellowstone-Supervulkan unter dem gleichnamigen Yellowstone-Nationalpark. Ja, den gibt es wirklich, und zwar genau so, wie er im 2009 erschienenen Katastrophenfilm *2012* von Roland Emmerich dargestellt wird. Seine letzten beiden Ausbrüche mit einem VEI von 8 ereigneten sich einmal vor 2,1 Millionen Jahren mit einer Dreifacheruption und vor 640 000 Jahren mit einer Doppeleruption. Die Tephra-Mengen von 2450 und 1000 Kubikkilometern dürften starke Klimaveränderungen zur Folge gehabt haben. Auch heute noch weist der Vulkan immer wieder seismische Aktivität auf, was Beobachtern gelegentlich Anlass zur Sorge gibt.

Eine der heftigsten bekannten Einzeleruptionen der letzten Millionen Jahre

Die Grand Prisma Spring im Yellowstone-Nationalpark. Nur die aufsteigenden Dämpfe zeugen von der gewaltigen Magmakammer unterhalb. Achtung: Das ist nicht der eigentliche Vulkankrater! Der ist viel, viel größer.

war der Ausbruch des Supervulkans Toba auf der indonesischen Insel Sumatra vor gerade einmal 74 000 Jahren. Er stellte selbst die beiden Eruptionen des Yellowstone in den Schatten: Mit geschätzten 2800 Kubikkilometern Tephra würde der Güterzug jetzt fünfmal von der Erde bis zur Sonne reichen. Die damit verbundenen desaströsen Folgen sind heute kaum vorstellbar: Die weltweite Durchschnittstemperatur ging für mehrere Jahre um 3 bis 5 Grad Celsius zurück. Computersimulationen lassen sogar vermuten, dass die Nordhalbkugel sich im ersten Jahr nach der Eruption um 10 Grad abgekühlt haben könnte, und vieles deutet darauf hin, dass der Ausbruch eine globale Kaltzeit – also eine noch kältere Periode während eines Eiszeitalters – verursachte. Vertreter der kontrovers diskutierten »Toba-Katastrophentheorie« gehen sogar davon aus, dass die damalige menschliche Population um 90 Prozent dezimiert wurde und der Homo sapiens mit einer Population von 1000 Individuen nur knapp dem Aussterben entging. Die Forscher versuchen damit zu erklären, weshalb die menschliche Spezies in ihrem Genpool nur eine so überraschend geringe Vielfalt aufweist.

Der letzte Ausbruch eines Supervulkans der VEI-Stufe 8 ereignete sich neuen Erkenntnissen zufolge vor etwa 25 360 Jahren auf der Nordinsel Neuseelands mit der sogenannten Oruanui-Eruption des Taupō. Im Jahr 2022 wurden um den Taupō herum über 700 Erdbeben registriert. Aus diesem Grund wurde ei-

Der Vulkankrater des Toba ist so gewaltig, dass man ihn zunächst gar nicht als solchen erkennt. Heute beherbergt der Krater den Tobasee.

nen Tag vor Schreiben dieses Kapitels die Warnstufe aufgrund erhöhter Vulkanaktivität angehoben.

Beunruhigenderweise konnte noch eine andere Kategorie vulkanischer Ereignisse nachgewiesen werden – Ereignisse, die selbst die Eruptionen der Stufe 8 noch übertreffen. Es handelt sich dabei aber nicht um einzelne Vulkanausbrüche, sondern um jahrtausendelange Eruptionsperioden (sogenannte Flutbasalt-Ereignisse), die ganze Landschaften formten. Man nannte diese Landschaften früher »Trapp«, wobei mir der neue Name besser gefällt: magmatische Großprovinz. Die zwei bedeutendsten bekannten Vorkommnisse dieser Art gab es einmal vor 252 Millionen und einmal vor 66 Millionen Jahren. Das jüngere der beiden führte mit geschätzten 500 000 Kubikkilometern Tephra zur Bildung des »Dekkan Trapp« in Indien und verursachte womöglich gemeinsam mit dem Einschlag des Chicxulub-Meteoriten das Aussterben der Dinosaurier und das damit einhergehende Ende der Kreidezeit.

Nun sind wir ganz oben auf dem VEI angelangt, beim größten Ereignis vulkanischer Aktivität, von dem wir heute wissen: In Sibirien im heutigen Russland wurden über etwa 900 000 Jahre hinweg mehrere Millionen Kubikkilometer Tephra ausgestoßen, die den »Sibirischen Trapp« formten. Man könnte hier von einem VEI-11-Ereignis sprechen (auch wenn es sich dabei, wie gesagt, nicht um eine einzelne Eruption handelte). In dieser Phase wurde eine derart gewaltige Menge Kohlenstoffdioxid (CO_2) ausgestoßen, dass auf einen kurzen vulkanischen Winter, verursacht durch die schwefelhaltigen Aerosole, eine globale Erwärmung um durchschnittlich 10 Grad Celsius folgte. Das Meer heizte sich an der Oberfläche auf bis zu 40 Grad auf. Diese klimatischen Veränderungen führten wissenschaftlichen Untersuchungen zufolge zum Aussterben von 90 Prozent aller marinen Arten und eines Großteils der an Land lebenden Tiere. Es dauerte mehrere Millionen Jahre, bis sich die Ökosysteme von diesem desaströsen Einschnitt erholten.

Nun sind all diese Ereignisse teilweise weit in der Vergangenheit passiert. Aber was erwartet uns in der Zukunft? Eine Vielzahl von Vulkanen wird ständig überwacht und immer wieder auf veränderte Aktivität untersucht.

Zu diesen Vulkanen gehören auch die Phlegräischen Felder im Süden Italiens. Nun gilt schon der Vesuv als einer der gefährlichsten Vulkane der Welt, weil er sehr aktiv ist und direkt neben der Drei-Millionen-Metropole Neapel liegt. Die Phlegräischen Felder dagegen, ebenfalls in unmittelbarer Nähe zu Neapel, werden sogar als Supervulkan eingestuft. Vesuv und Phlegräische Felder teilen sich eine gemeinsame Magmakammer, wie erst im Jahr 2008 gezeigt werden konnte. Der heftigste Ausbruch der Phlegräischen Felder reicht etwa 39 000 Jahre zurück und hatte mit 250 bis 300 Kubikkilometern Tephra nicht nur eine Stärke von 7, sondern war auch fast doppelt so stark wie der Ausbruch des Tambora 1815.

In den letzten Jahrzehnten hat die vulkanische Aktivität an den Phlegräischen Feldern wieder stark zugenommen. Der Boden hebt und senkt sich abwechselnd, was auf eine sich füllende Magmakammer hinzudeuten scheint. Im Jahr 2017 veröffentlichte das University College in London gemeinsam mit dem Osservatorio Vesuviano Berechnungen, nach denen dieses abwechselnde Heben und Senken des Bodens zu einer Akkumulation von Energie in der Kruste über der Magmakammer führt. Sollten sich diese Simulationen bestätigen, dürfte uns ein Ausbruch der Phlegräischen Felder deutlich früher bevorstehen als bisher angenommen. Nach neuesten Berichten des Osservatorio Vesuviano wurde bei den Phlegräischen Feldern über das gesamte Jahr 2022 etwa 100-mal so viel Energie durch seismische Aktivität freigesetzt wie 2021. Aktuell hebt sich der Boden wieder – seit 2005 bereits um mehr als einen Meter. Hoffen wir einfach mal, dass wir diese Eruption nicht mehr erleben!

So gefährlich manche der uns bekannten Supervulkane auch sein mögen: Teilweise viel gefährlicher sind jene Vulkane, über die wir noch gar nichts wissen. Dazu zählen einerseits die unzähligen Unterwasservulkane auf dem 40 000 Kilometer langen Pazifischen Feuerring, die viel zu zahlreich und viel zu tief unter Wasser sind, um sie alle kennen und untersuchen zu können. Andererseits sind da die Vulkane in der Antarktis. Ja, richtig: In der Antarktis gibt es Vulkane, dort scheint sogar die Region mit der weltweit höchsten Vulkandichte zu liegen. Erst im Mai 2017 identifizierten Forscher der University of Edinburgh nach Auswertung von Satellitendaten in dieser Region 138 Vulkane, von denen 91 bis dahin völlig unbekannt waren. Eine unglaubliche Entdeckung – und eine etwas beunruhigende zugleich: Denn durch den Rückgang der im Schnitt 2 Kilometer dicken Eisschicht in der Antarktis verringert sich auch das auf den Vulkanen lastende Gewicht. Die Forscher befürchten also, dass die vulkanische Aktivität in der Antarktis mit fortschreitendem Klimawandel stark zunehmen könnte. Sie stützen sich dabei auf Untersuchungen aus Island, die zeigen, dass eine Dekompression des Erdmantels, also eine Verringerung des Drucks durch weniger darüber liegendes Eis, zu einer erhöhten Vulkanaktivität führen könnte. Aktuell kann noch niemand sagen, wie aktiv diese Vulkane sind. Laut dem Forscher Robert G. Bingham, Professor für Glaziologie und Geophysik an der University of Edinburgh, sollten wir das allerdings schleunigst herausfinden.

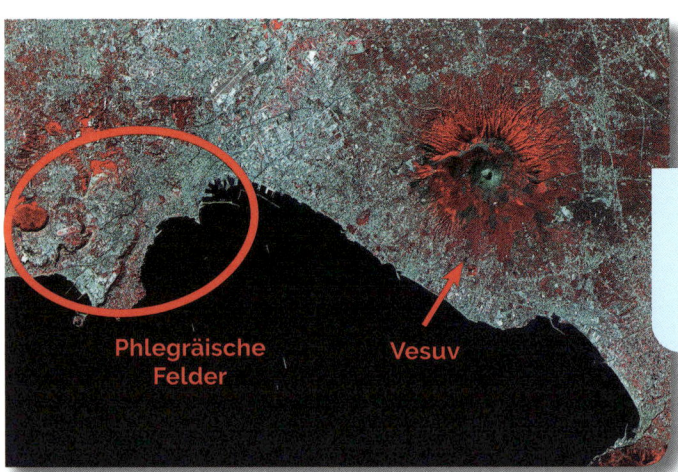

Satellitenaufnahme von Neapel mit Vesuv und Phlegräischen Feldern

Hilfe, wir müssen von der Erde fliehen – aber womit?

Gebannt blickt Dr. Jonathan auf die sich langsam aufbauende 3D-Simulation auf seinem Bildschirm. Knapp vier Monate sind vergangen, seit ein neues, eigentlich inaktives schwarzes Loch in Erdnähe für gravitatives Chaos gesorgt hatte. »Was zum ...!?«, flüstert er, während die Lüfter seines Computers unter der immensen Rechenleistung zusammenzubrechen drohen. »Nein, nein, nein! Das ist unmöglich! Das kann nicht wahr sein!« Hastig wischt der Wissenschaftler die Gegenstände von seinem Schreibtisch und schlägt die Notizen seines Kollegen auf. Sein Zeigefinger wandert über die Tabelle. Die Koordinaten stimmen. Er verharrt einen Moment in Schockstarre, dann signalisiert ihm ein kurzes Klicken des Computers das erfolgreiche Ende der

Berechnung. Mit mulmigem Gefühl blickt Dr. Jonathan auf das Ergebnis – und wird kreidebleich. Ankunft der Dunkelwolke: in 16 Jahren.

Dunkelwolken sind gigantische Gebilde aus interstellarem Gas und Staub. Sie sind so dicht, dass sie das Licht von hinter ihnen liegenden Objekten vollständig verdecken und dank ihrer Eigengravitation sogar neue Sterne formen können. Würde solch eine Dunkelwolke in unser Sonnensystem eintreten, könnte sie die Heliosphäre – die schutzschildartige Blase aus Magnetfeldern und Sonnenwind – ab einer gewissen Dichte durchaus überwinden und bis ins Innere unserer Planetenlaufbahnen vordringen. Ein paar Jahre keine Sterne am Nachthimmel? Okay! Aber ein paar Jahre weniger Sonnenstrahlung bei gleichzeitig dichterer Erdatmosphäre? Schwierig. Die globalen Temperaturen nähmen rapide ab, Pflanzen würden ihre Fähigkeit zur Fotosynthese verlieren und der Ökokreislauf bräche vollständig zusammen. So sehen es zumindest einige Forscher, die Dunkelwolken als erklärbare Mitursache für Eiszeiten und Massensterben in der Urgeschichte anführen.

Die Dunkelwolke »Barnard 68« verdeckt das Sternenlicht im Hintergrund.

In unserem Szenario von oben hätte die Menschheit bis zum schicksalhaften Eintreffen einer Dunkelwolke noch 16 Jahre Zeit, um von der Erde zu fliehen und das Sonnensystem zu verlassen. Aber wie? Wie weit ist die heutige Raketentechnik entwickelt, und was wäre innerhalb dieser kurzen Zeit noch an Fortschritt möglich?

Seit Anbeginn der Raumfahrt werden Raketen chemisch angetrieben. Ein Brennstoff wird oxidiert und die exotherme, also wärmeabgebende Reaktion erzeugt einen Schub, der nach der Impulserhaltung genau entgegengesetzt zur Triebwerksrichtung wirkt. Das Prinzip ist simpel und hat uns mit der Saturn-V-Rakete bereits zum Mond gebracht. Aber so simpel es auch sein mag, so schnell kommen wir auch an realistische Grenzen, wenn es um die Eignung dieses Prinzips für interplanetare oder gar interstellare Reisen geht. Bei den genutzten chemischen Brennstoffen werden nämlich nur etwa 0,00000001 Prozent der Masse in Energie umgesetzt. Mit anderen Worten: Raketen sind nur deshalb so beeindruckend groß, weil sie beim Start zu 90 bis 96 Prozent aus Treibstoff und Tanks bestehen – die sie außerdem meist nur in einen niedrigen Erdorbit bringen sollen. Zwar gibt es hier durchaus Fortschritte: Das heute in den SpaceX-Raketen verbaute Triebwerk »Merlin 1D« hat trotz gleicher Brennstoffart immerhin schon ein zweieinhalbmal so hohes Schub-Gewichts-Verhältnis wie die damalige F1 der Saturn V. Und auch das ist ganz bestimmt noch nicht das Ende der Fahnenstange. Doch für interstellare Zwecke wird ein Raketenantrieb auf chemischer Basis aufgrund seiner natürlichen Ineffizienz selbst in Zukunft absolut ungeeignet bleiben. Absurde Treibstoffmengen und eine vielleicht erzielbare Geschwindigkeit von mehreren Hunderttausend Kilometern pro Stunde würden immer noch eine Reisezeit von über 15 000 Jahren zum Stern Proxima Centauri bedeuten, der unserer Sonne mit einer Entfernung von nur etwa 4 Lichtjahren am allernächsten ist.

Merlin-1D-Triebwerke im Vergleich zu den F1-Modellen der ersten Mondlandung

Eine bereits breit angewendete alternative Technik ist das sogenannte Ionentriebwerk, das auf einem elektrischen statt chemischen Antrieb beruht. Hier wird zunächst ein Treibmittel wie Xenon ionisiert, also geladen, und im zweiten Schritt durch elektrische Felder zusätzlich beschleunigt. Anschließend werden die Teilchen für den Rückstoß nicht zur Explosion gebracht, sondern einfach mit elektrischer Energie davongeschossen. Dabei erreichen sie Geschwindigkeiten von mehr als dem Zehnfachen der chemischen Variante. Klingt super, es gibt aber einen Haken: So effizient diese Antriebsart ist, so gering ist ihr Schub. Mit gerade einmal 90 Millinewton entspricht der erzeugte Druck lediglich dem Druck von einem Blatt Papier, das auf deiner Hand liegt. Folglich beschleunigt ein Ionentriebwerk nur extrem langsam. Für die berühmten 0 bis 100 Kilometer pro Stunde bräuchte es mehrere Tage, und das auch nur, wenn sich das Raumschiff bereits im Vakuum des Weltalls befände. Jede Windböe und sogar der Luftwiderstand innerhalb der Erdatmosphäre sind stärker, wodurch das Ionentriebwerk als Primärantrieb für Startsequenzen völlig ungeeignet ist, geschweige denn, dass es noch zusätzliche Last transportieren könnte. Aber wozu wird es dann überhaupt verwendet?

Der große Vorteil des Ionenantriebs liegt in seiner Sparsamkeit: So marginal die Beschleunigung auf kurzen Strecken auch sein mag – bei langer Flugdauer ist dieser Antrieb höchst effizient. Um während ihrer sechsjährigen Mission eine Geschwindigkeitsänderung von 41 360 Stundenkilometern zu generieren – was ungefähr einer Erdumrundung pro Stunde entspricht! –, benötigte die 2007 gestartete NASA-Sonde »Dawn« nur 280 Gramm Treibstoff pro Tag. Folglich ist der Ionenmotor vor allem als Sekundärantrieb sehr attraktiv und findet heute schon breite Anwendung bei Satelliten und Sonden, die sich auf diese Weise dauerhaft mit kleinen Impulsen auf Kurs halten können. Das Erfreuliche: Die erforderliche elektrische Energie lässt sich in den meisten Fällen wie bei der Dawn-Sonde sogar nur durch Solarpaneele gewinnen! Die Forschung zur weiteren Effizienzsteigerung von Ionentriebwerken läuft. So erzielen beispielsweise die NASA mit ihren Projekten NEXT und XR-100 und auch die chinesische Raumfahrtbehörde mit ihrem von einem Kernreaktor gespeisten Antrieb HET-3000 immer höhere Schubkraftwerte von bis zu 5400 (!) Millinewton.

Es bestehen also realistische Aussichten, dass zum einen irgendwann auf chemische (Primär-)Antriebe verzichtet werden kann und zum anderen kurze Reiseflugzeiten innerhalb des interplanetaren Raums möglich werden. Trotzdem: Selbst wenn man mit Ionentriebwerken eines Tages 0,1 Prozent der Licht-

Testlauf eines Ionentriebwerks im Labor

geschwindigkeit erreichen könnte – das entspricht etwa 1 Million Kilometer pro Stunde – so bräuchten wir immer noch 4240 Jahre bis Proxima Centauri.

Aber welche Technik könnten wir sonst noch nutzen, um in 16 Jahren den Abflug von der Erde zu schaffen? Vielleicht das sogenannte Lichtsegel. Auch das findet bereits praktische Anwendung. Im Gegensatz zu den chemischen und elektrischen Triebwerken handelt es sich dabei jedoch nicht um eine aktive Antriebsart. Ähnlich wie ein Segelschiff nutzt das Lichtsegel eine große dünne Fläche, um sich anschieben zu lassen – allerdings nicht vom Wind, sondern vom Strahlungsdruck der Sonne. Ja, das geht! Photonen besitzen zwar keine Ruhemasse, aber sehr wohl Energie und somit auch einen Impuls. Dieser ist aufgrund ihrer Lichtgeschwindigkeit tatsächlich so groß, dass er Raumschiffe antreiben kann. Die japanische Mission IKAROS testete im Jahr 2010 die Machbarkeit dieser Technologie und maß bei ihrem 173 Quadratmeter großen Lichtsegel eine Schubwirkung von 1,12 Millinewton. Hm, okay. Im Vergleich zum Ionenantrieb also noch träger ... Was bringt es uns dann? Um die Beschleunigung signifikant zu erhöhen und das Lichtsegel für einen Einsatz im interstellaren Raum von der Sonne unabhängig zu machen, wurde 2016 das Projekt »Breakthrough Starshot« ins Leben gerufen. Dabei soll ein Miniaturraumschiff in der Größe eines Mikrochips mit einem nur wenige Atome dicken Sonnensegel ausgestattet werden, das anschließend mittels Hochleistungslaser 10 Minuten lang über eine Entfernung von 20 Millionen Kilometern bestrahlt wird. So erhoffen sich

Künstlerische Darstellung der IKAROS-Sonde

die Wissenschaftler Beschleunigungen von 10 000 G und möglicherweise 20 Prozent der Lichtgeschwindigkeit. Klingt zwar gut, für einen Personentransport ist dieses Prinzip jedoch höchstwahrscheinlich nicht geeignet – zumal völlig unklar ist, wie das Raumschiff am Zielort abgebremst werden soll.

Unsere Suche geht also weiter – und wir stoßen auf das nukleare Pulstriebwerk, die wahrscheinlich einzige Methode, die uns schon heute einen Flug nach Proxima Centauri ermöglichen würde. Es klingt verrückt, ist aber gar nicht so abwegig: Man zündet Atombomben ... und zwar im Sekundentakt. Im Rahmen des sogenannten Orion-Projekts hatte man zwischen 1957 und 1965 ausgiebig an dieser Idee geforscht, sie aber dann wieder verworfen. Nicht wegen mangelnder Umsetzbarkeit, sondern schlicht aus politischen Gründen. Entsprechend ist das Interesse an dieser Überlegung nach wie vor groß, denn äußerst günstige Faktoren innerhalb des Weltalls machen diesen Antrieb durchaus attraktiv: Mit einigen Hunderttausend Wasserstoffbomben im Megatonnenbereich, die hinter dem Raumschiff gezündet würden, wäre es durchaus möglich, etwa 5 bis 10 Prozent der Lichtgeschwindigkeit und damit Proxima Centauri in etwa 50 Jahren zu erreichen. Das Problem: Am Zielort müssten dann genauso viele Bomben in entgegengesetzter Richtung gezündet werden, um das Raumschiff wieder abzubremsen. Und aufgrund der Kernwaffentestverbote und der ökologischen Risiken im Zusammenhang mit Starts innerhalb der Erdatmosphäre sind die Realisierungschancen dieses Konzepts sowieso gering.

Tatsächlich aber ist die Wahrscheinlichkeit groß, dass Nuklearantriebe in naher Zukunft eine bedeutende Rolle in der Raumfahrt spielen werden. Allein durch Kernspaltung lassen sich bereits 0,1 Prozent der Masse in Energie umwandeln und diese Methode ist gut erforscht. Nuklear-thermische Antriebe, die ihre kinetische Energie schlicht aus der Ausdehnung eines erhitzten Treibmittels erzeugen, erreichen selbst in ihrer einfachsten Form deutlich höhere Wirkungsgrade als die besten chemischen Varianten und ermöglichen beispielsweise elektrischen Ionentriebwerken wie dem oben erwähnten HET-3000 eine autarke Energiegewinnung – auch außerhalb des Sonnensystems, wo Solarzellen funktionslos werden.

Das Verteidigungsministerium der USA gab 2021 die Entwicklung eines solchen Spaltungsantriebs in Auftrag, der schon ab 2026 praktische Anwendung finden soll. Es ist davon auszugehen, dass Russland und China ähnliche Möglichkeiten in Erwägung ziehen, denn die Reisezeit zum Mars würde sich damit im Vergleich zu chemischen Raketen bereits halbieren.

Für interstellare Zwecke ist ein nuklear-thermischer Antrieb jedoch immer noch zu schwach – ein Punkt, an dem künftig die Kernfusion ansetzen soll. Hier kann schon bis zu 1 Prozent der Treibstoffmasse in Energie umgewandelt werden, was nicht nur höchst effizient ist: Kernfusion ist auch deutlich risikoärmer als Kernspaltung. Konzepte wie das »Project Daedalus« prognostizieren mit heutiger Fusionstechnik bis zu 12 Prozent der Lichtgeschwindigkeit. Sollte es aber möglich werden, die Energieausbeute über 1 Prozent hinauszutreiben, wären noch höhere Geschwindigkeiten denkbar. Proxima Centauri wäre so schon in 35 Jahren zu erreichen.

Modell des Fusionsraumschiffs Daedalus im Vergleich zur Saturn V

Aber gibt es denn nicht noch irgendetwas, womit sich noch mehr Energie freisetzen ließe? Doch. Das Stichwort heißt Antimaterie. Jedes Elementarteilchen besitzt erwiesenermaßen einen Gegenpart, bei dem die elektrische Ladung, das magnetische Moment und alle ladungsartigen Quantenzahlen exakt dem Gegenteil des normalen Teilchens entsprechen. Kommt das Teilchen mit seinem Antiteilchen in Kontakt, reagieren die beiden in einer sogenannten Annihilationsreaktion und zerstrahlen. Dabei wandeln sie 100 Prozent ihrer Masse in Energie um – die effizienteste Energiegewinnung im Universum. Tatsächlich ist es der Menschheit bereits gelungen, Antimaterie in Teilchenbeschleunigern herzustellen und bis zu 405 Tage in einer Magnetfalle zu speichern. Allerdings sind die Produktionsmengen äußerst gering. Bis heute wurden gerade einmal 10 bis 20 Nanogramm Antimaterie erzeugt, was lediglich ausreicht, um eine 60-Watt-Glühbirne 7 Stunden lang am Brennen zu halten. Ein ganzes Gramm herzustellen würde bei gleichbleibender Rate etwa 100 Milliarden Jahre dauern und etwa 62,5 Billionen Dollar kosten. Heute noch unrealistisch, aber überaus attraktiv: Für eine bemannte Reise zum Mars wären gerade einmal 10 Milligramm Antimaterie-Treibstoff nötig. Auch ein Flug zu Proxima Centauri ließe sich damit realisieren. Die maximal erreichbare Reisegeschwindigkeit ist zwar auch hier durch die Größe der Treibstofftanks begrenzt – ein immer weiteres Annähern an die Lichtgeschwindigkeit erfordert einen exponentiellen Anstieg der benötigten Energie- und somit auch der Treibstoffmenge. Fakt ist aber: Antimaterie besitzt die größte uns derzeit bekannte spezifische Energiedichte und ist damit die kompakteste aller möglichen Antriebsarten. Kein anderer Treibstoff würde bei gleicher Energieausbeute mit noch geringerem Volumen auskommen. Mit dieser Methode könnte ein Antimaterie-Raumschiff auf bis zu 50 Prozent der Lichtgeschwindigkeit oder mehr beschleunigen und uns in einer realistischen Zeit von 8,5 Jahren zum Nachbarsystem bringen. Haupthindernis bleibt aber die zentrale Frage nach der Beschaffung solch großer Mengen Antimaterie.

Abgesehen von diesen noch halbwegs realistischen Konzepten gibt es auch eine ganze Reihe von exotischen Antrieben, die rein hypothetischen Überlegungen entspringen. So denkt man sich beispielsweise beim aus der Science-Fiction-Literatur bekannten Warp-Antrieb (WarpDrive) um das Raumschiff eine Raum-Zeit-Blase, die durch gezielte Raumkrümmung den Raum in Überlichtgeschwindigkeit am Schiff vorbeiführt, während es selbst stillsteht. Theorien des »Black Hole Drive« spekulieren über die Verwendung eines winzig kleinen schwarzen Lochs, das mit einem von der Sonne gespeisten Laser erzeugt und dessen Hawking-Strahlung für die Schubwirkung reflektiert wird. Neue Erkenntnisse aus dem Bereich der Quantengravitation werden zeigen, ob diese Idee womöglich deutlich einfacher als gedacht oder gänzlich unmöglich ist.

Es sieht also ganz danach aus, als gäbe es Stand heute keinerlei Möglichkeit, der Ankunft der Dunkelwolke zu entfliehen. Aber vielleicht haben wir ja Glück und sie ist gar nicht so zerstörerisch. Nuklear betriebene Raketen, ob thermisch oder in Kombination mit einer anderen Antriebsart, haben großes Potenzial, sodass in den nächsten Jahrzehnten zumindest das Reisen innerhalb unseres Sonnensystems möglich und erschwinglich werden könnte. Für interstellare Reisen jedoch sind wir höchstwahrscheinlich ein paar Jahrhunderte zu früh geboren.

Was, wenn alle Menschen der Welt so leben würden?

Fröhlich setzt Jinjin ihren Schulranzen auf. Dieser gleicht zwar eher einem zerlumpten Turnbeutel, erfüllt aber seinen Zweck. »Bis morgen«, ruft sie ihrer Freundin zu, schlüpft zur Tür hinaus und macht sich auf den Heimweg. Obwohl es mitten am Tag ist, ist es dunkel. Um Jinjin herum ragen Hochhäuser bis in den Himmel und verdecken die Nachmittagssonne. Das Mädchen überquert die übel riechende Straße. »Eins, zwei ... vier«, zählt sie mit ihren Fingern, »das ist die fünfte Eins, die ich dieses Jahr bekommen habe!« Sie weicht einem alten Mann aus, der lauthals Bibelverse predigt, und biegt in eine Seitengasse ab. Der Boden ist voller Pfützen und überall tropft es aus undichten Leitungen. Im flackernden Dämmerlicht läuft sie durch die vermüllte Passage und muss sich mehrmals ducken, um herabhängenden Kabeln auszuweichen, die auch das allerletzte Sonnenlicht abschirmen. »Nur noch die Stufen hoch«, denkt sich Jinjin und geht durch das Treppenhaus, das eher an ein Jump-and-Run-Spiel erinnert. Geländer gibt es nicht. Die Nachbarskinder verziehen sich sofort, als sie das Mädchen erblicken, und hinterlassen dabei eine undefinierbare Geruchswolke. »Hallo, mein Liebes«, freut sich Jinjins Mutter, als sie die Tür öffnet. Die fünfköpfige Familie lebt in einer erbärmlich kleinen Wohnung, eingepfercht zwischen Tausenden anderen am dichtest besiedelten Ort der Welt: in der Kowloon Walled City.

Die Geschichte der Kowloon Walled City reicht zurück bis in die Song-Dynastie im 11. Jahrhundert. Damals errichtete man zur Verwaltung des Salzhandels im Küstengebiet des heutigen Hongkong einen kleinen Außenposten, der im Lauf der nächsten Jahrhunderte zu einer kleinen Garnisonssiedlung mit einer 4 Meter hohen, massiven Verteidigungsmauer heranwuchs.

Die nach den Opiumkriegen im 19. Jahrhundert regierende Kolonialmacht Großbritannien lässt das Gebiet aus Mangel an Interesse jedoch stark verkommen und so wird die Siedlung ab dem frühen 20. Jahrhundert zum Magneten für Rebellen und Aussätzige. Während des Zweiten Weltkriegs wird die namensgebende Stadtmauer schließlich von den japanischen Besatzern abgerissen und nach Kriegsende strömen Tausende chinesische Flüchtlinge in die Region Hongkong, wo sie den spektakulären Boom der Kowloon Walled City begründen.

Vor allem die Mittellosen zieht es in die Stadt. Das territorial unklare und damit gesetzlich unregulierte Gebiet erleichtert das Fußfassen und so werden großflächige Slums errichtet, ein Paradies für kriminelle Machenschaften. Mit den Problemen wächst zuse-

Die Stadt Kowloon im Jahr 1898 – links sieht man einen Teil der namensgebenden Stadtmauer

hends auch das Desinteresse Großbritanniens und so versucht die Hongkonger Verwaltung, selbst Herr der Lage zu werden. Sie initiiert eine Umsiedlungspolitik, die jedoch scheitert. Trotz Großaufgeboten an Polizei haben sich bereits zwielichtige Triaden, also kriminelle Vereinigungen, die Kontrolle über die Stadt gesichert. So kann Kowloon Walled City in den nächsten Jahren nahezu ungehindert von äußeren Einflüssen weiter wachsen und eine ganz eigene Dynamik entwickeln.

Kowloon Walled City im Jahr 1975

Keine Steuern und niedrige Mieten ziehen immer mehr Menschen an. Um diesem rasanten Zufluss gerecht zu werden, wird massiv gebaut: Die Slums streben zwischen den 1960er- und 1970er-Jahren Stück für Stück in die Höhe. Ohne jede Genehmigung und ohne Statikkonzepte werden dabei neuere Stockwerke über ältere gestapelt. Die meisten der 350 Gebäude erreichen an die 14 Ebenen und ein Netz aus Treppen und schmalen Durchgängen ermöglicht es, von einem Haus ins andere zu gelangen, sodass Kowloon Walled City letztlich einem einzigen großen Gebäudekomplex gleicht. Wahrscheinlich hätte man die Häuser noch höher gebaut, wäre da nicht die Einflugschneise des nahegelegenen Flughafens Kai Tak gewesen.

Gleichzeitig verfällt Kowloon Walled City zusehends. Durch fehlende politische Kontakte ist die Stadt völlig von der Außenwelt abgeschottet. Trinkwasser, Elektrizität, Abwasser- und Müllversorgung gibt es nur teilweise. Die einzige Unterstützung, die Hongkong bietet, sind ein paar Wasserrohre und ein Postservice. So bildet sich innerhalb der Mauern ein komplett eigenes Ökosystem voller Gegensätze. Denn einerseits wird die Enklave zu einer Hochburg für Drogen, Prostitution und Bandenkriminalität, andererseits lebt der Großteil der Bevölkerung völlig friedlich zusammen und man schließt enge Gemeinschaften, um den schweren Alltag irgendwie gemeinsam zu bewältigen. Insgesamt leben im Jahr 1987 auf einer Fläche von nur 210 × 120 Metern – das sind knapp 2,7 Hektar – rund 33 000 Menschen. Zum Vergleich: Ein Fußballfeld misst 105 × 68 Meter oder 0,714 Hektar.

In den durchschnittlich nur 20 Quadratmeter großen Wohnungen kümmern sich Ehefrauen und Großmütter tagsüber um den Haushalt und die Kinder, während die Männer in kleinen Fabriken oder Geschäften arbeiten. Besonders interessant: die auffällig hohe Zahl an ansässigen Zahnärzten. Warum? Sie benötigen für ihre Tätigkeit in der Stadt keine Zulassung und keinen Abschluss.

Die Freizeitaktivitäten spielen sich in erster Linie auf den Hausdächern ab. Diese sind zwar mit Müll und Funkantennen übersät, bieten aber den einzigen Rückzugsort, an dem man der Stadt zumindest

Die Gassen sind so eng, dass kein Tageslicht nach unten dringen kann.

etwas entfliehen kann. Kinder spielen hier und machen ihre Hausaufgaben. Das historische, zentral gelegene Altenheim dient als wichtige Kulturstätte und fördert den sozialen und religiösen Austausch. »Es war ein sehr komplexer Ort«, schreibt der Autor Leung Ping-Kwan in seinem Buch *Stadt der Dunkelheit*, »was tagsüber ein Spielzentrum für Kinder war, wurde nachts zum Schauplatz von Stripshows.«

Nachdem sich die Hongkonger Polizei fast ein Jahrzehnt lang nur alibimäßig und in großer Stärke in das Gebiet gewagt hatte und die organisierte Kriminalität immer mehr überhandnahm, griff die Hongkonger Regierung Mitte der 1970er-Jahre endgültig durch. Unzählige Razzien mit Tausenden Festnahmen und Tausenden Kilos beschlagnahmtem Rauschgift schwächten die Herrschaft der Triaden massiv. Mit Unterstützung der friedliebenden Bevölkerung verkündete man schließlich 1983 stolz, die Kriminalität in Kowloon Walled City unter Kontrolle zu haben.

Die sanitäre Situation aber blieb katastrophal und so wurde Kowloon Walled City in Abstimmung zwischen Großbritannien und China im Jahr 1993 dem

Erdboden gleichgemacht. Obwohl ein Sonderausschuss in Hongkong den Bewohnern eine Entschädigungszahlung von insgesamt 350 Millionen US-Dollar gewährte, weigerten sich dennoch Vereinzelte, ihre liebgewonnene Heimat zu verlassen. Sie wurden letztlich zur Räumung gezwungen und hauptsächlich auf Sozialwohnungen in Hongkong verteilt.

Heute erinnert auf dem ehemaligen Gelände der Kowloon Walled City ein groß angelegter Park an die legendäre Stadt, die mittlerweile zu einem Symbol für die Cyberpunk-Szene geworden ist. Ein detailgetreues Abbild des ehemaligen Altenheims wurde restauriert und gilt heute als Wahrzeichen.

Bis zu ihrem Abriss war Kowloon Walled City mit 1,3 Millionen Einwohnern pro Quadratkilometer der Ort mit der höchsten Bevölkerungsdichte aller Zeiten. Würden alle 8 Milliarden Menschen dieser Welt in solchen Verhältnissen leben, wäre die besiedelte Fläche lediglich etwas mehr als doppelt so groß wie das Saarland. Der Natur unserer Erde würde das sicher guttun. Unsere Gesellschaft würde jedoch im absoluten Chaos versinken.

Die Skyline der Kowloon Walled City kurz vor ihrem Abriss

So erstickten Tausende Londoner in nur vier Tagen

Warst du schon mal in einer Disco mit richtig fetter Nebelmaschine? So eine, bei der man kaum mehr seine Umgebung sehen kann und vollständig die Orientierung verliert? Jetzt stell dir vor, dieser Nebel würde noch deutlich übler riechen, wäre gelblich und extrem giftig. Klingt nach einem heimtückischen Giftgasangriff? Möglich – stimmt aber nicht. Tatsächlich befinden wir uns im friedlichen London der 1950er-Jahre. Dort sorgen vom 5. bis 9. Dezember 1952 jede Menge rauchender Schornsteine und eine ganz ungünstige Wetterlage für eine echte Katastrophe.

Zu Beginn des 20. Jahrhunderts verliert London seinen Titel als bevölkerungsreichste Stadt der Welt an New York City. Dennoch ist die Stadt im Jahre 1952 mit über 8 Millionen Einwohnern eine Metropole im Zentrum der fortschreitenden Industrialisierung. Der Krieg ist gewonnen und die Zeichen stehen auf Wirtschaftswachstum. An Katalysatoren oder Abgasfilter denkt zu diesem Zeitpunkt niemand. Die Kohlekraftwerke von Fulham, Battersea, Bankside, Greenwich und Kingston blasen Tag für Tag Hunderte Tonnen an Rauchpartikeln und Schwefeldioxiden in die Luft.

Die Kohlekraftwerke von Battersea (links, Foto von 1938) und Bankside (rechts, Foto von 1985) hatten sehr hohe Schornsteine, um die Abgase von den Bewohnern fernzuhalten. In den verhängnisvollen Tagen 1952 half das wegen des Wetters aber leider nichts.

London ist seit jeher bekannt für seinen häufigen und teils sehr dichten Nebel. Bereits 1791 schrieb der österreichische Komponist Joseph Haydn bei einer Reise nach London in sein Tagebuch: »Es war ein Nebel, der so dicht war, dass man ihn aufs Brot streichen konnte. Um zu schreiben, musste ich schon um elf Uhr eine Kerze anzünden.« Die Stadt liegt in einer natürlichen Senke, umgeben von Hügeln, sodass die starke Luftverschmutzung infolge der Industrialisierung schon lange vor 1952 immer wieder zu einem extrem dichten, seltsam grüngelblichen Schleier geführt hatte, den die Stadtbewohner damals belustigt »Pea Soup Fog« nannten, also »Erbsensuppennebel«.

Der Wintereinbruch im Jahre 1952 jedoch ist heftig, sehr heftig. Tiefe Temperaturen und heftige Schneefälle veranlassen die Londoner dazu, schon im November besonders viel Kohle zu verbrennen, um sich warm zu halten. Schmutziger Rauch qualmt aus den Schornsteinen. Als sich dann plötzlich ein Hochdruckgebiet über die kalte und windstille Luft am Boden schiebt, schwindet bei den meisten Londonern der Sinn für Nebelhumor. Es entsteht eine sogenannte Inversionswetterlage, bei der anders als sonst die obere Luftschicht warm und die untere Luftschicht kalt ist. Weil kalte Luft nicht aufsteigt und so gut wie kein Wind weht, kann die verdreckte Stadtluft nicht mehr entweichen und bleibt mitsamt aller Industrie-, Heiz- und Verkehrsabgase am Boden wie Wasser unter einer Ölschicht.

Die Folge? Der Schwefeldioxid-Gehalt schießt innerhalb kürzester Zeit auf bis zu 3,82 Milligramm pro Kubikmeter Luft (und übersteigt damit den von der EU viel später, im Jahr 2005, als unbedenklich eingestuften Jahresmittel-Grenzwert um das 191-Fache). Als sich am 5. Dezember im Lauf des Tages auch noch Nebelschwaden bilden, bricht für das Industriezentrum Europas die wohl düsterste Episode der Stadtgeschichte an.

Schlagartig sinkt die Sichtweite auf wenige Meter. Der Verkehr kommt fast völlig zum Erliegen. Scheinwerfer und Straßenlaternen sind in dem undurchdringlichen dunklen Schleier absolut nutzlos. Bald ist der Smog so allumfassend,

Hier sieht man die Auswirkungen einer Inversionswetterlage auf Abgase einer Siedlung. Die verschmutzte Luft kann nicht entweichen und bildet einen Schleier aus Abgasen.

dass man bei ausgestreckten Armen die eigenen Hände nicht mehr sehen kann. Vollkommene Dunkelheit umgibt die Londoner. Die hohe Partikelkonzentration in der Luft schluckt den Schall und der Geruch von faulen Eiern kratzt in der Nase.

Es ist Freitag, und so wollen viele Menschen das Wochenende mit einem Besuch in Theater, Kino oder Oper einläuten. Leider bekommen die Londoner nichts für ihr Geld: Bühne und Leinwand sind nicht mehr zu sehen. Ja, der Smog dringt sogar in die meisten Häuser ein und heftet sich auch an Essen und Getränke. Es herrscht das absolute Chaos. Menschen irren umher, finden nicht mehr nach Hause. Die immens hohe Luftfeuchtigkeit begünstigt die Bildung schwefelhaltiger Säuren, die die Schleimhäute stark reizen und das Atmen immer schwerer machen. Menschen mit chronischen Lungenproblemen bekommen keine Luft mehr. Viele Tiere brechen zusammen. Zu den Krankenhäusern findet schon längst kaum noch jemand den Weg. In den Hospitälern selbst ist

Originalaufnahme von der Smog-Katastrophe in London 1952. Dieses Foto muss zu einem günstigen Zeitpunkt entstanden sein: Während der Hochphase hätte man wohl außer einem diffusen Leuchten der Scheinwerfer nichts mehr erkannt.

kaum noch etwas zu sehen. Das Klinikpersonal versucht verzweifelt, den Menschen zu helfen. Oft vergeblich.

Als das Wetter vier Tage später frischen Wind bringt, lichtet sich der finstere Schleier und gibt den Blick frei – auf ein trauriges Bild. Tausende Menschen sind während der viertägigen Tortur ums Leben gekommen, viele davon erstickt. In den darauffolgenden Wochen erliegen noch viele weitere den massiven Schädigungen ihrer Atemwege. Am Ende sollen es um die 12 000 Tote gewesen sein.

Erst nach diesem schrecklichen Ereignis stellt man die Weichen für eine bessere Luftreinhaltung, nicht nur in London. Dennoch kommt es 1962 sowohl in London als auch im deutschen Ruhrgebiet erneut zu starkem Smog. Im Ruhrgebiet wird der Schadstoffwert in der Luft gegenüber dem von London 1952 zeitweise noch einmal um das 1,3-Fache übertroffen. Glücklicherweise sterben in beiden Fällen aber aufgrund einer weniger prekären Wetterlage deutlich weniger Menschen als 10 Jahre zuvor.

Wer heute das Wort »Smog« hört, denkt vermutlich entweder an Stuttgart oder an asiatische Millionenmetropolen wie Peking, Schanghai oder Delhi. Die Smog-Katastrophe von London 1952 war jedoch einzigartig. Nie wieder hat es ein großflächiges Ereignis mit solch dichtem und so giftigem Smog gegeben. Damals begünstigte die hohe Stickstoffdioxid-Konzentration in der Luft eine vermehrte Bildung von schwefelhaltigen Säuren, die vermutlich zu den vielen unmittelbaren Todesfällen führten. Dennoch ist Smog auch heute noch ziemlich tödlich: Aktuellen Studien zufolge führt Luftverschmutzung jährlich zu etwa 6,7 Millionen Todesfällen und rangiert damit auf Platz drei der größten Gesundheitsrisiken. In Neu-Delhi, das Peking als Smog-Hauptstadt schon lange weit hinter sich gelassen hat, litten bereits im Jahr 2006 etwa 40 Prozent aller Kinder unter Atemwegserkrankungen – und das, obwohl die Luftqualität zu dieser Zeit noch deutlich besser war als heute. Und wirklich tödliche Konsequenzen wie Lungenkrebs oder Herz-Kreislauf-Erkrankungen werden vermutlich erst in vielen Jahren sichtbar.

Tatsächlich bewirkt Luftverschmutzung noch etwas anderes. Wir erinnern uns: Vulkanausbrüche können durch Aerosolanreicherung die Atmosphäre trüben und so eine Temperatursenkung verursachen. Feinstaub und Schwefeldioxid aus unseren Abgasen machen im Prinzip nichts anderes. Die Industrialisierung hat also einerseits durch den Ausstoß von Treibhausgasen wie CO_2 und Methan eine globale Erwärmung verursacht – andererseits aber den örtlichen Temperaturanstieg gebremst. Ein Effekt, den man »Global Dimming« nennt.

Wird die Luft also immer klarer, weil wir die Abgase besser reinigen, steigen auch die Temperaturen schneller. Würde man beispielsweise in China alle Emissionen auf einen Schlag unterbinden, würde sich Modellrechnungen zufolge die Sonneneinstrahlung in besonders betroffenen Gebieten um bis zu 29 Prozent erhöhen! Die örtliche Temperaturzunahme wäre signifikant.

Global Dimming ist so effektiv, dass es unter dem Begriff »Geoengineering« sogar im Zusammenhang mit einigen Worst-Case-Szenarien des Klimawandels diskutiert wird. Aber sollten wir deshalb die Abgase einfach ungereinigt lassen? Auf keinen Fall! Feinstaub, Schwefeldioxid und viele weitere Bestandteile in den Abgasen sind extrem giftig – für uns und unsere Umwelt. Eigentlich ist es ziemlich simpel: Wir müssen nur unseren Einfluss auf das labile Gleichgewicht des Planeten minimieren. Nicht mehr und nicht weniger.

Viel Spaß beim nächsten Disco-Besuch!

Ein Nachmittag in Neu-Delhi im Jahr 2020 – ohne Worte

Wie Quantenphysik unsere Science-Fiction-Träume erfüllt

»Ist alles in Ordnung bei dir?«, fragt Christián den ins Leere starrenden Wachsoldaten neben sich. Gil, der gerade im Begriff gewesen war, mitten im Dienst die Augen zu schließen, dreht sich träge zu dem älteren Soldaten um: »Ich fühle mich irgendwie nicht gut.« Panisch zischt Christián: »Der Gouverneur ist gestern ermordet worden! Heute müssen wir besonders wachsam sein. Du kannst jetzt nicht schla ...« Aber mehr hört Gil am 26. Oktober 1593 nicht mehr, als er sich erschöpft gegen die Mauer des Gouverneurpalastes lehnt und einschläft.

Als Gil wenig später aufwacht, ist Christián weg und mit ihm der Palast und die ganze Stadt. Moment! Er war doch eben noch in Manila auf den Philippinen gewesen? Doch den Flaggen auf dem großen Platz nach zu urteilen, auf dem er sich nun befindet, scheint er jetzt in einem völlig anderen Land zu sein: Mexiko.

Tatsächlich ist überliefert, dass Gil Pérez, wie er später genannt wird, plötzlich und völlig unvermittelt in philippinischer Wachuniform auf der Plaza Mayor in Mexiko-Stadt auftauchte. Dass der Gouverneur von Manila, Gómez Pérez Dasmariñas, tags zuvor ermordet wurde, ist im Tausende Kilometer entfernten Mexiko-Stadt natürlich noch nicht bekannt, sodass man Gil für einen Diener des Teufels hält und ihn kurzerhand verhaftet. Einige Monate später aber bestätigen Reisende aus den fernen Philippinen seine Geschichte: Einer von ihnen bezeugt sogar, Gil am Tag nach dem Mord am Gouverneur vor dem Palast gesehen zu haben.

Aber wie ist das möglich? Wie konnte Gil am Tag nach dem Mord von Augenzeugen sowohl in Manila als auch in Mexiko-Stadt gesehen worden sein? Die Reise mit dem Schiff dauerte zur damaligen Zeit Wochen. Wurde Gil Pérez teleportiert? Zugegeben, das klingt ein bisschen wie eine Folge aus der Kultserie *X-Factor: Das Unfassbare*, und doch ist diese Geschichte noch zu Beginn des 20. Jahrhunderts quer durch alle Gesellschaftsschichten der Stadtbevölkerung von Mexiko-Stadt bekannt.

Aber ist Teleportation, so wie sie beispielsweise in der Science-Fiction-Serie *Star Trek* gezeigt wird, überhaupt möglich?

Der vermutlich simpelste denkbare Ansatz liegt im exakten Scannen einer Person und in der Übertragung ihres »Bauplans« als Datenstrom. Am Zielort

Könnte so ein Gerät zur Teleportation auf einen anderen Planeten aussehen?

wird die Person dann anhand dieses Bauplans aus der dort existierenden Materie wieder identisch zusammengebaut. Für diese Variante müsste man zunächst den exakten Zustand eines jeden Atoms im menschlichen Körper genau bestimmen. Bisherige Scan-Methoden wie Kernspintomografen, auch Magnetresonanztomografen (MRT) genannt, sind dafür bei Weitem nicht genau genug. Doch gehen wir einmal davon aus, wir könnten in Zukunft alle für den Teleport notwendigen Daten über einen Menschen ermitteln. Wie viele Daten wären das und wie lange würde es dauern, diese zu versenden?

Wir bestehen aus etwa 30 bis 40 Billionen menschlichen Zellen und weiteren etwa 38 Billionen Zellen durch Bakterien auf und in unserem Körper. Jede Zelle wiederum enthält im Schnitt etwa 100 Billionen Atome. Das sind 100- bis 1000-mal so viele, wie es Sterne in der Milchstraße gibt. Die Gesamtzahl an Atomen im menschlichen Körper lässt sich somit auf etwa 7 Quadrilliarden schätzen, also eine 7 mit 27 Nullen. Um zunächst die exakte Position und den internen Zustand jedes einzelnen Atoms zu speichern, würden wir bereits eine Datenmenge von etwa 70 Billionen Exabyte benötigen, wobei ein einziges Exabyte 1 Trillion Byte entspricht. Damit wir aber auch wirklich unsere Gedanken, Gefühle und Erinnerungen korrekt transportieren, sollten wir – zumindest das Gehirn – sicherheitshalber bis auf Quantenebene reproduzieren. Das durchschnittliche menschliche Gehirn lässt sich nach der sogenannten Bekenstein-Grenze mitsamt allen Quantenzuständen durch 284,5 Trilliarden Exabyte an Daten exakt reproduzieren. Um tödliche Folgen durch fehlerhafte Daten zu verhindern, benötigen wir noch eine Fehlerkorrektur. Je nach gewählter Technologie verdoppelt sich dadurch die Größe des Datensatzes auf 569 Trilliarden Exabyte.

Für diese schiere Masse an Informationen bräuchte man knapp 9 Quintillionen (9×10^{30}) 64-Gigabyte-microSD-Karten, die zusammen in etwa der Masse des Jupiters entsprechen. Selbst mit modernster Satellitenkommunikation würde der Datentransfer 350 000-mal so lange dauern, wie das Universum bisher existiert.

Fänden wir nun einen hypothetischen Weg, das gesamte Signal ohne Zeitverlust zu übertragen – wir wollen ja teleportieren, nicht warten –, müsste die Person am Zielort irgendwie wieder materialisiert werden. Ein weiteres Problem, denn der 3D-Drucker, der diese absurd hohe Datenmenge in Sekundenschnelle in einen lebenden Organismus umwandeln kann, muss leider noch erfunden werden. Dennoch gelingt es immerhin schon heute, funktionsfähiges Gewebe zu drucken – wenn auch sehr langsam.

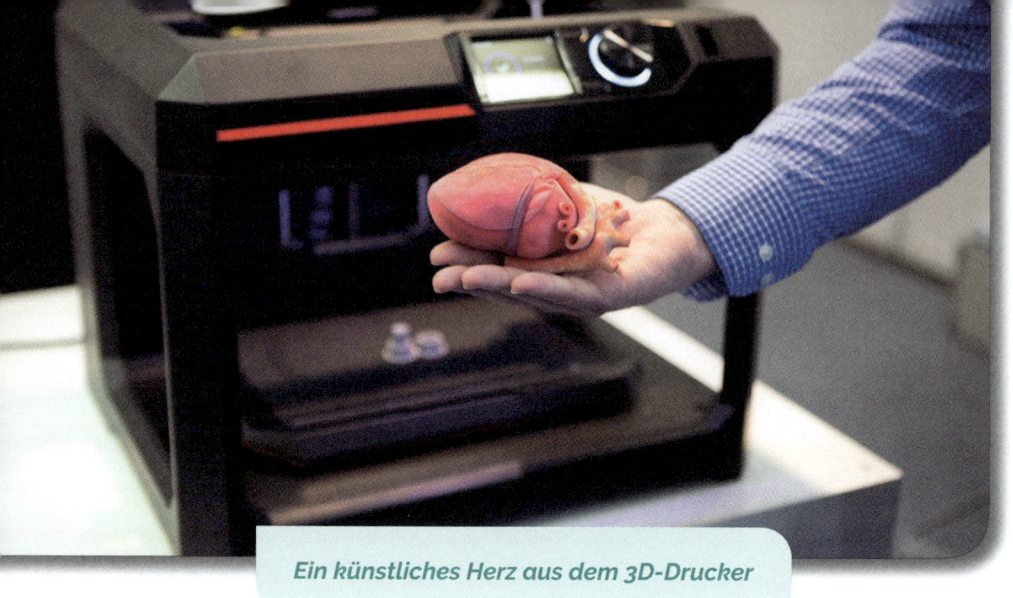

Ein künstliches Herz aus dem 3D-Drucker

Wir sehen also, dass bereits die grundlegenden technischen Anforderungen an eine etwaige Teleportationsmaschine bei Weitem unsere derzeitigen Ressourcen übersteigen. Doch es gibt da noch ganz andere Aspekte, die wir berücksichtigen müssen. Zum einen könnten wir mit diesem Ansatz den Zielort niemals schneller als mit Lichtgeschwindigkeit erreichen, denn die Daten müssten nach wie vor auf konventionellem Weg als elektromagnetische Strahlung versendet werden. Zum anderen spielt auch die Geschwindigkeit des Scannens und Materialisierens eine entscheidende Rolle: Ist dieser Prozess nämlich zu langsam, könnte die Person währenddessen sterben.

Fänden wir nun für all diese Probleme Lösungen, die uns die Teleportation tatsächlich technisch realisieren ließen, so bliebe dennoch immer eine zentrale Frage: Was würde mit der ursprünglichen Person am Ausgangsort passieren?

Die Tatsache, dass wir durch Teleportation nämlich nur eine exakte Kopie, eine Art perfekten Zwilling, anfertigen, bringt uns zum Teleportations-Paradox, das 1984 von Derek Parfit formuliert wurde: Ist die materialisierte Person am Zielort tatsächlich dieselbe wie jene, die am Ursprungsort gescannt wurde?

Stell dir dafür Folgendes vor: Du lässt dich mit oben genannter Methode zum Mond teleportieren. Die auf dem Mond zusammengesetzte Person ist mit dem Ausgangs-Du absolut identisch, besitzt deine Erinnerungen, weil alle Neuronen identisch abgebildet sind, und ist sich deshalb sicher, das Original zu sein. Schließlich erinnert sich das Mond-Du genau daran, in den Teleporter gestiegen und dann auf dem Mond aufgewacht zu sein. Solange das Erden-Du zerstört wird, scheint auch alles plausibel. Wird das Erden-Du jedoch nicht zerstört, existieren nach dem Teleport zwei identische Versionen von dir. Welche davon bist jetzt wirklich du?

Dieses Gedankenexperiment legt den Schluss nahe, dass du im eigentlichen Sinne gar nicht von A nach B reist, sondern auf der Erde durch die Teleportation stirbst und lediglich eine Kopie von dir auf dem Mond weiterlebt, nicht wissend, dass sie eben nur eine Kopie ist. Das Teleportations-Paradox wirft außerdem Fragen nach der Bedeutung von Bewusstsein und Identität auf. Denn was unterscheidet dich eigentlich von deiner Kopie? Und noch viel spannender: Woher weißt du eigentlich, dass du nicht eine perfekte Kopie von einem vorherigen Du bist? Woher weißt du, dass du nicht irgendwann im Schlaf heimlich gescannt, zerstört und durch eine perfekte Kopie ersetzt wurdest? Falls dem tatsächlich so wäre, wüsstest du es nämlich nicht.

Nun sind wir bisher von einer unveränderten Raumzeit ausgegangen. Das Universum könnte uns allerdings noch Möglichkeiten bieten, die Raumzeit selbst zu manipulieren. Wurmlöcher beispielsweise tun genau das. Sie bilden gewissermaßen eine Abkürzung durch unser Universum wie eine Brücke über ein Tal. Man nennt sie nach Albert Einstein und Nathan Rosen, zwei frühen Befürwortern dieses Konzepts, deshalb auch Einstein-Rosen-Brücken – Passagen zwischen zwei Anomalien in der Raumzeit. Mathematisch konnte die Existenz solcher Einstein-Rosen-Brücken zwar schon vielfach begründet, jedoch noch nie in der Realität nachgewiesen werden. Eine mögliche Theorie besagt nämlich, dass solche Anomalien in der Raumzeit nur durch die enorme Gravitation schwarzer Löcher entstehen können.

Und da liegt das erste Problem: Wir sehen nicht weiter als bis zum Ereignishorizont eines schwarzen Lochs. Dahinter ist die Gravitation so stark, dass selbst Licht nicht mehr entkommen kann. Was sich also innerhalb eines schwarzen Lochs abspielt, bleibt jeglichen Beobachtungen von außerhalb verborgen. So auch ein möglicher Eingang zu einem Wurmloch. Gleichzeitig stellt sich die Frage, wo man im Falle des Durchquerens wieder herauskäme. Theorien schlagen hier ein hypothetisches weißes Loch vor, das genau gegensätzlich zu einem schwarzen Loch wirkt und Materie nicht einsaugt, sondern ausspuckt. Allerdings existieren auch diese Gebilde bisher nur in der Theorie und konnten noch nicht aufgespürt werden, was ihrer Natur nach eigentlich relativ einfach sein müsste.

Lassen wir uns davon aber nicht entmutigen. Obwohl Einsteins eigene Berechnungen auf eine mögliche Existenz schwarzer Löcher schließen ließen, glaubte er bis zu seinem Tod selbst nicht, dass es sie tatsächlich gibt.

Könnten wir nun in der Zukunft auch die praktische Existenz von Wurmlöchern beweisen, so gäbe es beim Durchqueren mindestens zwei weitere konkrete Probleme: Erstens würden uns die starken Gezeitenkräfte am Eingang des schwarzen Lochs schlichtweg zerreißen. Zweitens wird befürchtet, dass Wurmlöcher von ausreichender Größe höchst instabil sind und bereits beim Kontakt mit kleinsten Mengen Materie zusammenbrechen. Zu ihrer Erzeugung und Sta-

Schematische Darstellung eines Wurmlochs als Abkürzung durch ein gekrümmtes Universum. Wurmlöcher benötigen in der Theorie keine zusätzlichen Dimensionen.

bilisierung wäre deshalb neben einer kaum vorstellbaren Energiemenge außerdem sogenannte exotische Materie notwendig, die eine negative Energiedichte besäße, aber bisher ebenfalls noch nicht beobachtet werden konnte.

Wir sehen: Auch wenn das theoretische Konzept des Wurmlochs durchaus eine interessante Möglichkeit bietet, weit entfernte Ziele quasi sofort zu erreichen, ist die praktische Durchführbarkeit reine Science-Fiction. Das ist natürlich etwas ungünstig, aber ... geht es vielleicht noch besser?

Das vermutlich wichtigste Phänomen im Bereich Teleportation haben wir noch gar nicht beleuchtet: Quantenteleportation. Die Verwendung des Wortes »Teleportation« beruht dabei auf der Tatsache, dass eine Zustandsänderung zwischen speziell miteinander verknüpften Teilchen (in der Quantenphysik nennt man sie »verschränkt«) unmittelbar und ohne Zeitverzögerung über beliebig große Distanzen übertragen wird.

Man kann sich die Quantenverschränkung von zwei Teilchen A und B wie die beiden Seiten einer Münze vorstellen. Wenn ich weiß, dass Teilchen A Kopf ist, dann muss Teilchen B automatisch Zahl sein und umgekehrt. Will ich eine Seite der Münze nach hinten drehen, drehe ich dadurch gleichzeitig die andere Seite nach vorne. Genauso verhalten sich quantenverschränkte Teilchen. Messe ich den Zustand des einen Teilchens, lege ich in exakt diesem Moment automatisch auch den des anderen fest, unabhängig davon, ob sich das Empfängerteilchen auf dem Mond, dem Mars oder auf der anderen Seite des Universums befindet.

Die erste wichtige Einschränkung hier ist: Es wird nicht das Teilchen selbst von einem Ort zum anderen teleportiert, sondern nur ein Zustand. Den menschlichen Körper selbst zu teleportieren ist auf diese Weise also schon einmal nicht möglich.

Aber könnte man damit wenigstens die Informationen zur perfekten Rekonstruktion eines Menschen teleportieren? Auch das scheint aus aktueller Sicht der Forschung unmöglich.

Stellen wir uns dafür die Quantenverschränkung vor wie einen Postboten, der uns beiden jeden Tag jeweils einen Brief mit Inhalt »1« oder »0« zustellt. Nehmen wir außerdem an, ich möchte dir als Nachricht die Zahl »8« binär kodiert schicken: »1«, »0«, »0«, »0«. Die einzige Regel ist, dass in deinem Brief immer das Gegenteil von meinem steht. Unsere beiden Briefe sind also quantenverschränkt (natürlich nicht in echt, aber in unserem Gedankenexperiment). Quantenverschränkung setzt zwingend voraus, dass wir zunächst nicht wissen, in welchem Brief welche Zahl steht. Der Postbote entscheidet also willkürlich, wer von uns beiden die »1« und wer die »0« bekommt. Nach vier Tagen öffne ich meine Briefe und lese die folgende Nachricht: »0«, »1«, »1«, »0«. Weil ich jetzt nachgesehen, also gemessen habe, verschwindet die Quantenverschränkung und der Inhalt deiner Briefe ist sofort klar: »1«, »0«, »0«, »1«. »Blöd«, denke ich mir, weil ich dir ja eigentlich die Nachricht »1«, »0«, »0«, »0« senden wollte.

Obwohl es hier so scheint, als hätte ich durch das Lesen meiner Briefe eine Information teleportiert (weil dadurch sofort klar ist, was in deinen steht), kann ich den Inhalt der Nachricht selbst nicht beeinflussen. Das Ergebnis für dich als Empfänger ist eine vollkommen zufällige Folge von Nullen und Einsen und das sinnlose Wissen darüber, dass in meinen Briefen das Gegenteil steht. Man nennt diese Einschränkung auch »No-Communication-Theorem«: Es ist mittels Quantenverschränkung nicht möglich, Informationen mit Überlichtgeschwindigkeit zu übertragen. Das gilt leider auch für die Informationen zur perfekten Rekonstruktion eines Menschen.

Wir merken, dass der Begriff »Quantenteleportation« etwas irreführend ist. Für etwas ist dieses Konzept aber doch gut: Nach dem Lesen meiner Briefe kann ich dich anrufen und dir sagen: »Lass die ersten drei Briefe, wie sie sind, und nimm das Gegenteil des letzten Briefes. Dann erhältst du meine Nachricht.« Dieser Anruf ist dabei ein klassischer Informationskanal, bei dem Informationen nicht teleportiert, sondern einfach mit Lichtgeschwindigkeit über elektromagnetische Strahlung versendet werden. Das Besondere: Unsere zuvor zugestellten quantenverschränkten Briefe lassen sich nicht kopieren und jeder Versuch von Dritten, sie zu lesen, wird von uns bemerkt. Auf diese Weise lassen sich in der Quantenkommunikation abhörsichere Kommunikationskanäle realisieren, weil ein abgehörter Anruf alleine ohne Zugriff auf die quantenverschränkten Briefe wertlos ist.

Trotz allem ist die unmittelbare und ohne Zeitverzögerung stattfindende Wechselwirkung zweier quantenverschränkter Teilchen wahnsinnig spannend. Es stellt sich die Frage, wodurch diese beiden Teilchen eigentlich miteinander verbunden sind.

Tatsächlich stellten Forscher der Universitäten Stanford und Princeton im Jahr 2013 eine sehr gewagte Hypothese auf: Leonard Susskind und Juan Maldacena vermuteten, dass Quantenverschränkung nichts anderes sei als die räumliche Verbindung zweier Teilchen mittels Wurmloch. 2016 dann fanden Ping Gao, Daniel Jafferis und Aron Wall eine neue theoretische Art von Wurmloch, die auf der Hypothese von Susskind und Maldacena aufbaut. Dieses Wurmloch bedarf keiner exotischen Materie, um stabil zu sein. Theorien aufstellen kann zwar grundsätzlich jeder – doch tatsächlich konnte Daniel Jafferis kürzlich erstmals die quantenphysikalische Entsprechung eines solchen Wurmlochs nachweisen. Die Abhandlung erschien im November 2022, nur wenige Wochen vor dem Schreiben dieses Kapitels, im renommierten Wissenschaftsjournal *Nature*. Sollten sich die Annahmen bestätigen, könnten sie die Grundlage für die lang ersehnte Vereinigung von Quantenmechanik und Einsteins allgemeiner Relativitätstheorie bilden: Quantengravitation. Und wer weiß, vielleicht sind diese Wurmlöcher auch irgendwann von einem Menschen passierbar.

Gil Pérez wäre sicherlich stolz.

Diese unscheinbaren Tiere solltest du niemals unterschätzen!

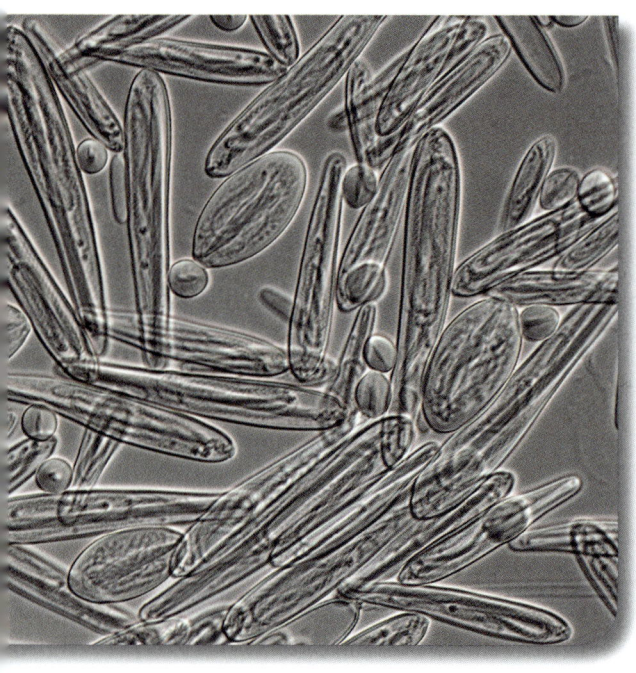

Leise piept es im Fangnetz. Mit bedächtigen Schritten nähert sich Jack. Er ist nahezu unsichtbar, nur das leise Knacken der Zweige unter seinen Trekking-Schuhen verrät ihn. Auf seiner Expedition in die abgelegensten Winkel des Dschungels von Papua-Neuguinea hat er es sich mit seinem Team zur Aufgabe gemacht, bisher unbekannte Tierarten zu entdecken. Die orange-schwarze Kreatur, die ihnen hier ins Netz gegangen ist, und die sich nun panisch zu befreien versucht, ist ein absoluter Volltreffer. »Na los, holen wir das arme Ding da raus!«, flüstert Jack und beginnt, das aufgebrachte Tier aus dem Netz zu zupfen – ganz ohne Handschuhe, warum auch? Es sieht absolut harmlos, gar niedlich aus. »Autsch!!!«, schreit er plötzlich und öffnet unwillkürlich die Hand, was die Kreatur augenblicklich nutzt, um in die Freiheit zu fliegen. Während er seinem entglittenen Fang frustriert nachsieht, spürt Jack etwas, das ihm Sorgen bereitet: Seine Hand beginnt zu brennen. Verdutzt blickt der Forscher auf eine kleine Wunde. »Verdammt! Was war denn das?«

Es klingt absurd, aber es gibt tatsächlich ein paar wenige Vogelarten, die gelernt haben, sich mit wirksamen Toxinen zu verteidigen. Der Giftigste unter ihnen ist der ausschließlich in den Regenwäldern Neuguineas heimische Zweifarbenpirol, ein 23 Zentimeter großer Vogel mit schwarzem Kopf und Flügeln und kastanienbraunem Torso, der ein wenig an eine Amsel erinnert und vom indigenen Papua-Volk wegen seiner Ungenießbarkeit als »Müllvogel« bezeichnet wird.

Zwar wurde der Zweifarbenpirol bereits 1850 entdeckt und beschrieben, doch seine Toxizität wurde der breiten Wissenschaft erst im Jahr 1992 bekannt – durch einen Zufall, als ein gefangenes Exemplar Dr. Jack Dumbacher zum Dank für seine Befreiung die Hand zerkratzte. Als der Forscher danach nun instinktiv an der Wunde saugte, stellte er irritiert fest, dass sich zuerst um die Wunde und anschließend in seinem Mund ein kribbelndes Brennen und ein unangenehm bitterer, scharfer Geschmack ausbreiteten.

Spätere Laboranalysen lieferten die zu diesem Zeitpunkt noch völlig unerwartete Erklärung: Der Zweifarbenpirol ist giftig! Und zwar nicht nur ein einzelnes Körperteil: Sein Gefieder, seine Haut – nahezu sein kompletter Körper ist durchzogen mit Gift. Doch war es nicht irgendein Stoff, den die Wissenschaftler fanden: Es handelt sich um nichts Geringeres als Homobatrachotoxin. Dasselbe Gift, das auch die grellfarbigen Pfeilgiftfrösche in sich tragen, die in den tropischen Regenwäldern Südamerikas leben. Es ist eines der potentesten natürlich vorkommenden Gifte, wirkt extrem neurotoxisch und löst bei ausreichender Dosierung Muskelkrämpfe aus, die auch für Menschen tödlich sein können. Ein Gegenmittel ist nicht bekannt.

Falls je ein Zweifarbenpirol auf deiner Hand landet, bewundere ihn lieber, als ihn zu ärgern.

Ist Jack daraufhin gestorben? Nein! Entscheidend war die Dosis: Während der Pfeilgiftfrosch genug Gift in sich trägt, um zehn erwachsene Menschen ins

Jenseits zu schicken, sondert der Zweifarbenpirol nur eine moderate Menge ab, die zwar durchaus Missempfindungen auslöst, aber selbst beim kompletten Verspeisen des Vogels nicht zum Tode führen würde.

Bleibt also noch zu klären, weshalb der Zweifarbenpirol überhaupt giftig ist – und darauf gibt es tatsächlich noch keine genaue Antwort. Was den Pfeilgiftfrosch angeht, so gilt schon lange sein Speiseplan als Hauptverdächtiger: Forscher vermuten seit jeher ein Insekt, Spinnentier oder Gliederfüßer, die über die Nahrungsaufnahme als Quelle für dieses Toxin dienen. Die Hypothese wird von der Beobachtung gestützt, dass gefangene Pfeilgiftfrösche nach einiger Zeit ihre Giftigkeit verlieren und Vertreter in Mittelamerika sogar gänzlich ungiftig sind. Genauere Hinweise auf den toxikologischen Urheber stehen aber noch aus.

Etwas besser erforscht ist dieses Prinzip beim Zweifarbenpirol, denn auf seinem Speiseplan steht ein Insekt namens *Choresine pulchra* – ein nur 5 Millimeter großer Käfer – der selbst Batrachotoxin in sich trägt. Wie sich der Zweifarbenpirol allerdings selbst vor dem Gift schützt und wie es in seinen Körperteilen eingelagert wird, ist ebenfalls noch ungeklärt.

Wenn du dich jetzt in Sicherheit wähnst – immerhin kommen diese Tiere bei uns nicht vor: Auch das Fleisch der in Mitteleuropa heimischen Wachtel kann toxisch sein, wenn diese zuvor Schierlingsamen verzehrt hat. Die durch den Verzehr solcher Wachteln hervorgerufenen Vergiftungserscheinungen wurden schon in der Bibel beschrieben. Sie machen sich durch Muskelschmerzen bemerkbar und können im Extremfall zu Nierenversagen führen.

Verschiedene giftige Käfer, darunter ein Käfer der Gattung Choresine pulchra. Möglicherweise könnten Verwandte von ihm der Grund für die Giftigkeit von Pfeilgiftfröschen sein.

Ganz anders ist es beim Inlandtaipan, dem giftigsten Tier, das dir am Erdboden entgegenkommen kann: Er führt sich sein Gift nicht über Nahrung zu, sondern stellt es – wie alle giftigen Schlangen – selbst her. Auch als »Zornschlange« bekannt, lebt das bis zu 2,50 Meter große Reptil in den größtenteils unbewohnten Gebieten im glühend heißen Zentrum Australiens und sieht im Gegensatz zu Vipern oder Cobras äußerst unspektakulär aus. Es ist jedoch so toxisch, dass selbst der gelbe Pfeilgiftfrosch vor Neid erblassen würde: Sein Giftcocktail besteht aus dem hauseigenen Nervengift Taipoxin und außerdem aus Enzymen, welche die Kommunikation von Nervenzellen behindern und vor allem die Atmung des Opfers lahmlegen.

Mit einem einzigen Biss injiziert der Inlandtaipan durch seine hohlen Fangzähne genug Gift, um mindestens 100 ausgewachsene Menschen – oder etwa 250 000 Mäuse – zu töten. Die scheinbar übertrieben hohe Potenz des Giftes erklären Evolutionsbiologen mit den rauen Lebensbedingungen im australischen Outback. Die kargen Savannen erfordern die größtmögliche Effizienz bei der Beutejagd bei gleichzeitig maximaler Ressourcenschonung. Ein zu schwaches Gift würde womöglich einen längeren, kräftezehrenden Kampf bedeuten oder dem Opfer sogar die Flucht ermöglichen. Zusätzlich geht man davon aus, dass die vom Inlandtaipan favorisierte Beute wahrscheinlich im Laufe der Zeit eine gewisse Resistenz gegen das eingesetzte Gift entwickelt hat, wodurch wiederum das Gift immer weiter verbessert werden musste, um einen gleichbleibenden Effekt zu erzielen.

Beim Menschen führt der Biss dieser Schlange in 80 Prozent der Fälle nach etwa 45 Minuten zum Tod. Das geschieht aber zum Glück nur sehr selten, da der Inlandtaipan fernab jeglicher Zivilisation lebt. Solltest du dich dennoch ins Outback wagen und tatsächlich einem Exemplar begegnen, gilt es Ruhe zu bewahren: Anders als der Name es vermuten lässt, ist die »Zornschlange« recht friedlich und beißt Menschen nur instinktiv zur Selbstverteidigung.

Sollte es dennoch passieren, wird empfohlen, zunächst einen Druckverband zur Verhin-

Solltest du draußen in der Natur plötzlich einen echten Inlandtaipan vor dir haben, tritt besser den Rückzug an – hier kannst du nur verlieren ...

derung der weiteren Giftausbreitung anzulegen und sich zügig ins nächste Krankenhaus zu begeben. Dort erhält man dann ein Antidot, das zumindest die Lebensgefahr auf nahezu null senkt – aber dennoch: Bis zur vollständigen Genesung dauert es ein paar sehr unangenehme Tage.

Ob wir beim nächsten Tier – dem giftigsten, das unsere sieben Weltmeere zu bieten haben – überhaupt von Instinkt sprechen können, lässt sich hingegen mit Recht bezweifeln. Die zu 99 Prozent aus Wasser bestehende Seewespe, die ebenfalls in Australien bis hoch in den Golf von Thailand lebt, ist eine Würfelquallenart, die sich von Garnelen und kleinen Fischen ernährt und sich hauptsächlich in warmem, seichtem Wasser aufhält. Also genau dort, wo wir Menschen gerne baden gehen!

Ihr Gift trägt die Seewespe in den Millionen von Nesselzellen, die auf ihren bis zu 3 Meter langen Tentakeln sitzen und die man in 400-facher Vergrößerung im

Eine Seewespe ist kaum von einer durchsichtigen Plastiktüte zu unterscheiden.

Bild ganz zu Beginn dieses Kapitels sieht. Bei versehentlicher Berührung kommt es sofort zu qualvollen, betäubenden Schmerzen, die denen durch ein glühendes Eisen oder einen Elektroschock entsprechen. Um die Kontaktregion bilden sich rötliche Schwellungen. Das betroffene Gewebe stirbt innerhalb der nächsten Stunden ab und bildet Narben. Wird die Verletzung nicht sofort behandelt, kann der Tod bereits nach 5 bis 20 Minuten eintreten.

Was da genau im menschlichen Körper passiert, ist immer noch nicht vollständig geklärt. Aber zumindest bei Laborratten konnte nachgewiesen werden, dass die beiden Hauptkomponenten des Seewespengiftes (CfTX-A und CfTX-B) unter anderem zur Hämolyse, also zur Auflösung der roten Blutkörperchen, führen. In seiner Gesamtheit attackiert der Giftcocktail dadurch nicht nur

Der wissenschaftliche Name für die Seewespe ist Chironex fleckeri, *allerdings findet man die Bezeichnung »Seewespe« gelegentlich auch für ähnlich giftige Würfelquallenarten.*

das Nerven-, sondern auch das gesamte Herz-Kreislauf-System, was sich durch lebensbedrohliche Symptome wie Muskel- oder Atemlähmung äußert.

Dennoch konnten Forscher auch hier bereits eine Art Gegengift entwickeln – der einzige Haken: Für dieses Gift wurde mit einer synthetisch hergestellten Version des Quallentoxins gearbeitet und nicht mit dem natürlichen Original. Das hat aktuell zur Folge, dass das Gegengift zum einen relativ langsam wirkt und zum anderen auch selbst allergische Reaktionen hervorrufen kann, weshalb es erst bei drohendem Herzinfarkt und anderen schweren Verläufen empfohlen wird – im Notfall allemal besser als nichts. Die erste und wichtigste Maßnahme bei einem Quallenstich ist jedoch immer das Entfernen der Nesselzellen durch

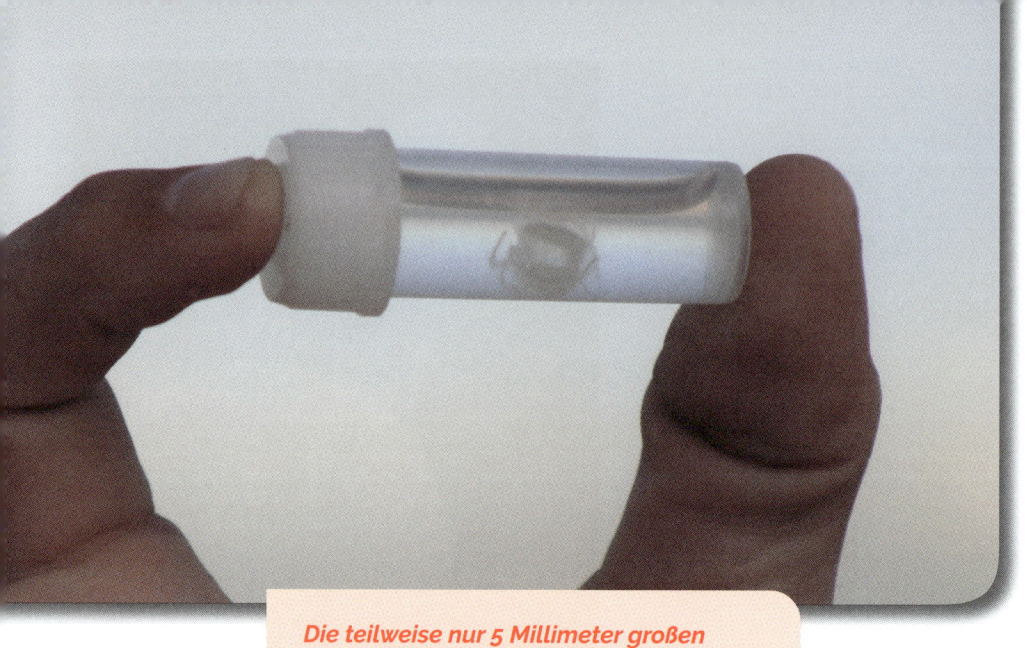

Die teilweise nur 5 Millimeter großen Irukanji-Quallen stehen der Seewespe in nichts nach und könnten sogar versehentlich verschluckt werden.

Zuhilfenahme einer Pinzette und etwas Essig, um weitere Giftschüsse zu verhindern. Dazu wird die Einnahme von Zink und Antihistaminika sowie die Anwendung von Hydrocortison-Cremes empfohlen. Dass das Urinieren auf die betroffene Stelle ebenfalls Linderung schaffen soll, ist jedoch eher ein Ammenmärchen und konnte in Studien nicht bestätigt werden.

Über den Kontakt mit Seewespen und allgemein mit Würfelquallen wird, anders als beim Inlandtaipan, sehr häufig berichtet. Im warmen Pazifik nördlich von Australien stellen sie ein reales Risiko dar, da Würfelquallen gute Schwimmer und für Badende nahezu unsichtbar sind. An den meisten Stränden sind folglich ernstzunehmende Warnschilder zu finden, wobei stärker besuchte Bereiche sogar seeseitig eingezäunt werden, um die Quallen abzuhalten – eine Maßnahme, die aber leider nicht gegen die kleinsten, aber ebenso tödlichen Vertreter der Würfelquallen wirkt: die Irukanji-Quallen.

Gift im Tierreich ist ein höchst interessantes Phänomen. Ist es bei manchen Tieren so dosiert, dass es lediglich abschreckende Schmerzen hervorrufen soll, haben andere einen ausgeklügelten Cocktail entwickelt, um möglichst schnell zu töten. Das Gift des weltweit wirklich gefährlichsten Tieres aber dient einem recht banalen Zweck: Es soll die Wunde betäuben, damit sie möglichst ungestört Blut saugen kann – die Stechmücke. Wobei wir natürlich wissen, dass sie ihren Titel nur wegen ihrer Funktion als Krankheitsüberträger innehat.

Das ist der gefährlichste Asteroid dieses Jahrhunderts – warte, WAS?!

Einemillioneinhundertdreizehntausendfünfhundertsiebenundzwanzig. Eine Zahl, deren Umfang für das menschliche Gehirn nicht fassbar ist, bis man sie visualisiert: Erinnerst du dich an deinen letzten Strandurlaub, bei dem du deine Hand in den warmen feinen Sand gesteckt und dann beobachtet hast, wie die schimmernden Körnchen beim Anheben links und rechts aus deiner Hand hinabrieseln? Jedes einzelne dieser Körnchen steht für einen bereits registrierten metallisch-felsigen Asteroiden irgendwo in den dunklen Tiefen unseres Sonnensystems.

Die Suche nach Asteroiden – auch astronomische Kleinkörper, Kleinplaneten oder Planetoiden genannt – reicht zurück bis in das Jahr 1801. In diesem Jahr entdeckt der Italiener Giuseppe Piazzi in der Sternwarte Palermo den ersten Asteroiden überhaupt: Ceres, gelegen zwischen Mars und Jupiter. Wenn man es genau nimmt, ist den damaligen Wissenschaftlern die Existenz von Asteroiden gar nicht wirklich bewusst. Es gilt eher als weltweite Sensation, dass Piazzi mit Ceres endlich einen »achten Planeten« im Sonnensystem entdeckt hat – 1802 folgen Pallas, 1803 Juno, 1807 Vesta, 1845 Astraea und 1846 der Eisriese Neptun. Mit diesen 13 Planeten scheint die Ordnung des Sonnensystems endlich vollständig aufgeklärt und perfekt. Aber der Schein trügt: In den kommenden Jahren steigt die Zahl der neu aufgespürten Himmelsobjekte im Bereich um Ceres, Pallas, Juno, Vesta und Astraea weiter, und man merkt, dass das Sonnensystem eventuell doch mehr zu bieten hat als eine Sonne und ein paar Planeten. Zur Verwunderung der Astronomen weisen all diese Neuentdeckungen zwei charakteristische Merkmale auf: Sie befinden sich zwischen Mars und Jupiter und sind im Vergleich zu den anderen Planeten ungewöhnlich klein. Ceres zum Beispiel hat nur einen Durchmesser von einem Drittel des irdischen Mondes, obwohl sie die Größte dieser Gruppe ist. Man beschließt also, einen Schritt zurückzugehen, die neu entdeckten Himmelskörper wieder aus der Kategorie der Planeten auszugliedern und einer eigenen, neuen Objektklasse zuzuordnen: den »kleinen Planeten« oder auch Asteroiden.

Obwohl Ceres das größte Objekt im Asteroidengürtel ist, ist sie vergleichsweise klein.

Mittlerweile weiß man, dass Ceres und Co. die massereichsten Hauptvertreter eines großen Asteroidengürtels sind. Doch die Suche nach weiteren Objekten ist für Forschende und Institute weltweit eher ein Hobby und spielt auch in der Öffentlichkeit keine größere Rolle. Warum auch? Letztlich besteht ja auch keine echte Kollisionsgefahr – oder?

So dachte man zumindest bis zum Jahr 1994, als zum Erstaunen aller Astronomen der zerbrochene Asteroid Shoemaker-Levy 9 nur 16 Monate nach seiner Entdeckung … in den Jupiter einschlug. Mit einem geschätzten ursprünglichen Durchmesser von 4 Kilometern setzt er auf der Südhalbkugel eine Energie von 650 Gigatonnen TNT frei. Das entspricht etwa 50 Millionen Hiroshima- bzw. 13 000 Zar-Bomben. Bei einem Einschlag auf unserer Erde würden dadurch nicht nur Hunderte Millionen Menschen sofort ums Leben kommen. Durch das aufgeschleuderte Material bräche zudem ein Impaktwinter mit saurem Regen herein, der die Sonne über Monate oder gar Jahre hinweg abschirmen und so auch das letzte menschliche Leben dahinraffen würde.

Die Kette der zerbrochenen Shoemaker-Levy-9-Fragmente war 1,1 Millionen Kilometer lang …

… und schlug mit gewaltiger Wucht in den Jupiter ein.

Diese Vorstellung erregte selbstverständlich großes öffentliches Interesse und sowohl die US-amerikanischen als auch die europäischen Weltraumagenturen begannen, den Asteroidengürtel zu kartieren und gezielt nach Asteroiden zu suchen, die die Erdbahn kreuzen.

Am 19. Juni 2004 schließlich vermelden die Astronomen Roy Tucker, David J. Tholen und Fabrizio Bernardi des Kitt-Peaks-Observatoriums (USA) eine höchst beunruhigende Entdeckung: Ein erdnaher Asteroid mit einem Durchmesser von 350 Metern befindet sich auf einer elliptischen Umlaufbahn im inneren Sonnensystem, die von der Erde jährlich am 13. April geschnitten wird. Zügig spult man einige Jahre in die Zukunft und berechnet, in welchem Jahr sich beide – Asteroid und Erde – am selben Ort befinden: 2029. Ein Schock. In den nächsten 6 Monaten wird der Himmelskörper namens Apophis genau beobachtet. Am 23. Dezember 2004 ermittelt das vollautomatische Sentry-System

Das Kitt-Peak-Observatorium steht in der Wüste Arizonas – aufgrund der geringen Luft- und Lichtverschmutzung eignet sich der Ort perfekt für das Beobachten des Nachthimmels.

der NASA auf Grundlage neu gewonnener Daten eine erste Risikoprognose: 1 : 300 oder 0,3 Prozent, was Apophis aufgrund seiner bedeutenden Größe eine Bewertung von 2 auf der Turiner Skala, einer Skala zur Einstufung des Zusammenstoßrisikos der Erde mit neu identifizierten Asteroiden einbringt. Im Laufe desselben Tages korrigiert man das Risiko weiter nach oben auf 1 : 62, entsprechend 1,6 Prozent. Das katapultiert Apophis nun in die Risikoklasse 4, höher als jeder andere Asteroid jemals. Nach 101 Beobachtungen schließlich wird die finale Impaktwahrscheinlichkeit am 27. Dezember 2004 mit 2,7 Prozent oder 1 : 37 angegeben. Das ist beunruhigend hoch.

Mit seinen 60 Millionen Tonnen Gewicht würde Apophis bei einem Einschlag die Energie von 900 Megatonnen TNT (das 18-Fache der Zar-Bombe, der größten jemals gezündeten Wasserstoffbombe) freisetzen und auf dem Land einen Bereich von Tausenden Quadratkilometern verwüsten. Je nach Geschwindigkeit und Einfallswinkel wäre ein Abstand von mindestens 250 Kilometern nötig, um zu überleben. Bei einem Einschlag im tiefen Ozean bestünde die Gefahr weiträumiger Megatsunamis mit Höhen von 100 Metern an nahen und 30 Metern an fernen Küsten. So schlimm sich das anhört und so katastrophal es für die betroffenen Gebiete auch wäre: Die freigesetzte Energie würde in keiner Konstellation ausreichen, um einen Impaktwinter oder gar eine globale Katastrophe auszulösen. Vergleichen wir dieses Ereignis mit dem Chicxulub-Asteroiden, der vor 66 Millionen Jahren das Massenaussterben der Dinosaurier verursachte, kam dieser bei einem Durchmesser von 10 bis 15 Kilometern auf Einschlagsenergie von 100 Teratonnen TNT, also auf das 100 000-Fache.

Trotzdem wäre eine Kollision mit Apophis äußerst bedrohlich, weshalb die NASA Ende 2004 ihre Forschung an dem Gesteinsbrocken intensiviert. Als problematisch erweist sich jedoch die Tatsache, dass der Asteroid erst vor 6 Monaten entdeckt wurde und man entsprechend erst einen halben Umlauf um die Sonne – Apophis braucht für eine Umrundung 323 Tage – verfolgen konnte. Man beginnt also, alte Archive zu durchforsten, und findet tatsächlich eine entscheidende Information: Auf Bildern, die auf den 15. März 2004 zurückdatieren, entdecken Jeff Larsen und Anne Descour vom Spacewatch Observatory den zum Aufnahmezeitpunkt noch unbekannten Asteroiden Apophis ganz schwach und veranlassen damit eine letzte Bahnkorrektur. Dank des jetzt 3 Monate längeren Zeitintervalls ist sich die NASA nun sicher, dass Apophis am 13. April 2029 nicht mit der Erde kollidieren, sondern in 31 600 Kilometer Entfernung und einer scheinbaren Helligkeit von 3,3 mag (zum Vergleich: der Polarstern hat

1,97 mag) an der Erde vorbeirasen wird. Auf dieses Jahrtausendereignis, das man mit bloßem Auge sehen wird, freue ich mich schon heute: Die Flugbahn verläuft zufällig genau über Deutschland und Österreich.

Apophis wird nach dieser Erkenntnis auf der Turiner Skala von 4 auf 0 zurückgestuft. Glück gehabt! Für das Jahr 2036 aber lässt man ihn vorsichtshalber noch auf 1. Bei dem extrem nahen Vorbeiflug 2029 wird der Asteroid nämlich in das unmittelbare Gravitationsfeld der Erde eindringen und dadurch abgelenkt. Je nach Position und Nähe ergibt das in der Folge eine komplett neue Flugbahn, und so existiert auch hier ein bestimmtes, etwa 600 Meter großes »Gravitational Keyhole«, das 2036 theoretisch für eine Kollision sorgen könnte. Im Jahr 2012 jedoch können auch diese Bedenken ausgeräumt werden: Die berechnete Flugroute verläuft etwa 2000 Kilometer an diesem Schlüsselloch vorbei. Mittlerweile schließt die NASA einen Einschlag für dieses Jahrhundert komplett aus.

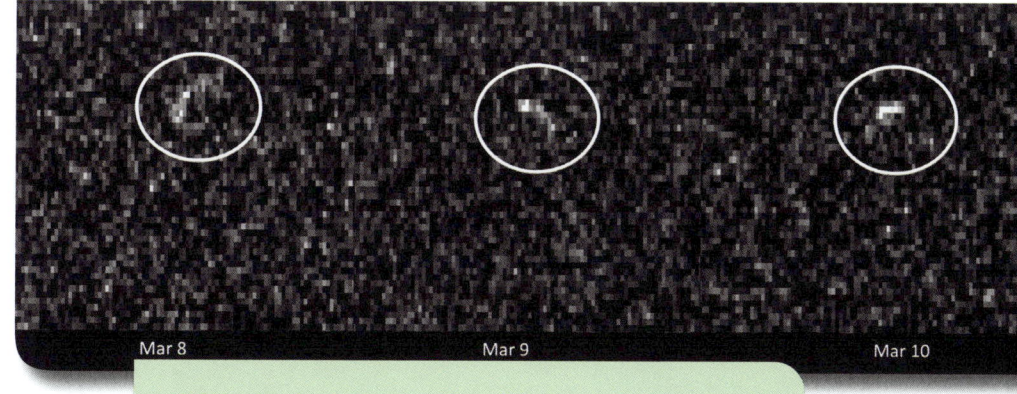

Originalaufnahmen von Apophis aus dem Jahr 2021

Nun ist Apophis jedoch nur einer von 1 113 527 bisher entdeckten Asteroiden und die Frage, die wir uns stellen sollten, lautet jetzt: Wie viele haben wir noch nicht entdeckt? Allein im Hauptgürtel zwischen Mars und Jupiter lassen Infrarotaufnahmen über 1 000 000 Kleinplaneten mit mehr als einem Kilometer Durchmesser vermuten. Das klingt beunruhigend, ist es aber tatsächlich zunächst einmal nicht. Die Objekte in diesem Bereich bewegen sich auf stabilen kreisförmigen Bahnen weit außerhalb der Erde und stellen grundsätzlich keine Gefahr dar. Nur spontane Kollisionen oder der gravitative Einfluss des Jupiters könnten einzelne dieser Hauptgürtel-Asteroiden mit sehr viel Pech in Richtung Erde lenken.

Eine andere Art ist von deutlich größerer Bedeutung: die NEOs – Near Earth Objects, also erdnahe Asteroiden, die der Erde auf ihrer Umlaufbahn näher als 45 Millionen Kilometer kommen. Und hier sind vor allem die sogenannten Aten- und Apollo-Typen interessant: Sie kommen der Erde nicht nur nahe, sie schneiden sogar ihre Umlaufbahn! Unser Apophis beispielsweise ist ein Vertreter dieser Aten-Reihe. Aktuell hat die NASA bereits 30 400 dieser NEOs registriert, darunter etwa 95 Prozent der global gefährlichen mit über 1 Kilometer Durchmesser. Im ständig aktualisierenden Sentry-System sind zum Zeitpunkt meines Schreibens 23 Einträge enthalten, der aktuell risikoreichste ist 2022 NX1 mit einer Einschlagswahrscheinlichkeit von 1,2 Prozent zwischen 2075 und 2122. Da er aber nur 8 Meter groß ist, stellt er keine wirkliche Gefahr dar, im Gegensatz zu einem anderen Kandidaten, von dem du bestimmt schon gehört hast: 101955 Bennu. Sein Trefferrisiko liegt zwar ab 2178 bei nur 0,057 Prozent, seine 490 Meter Durchmesser sichern ihm jedoch aktuell den ersten Platz unter den gefährlichsten Asteroiden.

Eine Dashcam filmte zufällig, wie der Asteroid von Tscheljabinsk in der Erdatmosphäre explodierte – die Druckwelle verursachte große Schäden und verletzte 1500 Menschen.

Wenn du jetzt denkst, wir seien sicher, ist das durchaus nachvollziehbar, liegt doch die Häufigkeit eines Apophis-ähnlichen Ereignisses bei nur einem Mal alle 80 000 Jahre. Die Vergangenheit zeigt jedoch, dass wir vor allem in den unteren Größenbereichen einiges an Identifikation und Erforschung aufholen müssen, wie spektakuläre Beispiele zeigen: 2013 tritt aus heiterem Himmel ein etwa 18 Meter großer Asteroid in die Erdatmosphäre ein und explodiert mit einer Kraft von 38 Hiroshimabomben (insgesamt 500 Kilotonnen TNT) über der Großstadt Tscheljabinsk im russischen Ural. 2015, nur 3 Wochen nach seiner erstmaligen Entdeckung, passiert der berühmte Halloween-Asteroid die Erde in anderthalbfacher Mondentfernung und die NASA stellt am 17. September 2021 fest, dass ein 68-Meter-Asteroid am Tag zuvor in halber Mondentfernung an der Erde vorbeigerast war. Höchstwahrscheinlich wird es noch einige Jahrzehnte dauern, bis auch NEOs dieser Größenbereiche zuverlässig katalogisiert sind.

Wir sehen also, die Erde ist die allernächste Zeit vor Planetenkillern sicher und es werden große Anstrengungen unternommen, um auch kleinere Asteroiden frühzeitig zu erkennen. Unternehmungen wie die kürzlich geglückte DART-

Im Gegensatz zu den üblichen Darstellungen sind die Abstände im Asteroidengürtel gigantisch. Seine Gesamtmasse entspricht nur lediglich 4 Prozent des Mondes und es braucht genaueste Berechnungen, um einem Asteroiden aus diesem Gürtel zu begegnen.

Mission – man veränderte erstmals bewusst die Flugbahn eines Asteroiden mittels Aufprall einer Sonde – sollen zudem helfen, bei frühzeitiger Erkennung einen Ernstfall zu verhindern. Allerdings gibt es eine ungeheuer große Dunkelziffer an Asteroiden, die unseren Planeten jederzeit und ohne Vorankündigung von einem Asteroideneinschlag betroffen bist und dabei ohne Probleme große lokale Zerstörungen verursachen können.

Die Wahrscheinlichkeit, dass du selbst ohne Vorankündigung von einem Asteroideneinschlag betroffen bist, dürfte jedoch aktuell geringer sein, als dass du zehnmal den Lottojackpot knackst.

Dieser schwimmende Koloss stellt alles in den Schatten

»Wie um alles in der Welt soll das denn über Wasser bleiben?«, hätte ich mir als Ingenieur vermutlich gedacht, als irgendjemand die ersten Pläne für dieses Monstrum präsentierte. Doch wie so oft, wenn die Menschheit neue Meilensteine erreicht, ist der Pioniergeist stärker als die Angst zu scheitern. Und so beginnt am 18. Oktober 2012 der Bau eines schwimmenden Giganten – für 12 Milliarden US-Dollar. Ein Schnäppchen! Nur fünf Jahre später verlässt das »Schiff« die Werft. Es grenzt an ein Wunder, dass dieser Koloss überhaupt schwimmen kann und nicht untergeht. Immerhin sind hier ganze 260 000 Tonnen Stahl, also mehr als 35 Eiffeltürme, verbaut. Und das ist wohlgemerkt nur das Leergewicht. Voll beladen wiegt die Konstruktion ganze 660 000 Tonnen, was etwa 3300 Boeing 747 oder mehr als sechsmal dem Flugzeugträger *USS Harry S. Truman* entspricht.

Aber worum geht es hier eigentlich? Um eine Art Schiff, das scheint klar, aber mit derart absurden Ausmaßen? Ein richtiges Schiff ist es allerdings nicht, denn es fehlt der Antrieb. Und doch sieht es aus wie eines, schwimmt wie eines und wird auch bei den meisten Schiffsvergleichen herangezogen: die *Prelude FLNG* – der wahrscheinlich stolzeste Besitz des Ölkonzerns Royal Dutch Shell. »FLNG« steht dabei für »Floating Liquified Natural Gas«, denn die *Prelude* beherrscht alle Schritte von der Förderung über die Verflüssigung bis hin zur Lagerung und zum Umschlag von verflüssigtem Erdgas. Obwohl sie eine Art Schiff ist, schippert die *Prelude* nicht über die sieben Weltmeere, sondern liegt aktuell vor der Nordwestküste Australiens, am Browse Basin, um Erdgas zu fördern. Dabei wird sie durch ein System aus 16 gewaltigen im Erdboden verankerten Stahlketten mit insgesamt fast 25 000 Kettengliedern an Ort und Stelle gehalten, was sie nahezu immun gegenüber den extremen Wettereinflüssen in dieser Gegend macht. Berechnungen zufolge soll die *Prelude* dank dieser Installation sogar Stürmen widerstehen, wie sie nur alle 10 000 Jahre auftreten.

Mit einer Länge von 488 Metern und einer Breite von 74 Metern ist die *Prelude FLNG* nach Angaben von Shell die größte jemals gebaute schwimmende

Die »kleinen« Schiffe um die Prelude FLNG *dürften etwa 100 Meter lang sein.*

Die Prelude FLNG *im Größenvergleich mit der Berliner Skyline*

Anlage. Sie ist breiter, als ein Airbus A380 lang ist, und würde in der Länge den Berliner Fernsehturm um ganze 120 Meter überragen.

Was hier definitiv nicht unerwähnt bleiben darf, ist die schiere Menge an Wasser, welche die *Prelude* zum Kühlen ihrer Gastanks aus dem Meer zieht und durch ihre kilometerlangen Rohrleitungen schleust: 50 Millionen Liter. Pro Stunde! Das entspricht etwa 55 556 Duschen, die permanent laufen.

Natürlich stellt sich nun die Frage: Warum baut man so etwas? Der große Vorteil der *Prelude* gegenüber bisherigen LNG-Anlagen (Flüssigerdgas-Anlagen) ist vor allem, dass keine Rohrleitungen von der gasfördernden Offshore-Anlage zur gasverarbeitenden Onshore-Anlage notwendig sind. Die *Prelude* ist nämlich beides in einem. Das reduziert die Herstellungskosten immens, insbesondere bei schwer zugänglichen oder allgemein sehr weit von der Küste entfernten Gasfeldern. Das aktuell entstehende Flüssiggasterminal im vorpommerischen Lubmin benötigt übrigens das Gegenteil der *Prelude*: eine schwimmende Plattform, die das verflüssigte Gas wieder gasförmig macht und anschließend ins Gasfernnetz einspeisen kann.

Mir ist immer noch unbegreiflich, wie ein solches Schiff technisch realisiert werden konnte. Als Schiffsingenieur wäre ich also vermutlich nicht geeignet, deshalb berichte ich lieber darüber. Mal sehen, wie lange das nächste, noch größere Objekt dieser Art auf sich warten lässt, denn »Prelude« heißt so viel wie »Auftakt« ... Ich bin gespannt!

So sähe es aus, wenn die **Prelude FLNG** *auf die Tower Bridge zufahren würde.*

Darum hast du vielleicht zwei Persönlichkeiten und weißt es nicht

Konzentriert sieht er sich das aufgeschlagene Buch an ... 1 ... 3 ... 8 Sekunden vergehen, ehe Kim weiterblättert. Länger braucht der US-Amerikaner nicht. Er kennt bereits den Inhalt von etwa 12 000 Büchern auswendig und liest, um schneller voranzukommen, immer zwei Seiten gleichzeitig. Ja! Gleichzeitig! Mit jedem Auge eine.

Ich musste mir die Dokumentation über das Leben dieses außergewöhnlichen Menschen ehrlich gesagt ein paarmal anschauen, weil ich es nicht glauben konnte. Denn Kim Peek ist kein gewöhnlicher Mensch: Er hat eine Inselbegabung, ist also in einzelnen Aufgaben geradezu übermenschlich gut. In den meisten anderen Bereichen, wie beispielsweise bei sozialen Interaktionen, hat er jedoch große Defizite.

Split-Brainer Kim Peek im Jahr 2007

Kim ist aber noch aus einem anderen Grund besonders: Er leidet an Corpus-callosum-Agenesie. Von Geburt an sind seine beiden Gehirnhälften nur durch ein Minimum an Nervenbahnen miteinander verbunden. Das Corpus callosum, zentrales Bindeglied zwischen linker und rechter Gehirnhälfte, auch »Balken« genannt, fehlt bei ihm. Man vermutet, dass genau diese Teilung des Gehirns zu seinen besonderen Fähigkeiten geführt haben könnte.

Jeder gesunde Mensch hat zwei Gehirnhälften, sogenannte Hemisphären. Diese beiden Teile haben sich im Laufe der Evolution auf unterschiedliche Aufgabenbereiche spezialisiert, um möglichst energieeffizient arbeiten zu können. Dabei hat sich die Natur dazu entschieden, die motorische Bewegung einer gesamten Körperhälfte hauptsächlich von der jeweils gegenüberliegenden Hemisphäre steuern zu lassen. Der Grund dafür ist nicht eindeutig geklärt. Man vermutet aber eine verkürzte Ansprechzeit des Nervensystems bei lebensbedrohlichen Fluchtereignissen. Etwas weniger klar getrennt ist die Sprachproduktion. So wird bei 95 Prozent der Rechtshänder, aber nur bei 70 Prozent der Linkshänder die Sprachproduktion von der linken Gehirnhälfte dominiert. Wir sagen hier »dominiert«, weil das Gehirn die meisten Aufgaben grundsätzlich kooperativ löst und dabei beide Hemisphären aktiv sind. Trotzdem bedeutet das, dass deine rechte Hand vor allem durch deine linke Gehirnhälfte gesteuert wird.

Lange Zeit nahm man an, die linke Gehirnhälfte sei für das logische Denken und die rechte Gehirnhälfte für Kreativität zuständig. Die Vorstellung von einer solch klaren Trennung oder Lateralisation konnte allerdings inzwischen widerlegt werden. Tatsächlich ist die Trennung aber sehr viel feingranularer und weniger scharf. So ist die rechte Gehirnhälfte beispielsweise besser, wenn es um räumliche und zeitliche Orientierung oder das Erkennen von bekannten Gesichtern geht. Die linke Gehirnhälfte dagegen ist besonders gut darin, Informationen zu interpretieren und Schlussfolgerungen zu ziehen. Sie versucht gewissermaßen, uns die Welt zu erklären, auch wenn die Informationen lückenhaft sind.

Auf diese Weise entsteht zum Beispiel das klassische Problem ungewollt falscher Zeugenaussagen. Die linke Gehirnhälfte versucht dabei, fehlende Informationen zum Täter abzurufen, und ersetzt die Lücken durch die wahrscheinlichste Alternative. So hatte der Mann mit dem langen schwarzen Ledermantel eventuell plötzlich auch schwarze Lederstiefel an, obwohl wir seine Schuhe gar nicht gesehen haben, weil wir die beiden Kleidungsstücke erfahrungsgemäß miteinander in Verbindung bringen. Ein anderer Zeuge hat vielleicht mehr auf die wilde Frisur geachtet und ist sich deshalb sicher, dass der Täter Sneaker anhatte. Versucht man also, mehr Informationen aus seinem Gehirn abzurufen, als dort tatsächlich gespeichert sind, ergänzt die linke Gehirnhälfte die fehlenden Puzzleteile »logisch« zu einem passenden Gesamtbild und es kommt zur sogenannten Konfabulation. Hier kann die rechte Gehirnhälfte als Korrektiv dienen, weil sie weniger stark interpretiert als die Linke und sich näher an dem zu bewegen scheint, was tatsächlich beobachtet wurde.

Bei Kim ist es nun so, dass seine beiden Gehirnhälften von Geburt an nicht richtig miteinander verbunden waren. Das kommt bei etwa 0,3 bis 0,7 Prozent aller Menschen vor. Daneben gibt es auch einen chirurgischen Eingriff, bei dem die Verbindung zwischen den beiden Hemisphären absichtlich durchtrennt wird. Dieses Verfahren wird Callosotomie genannt und galt lange Zeit als letzter Ausweg für extrem schwere Fälle von Epilepsie.

Bei einem epileptischen Anfall kommt es durch unkontrollierte elektrische Entladungen der Nervenzellen zu einer Überlastung im Gehirn. Als Resultat verkrampft der Körper und die Muskeln zucken unkontrolliert, als würde man von einem Elektroschocker getasert. Solche Anfälle können teilweise mehrere Tage dauern und lebensgefährlich sein. Durch die Trennung der beiden Gehirnhälften versprach man sich in den 1940er-Jahren, die oftmals von irgendeinem Punkt im Gehirn ausgehende Ausbreitung der epileptischen Überreizung daran zu hindern, auf die andere Hemisphäre überzuspringen. Es mag zwar brutal klingen, doch konnte man manchen Patienten mithilfe dieses Eingriffs und durch die schrittweise verbesserte Methodik endlich helfen. Und genau diese Gruppe von »künstlich erschaffenen« Split-Brain-Patienten veränderte unseren Blick auf die Funktionsweise beider Gehirnhälften für immer.

Wie, fragst du? Stell dir vor, du betrachtest eine schön geformte dunkle Porzellan-Teekanne – so wie ich gerade ... Ich liebe Grüntee. Wenn dich jemand fragt, was du dir da anschaust, wirst du natürlich antworten: »Eine Teekanne!« Klingt irgendwie banal? Nun, für Split-Brain-Patient unter bestimmten Umständen nicht.

Um das zu untersuchen, nehmen wir einen Split-Brainer namens Nikolai mit ins Hochsicherheitslabor von »wissensbert Industries«. Nikolais Sprachproduktion wird wie bei den meisten Menschen von der linken Gehirnhälfte dominiert. Wir setzen Nikolai in einen leeren weißen Raum und bitten ihn, nach vorne auf die frisch gestrichene weiße Wand zu schauen. Jetzt stellen wir die Teekanne links vor ihm auf den Boden. Dabei achten wir darauf, sie so weit nach links zu stellen, dass er sie zwar mit seinem linken Auge noch sehen kann, mit seinem rechten aber nicht. Während Nikolai weiter geradeaus schaut, stellen wir ihm die einfache Frage: »Was siehst du?« Du und ich würden an seiner Stelle jetzt antworten: »Immer noch die Teekanne. Darf ich jetzt bitte gehen?«, aber

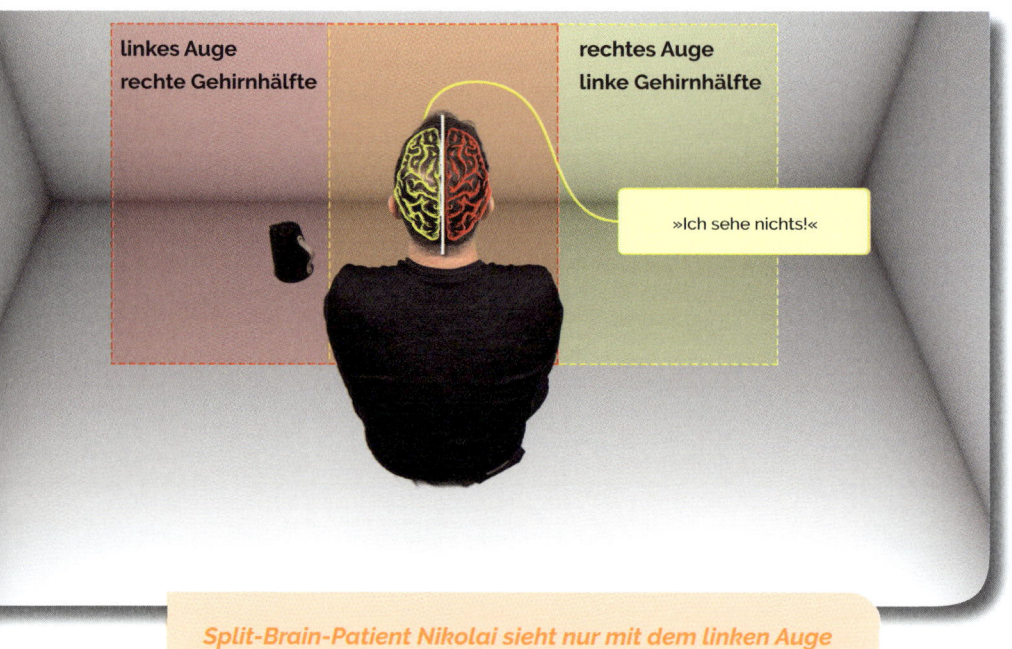

Split-Brain-Patient Nikolai sieht nur mit dem linken Auge die Teekanne. Die Information dazu befindet sich aber nur in seiner rechten Gehirnhälfte und kann von der sprechenden linken Gehirnhälfte nicht abgerufen werden.

Nikolai sagt uns, dass er außer der weißen Wand nichts sieht. Okay – aber wie ist das möglich?

Wir legen noch einen drauf: Hinter Nikolai stellen wir nun drei Gegenstände: einen schweren Eisenhammer, eine identische weitere Teekanne und einen braunen Lederschuh. Wir bitten ihn, die rechte Hand in den Schoß zu legen und mit der linken Hand hinter sich zu greifen, um die ihm verborgenen Objekte zu ertasten. Wichtig: Er soll dabei immer noch nach vorne schauen. Wenn wir Nikolai jetzt auffordern, mit der linken Hand unter den drei Objekten dasjenige auszuwählen, das er sieht, wird er die Teekanne wählen. Dabei wird er allerdings immer noch felsenfest behaupten, gar nichts zu sehen. Wenn wir fragen, warum er dann mit der linken Hand die Teekanne gewählt hat, kommt es zur vorher beschriebenen Konfabulation. Nikolais linke Gehirnhälfte kann wegen des fehlenden Balkens die notwendige Information über den gesehenen Gegenstand nicht von der rechten Gehirnhälfte abrufen und formuliert im Sprach-

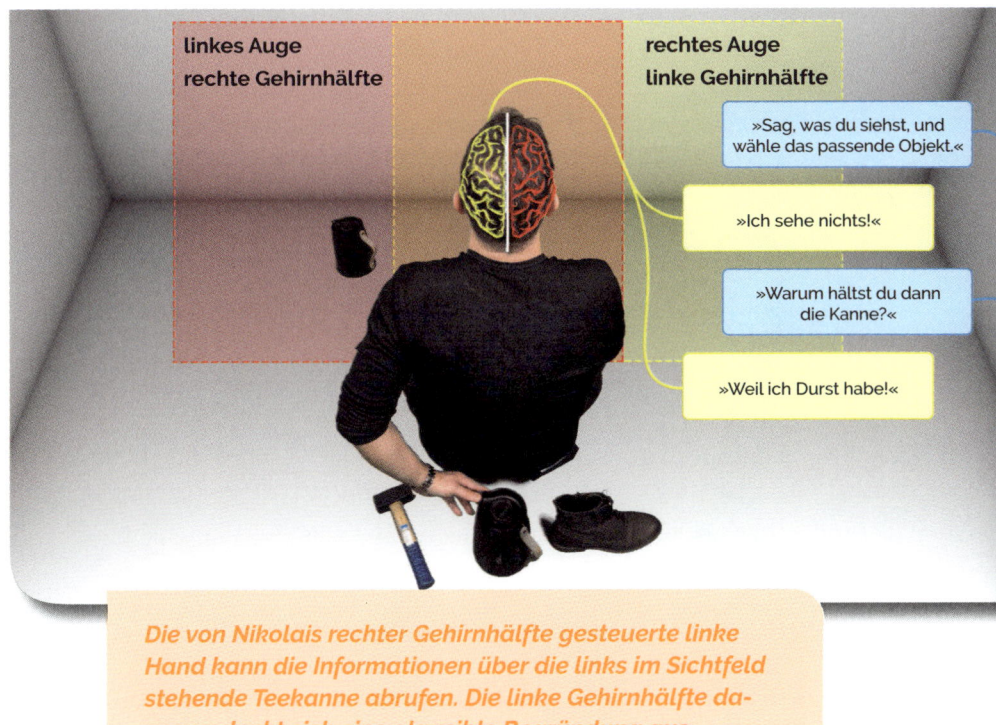

Die von Nikolais rechter Gehirnhälfte gesteuerte linke Hand kann die Informationen über die links im Sichtfeld stehende Teekanne abrufen. Die linke Gehirnhälfte dagegen denkt sich eine plausible Begründung aus.

zentrum die wahrscheinlichste Alternative: »Weil ich Durst habe!« Will der uns veräppeln?! Nein. Die Kommunikation zwischen den beiden Gehirnhälften ist schlicht und ergreifend gestört.

Wir erinnern uns: Der linke Teil des Sichtfeldes wird von der rechten Gehirnhälfte verarbeitet und der rechte Teil entsprechend von der Linken (siehe Bild). Nikolai nimmt die Teekanne also mit seiner rechten Gehirnhälfte wahr. Die Information gelangt aber wegen des fehlenden Corpus callosum nicht zur linken Gehirnhälfte, die uns das Gesehene auch mitteilen könnte. Tatsächlich hört die rechte Gehirnhälfte von Nikolai sogar zu, wenn die linke Hemisphäre seinen Mund sagen lässt: »Ich sehe nichts.« Die rechte Gehirnhälfte bildet sich sogar ein eigenständiges Urteil darüber, das sie aber nicht aussprechen kann. Vielleicht denkt seine rechte Gehirnhälfte so etwas wie: »Was um alles in der Welt redet die linke Gehirnhälfte da?«

Weil die rechte Hemisphäre aber die linke Hand steuert, kann Nikolai mit ihr das richtige Objekt ertasten und auswählen.

Einige Split-Brain-Patienten berichten sogar vom sogenannten Alien-Hand-Syndrom, bei dem eine der beiden Hände scheinbar willkürliche und vor allem nicht bewusst kontrollierte Bewegungen ausführt. Oftmals stehen diese unbewussten Bewegungen in Konflikt mit den bewusst gesteuerten.

Ein paar harmlose, wenn auch bei häufigem Auftreten vermutlich nervige Beispiele: Du nimmst morgens mit der rechten Hand dein Lieblingsshirt aus dem Schrank, aber deine linke Hand entreißt es der rechten Hand und hält dir stattdessen ein anderes T-Shirt hin. Oder du möchtest dir abends nach einem langen Tag mit der rechten Hand dein Hemd aufknöpfen, aber deine linke Hand knöpft es sofort wieder zu.

Auch wenn das ziemlich seltsam klingt: Für einige Split-Brain-Patienten ist das durchaus Realität. Manchmal winkt die Alien-Hand auch einfach, ohne dass man es merkt, oder aber sie streichelt und fährt einem selbst durch die Haare, wie es einer 77-jährigen Split-Patientin passierte. Es sind allerdings auch Fälle bekannt, in denen die Alien-Hand versucht, jemandem Schaden zuzufügen, und der Patient das mit seiner bewusst gesteuerten Hand zu verhindern versucht. So mussten bereits Patienten ihre Alien-Hand davon abhalten, sich selbst zu erwürgen.

Das wirklich Interessante daran ist aber, dass es sich bei der Alien-Hand meistens um die linke handelt, die ja von der rechten Gehirnhälfte gesteuert wird. Die Patienten beschreiben aus der »Ich«-Perspektive, wie sie versuchen, diese als ferngesteuert wahrgenommene Hand aufzuhalten. Die andere Gehirnhälfte (in diesem und den meisten Fällen die linke), die häufig für Selbstwahrnehmung und Schlussfolgerungen, aber eben auch für die Sprachproduktion zuständig ist, definiert sich hier als das »Ich«, also als das Bewusstsein der Person. Schon irgendwie faszinierend, oder? Die Handlungen der rechten Gehirnhälfte werden dabei als »fremd« und »unkontrolliert« wahrgenommen. Gleichzeitig scheint die rechte Gehirnhälfte aber ein Ziel zu verfolgen, wenn sie dir das T-Shirt aus der Hand schlägt oder dich zu erwürgen versucht.

Diese Beobachtungen legen für einige Wissenschaftler den Schluss nahe, dass unsere beiden Gehirnhälften nach einer Trennung möglicherweise jeweils eigene Persönlichkeiten entwickeln, die auch immer wieder miteinander in Konflikt treten können (»dual consciousness«). Ob das wirklich so ist, konnte bisher nicht abschließend geklärt werden.

Aber kann sich eine solche doppelte Persönlichkeit vielleicht auch bei gesunden Menschen entwickeln, und es fällt nur nicht auf, weil die Auseinandersetzung zwischen beiden durch blitzschnellen Austausch über den Balken im Gehirn stattfindet? Wie wir jetzt wissen, wird ein möglicher Konflikt bei Split-Brain-Patienten wegen der fehlenden internen Kommunikation nach außen verlagert und äußert sich in widersprüchlichen Handlungen der beiden Hände. Was aber, wenn sich auch bei dir die linke Gehirnhälfte für »das Bewusstsein« hält und deine rechte Gehirnhälfte als »das Fremde in dir« unterdrückt? Und was, wenn das sogar gut so ist? Untersuchungen zeigen jedenfalls, dass bei Depressionen die rechte Gehirnhälfte sehr viel aktiver ist als die linke und dass die rechte Gehirnhälfte eher an der Verarbeitung negativer Emotionen, pessimistischer Gedanken und unkonstruktiver Denkmuster beteiligt ist. Vielleicht ist es deshalb also gut, wenn deine linke Gehirnhälfte die Oberhand behält.

Ob aber beide Hemisphären wirklich eigene Persönlichkeiten entwickeln und ob deine eine Gehirnhälfte die andere tatsächlich unterdrückt, muss erst noch weiter erforscht werden. Ein spannender Gedanke ist es allemal!

Darum werden wir möglicherweise NIEMALS mit Aliens in Kontakt treten

Jerry nimmt seine Kaffeetasse in die Hand. »Ahhhh! Heiß!«, stöhnt er und stellt sie hastig wieder auf die Küchenzeile, sodass der Inhalt fast überschwappt. Gerade als er einen neuen Versuch wagen will, klingelt es an der Tür. »Wer ist das denn jetzt? Die werden doch nicht schon wieder Arbeit für mich haben«, murmelt er und öffnet. Oh ... es ist John und ... ja, er hat Arbeit für Jerry. »Ich danke dir vielmals«, entgegnet dieser mit einem freundschaftlichen, aber leicht sarkastischen Unterton, während er einen Ordner mit unzähligen Blättern entgegennimmt. »Denk dran! Anrufen, wenn du etwas findest!«, verabschiedet sich John und radelt wieder davon.

Jerry Ehman ist Professor für Astronomie an der Ohio State University und ehrenamtlich im SETI-Projekt (Search for ExtraTerrestrial Intelligence) des Big-Ear-Radioteleskops involviert. Alle paar Tage liefert man ihm Daten von eingefangenen Signalen und setzt dann voll auf seine fachmännische Expertise. Die Signalfrequenz ist dabei bewusst so gewählt, dass sie für dem Empfang durch eine außerirdische Zivilisation am wahrscheinlichsten ist und für eine eventuelle Kontaktaufnahme am offensichtlichsten infrage kommt: 1420 Megahertz, die elektromagnetische Wellenlänge des einfachsten und häufigsten Elements im Universum – Wasserstoff.

»Na, mal sehen, wie viele Alien-Zivilisationen wir heute finden«, lächelt Jerry müde und breitet die Unterlagen auf dem Küchentisch aus. Durch seine Lesebrille studiert er die wahllos erscheinenden Zahlen. Hier eine Fünf, dort eine Sechs, Jerry kreist beide rot ein. Sie stehen für den fünf- beziehungsweise sechsfachen Pegel des normalen Hintergrundrauschens, neben dem Zeitraum des Auftretens und den dazugehörigen Himmelskoordinaten. Er nimmt einen Schluck von seinem inzwischen abgekühlten Kaffee und blättert um. Hier eine Sieben! Jerry kreist sie ein, doch was er dann sieht, lässt seinen Atem stocken. Ein U! Sind die Zahlen bei neun nämlich zu Ende, beginnt das Alphabet mit A = 10, B = 11 und so weiter. Ein U entspricht also dem 30-fachen gewöhnlichen Hintergrundrauschen! »Ist das möglich?« Jerry sieht genau hin und entdeckt die Abfolge 6EQUJ5, also eine auf- und absteigende Kurve mit dem U als Höhepunkt: ein extrem starkes und etwa 72 Sekunden andauerndes Radiosignal! Höchst beeindruckt kreist er auch diesen Code ein und notiert daneben: »Wow!«

Der Ausdruck von Jerrys Emotion wird zum Namensgeber: »Wow-Signal«. Bis heute ist dieses Signal nie wieder auch nur annähernd ähnlich aufgetaucht und genauso ranken sich bis heute die Spekulationen um seine Entstehung. Mittlerweile weiß man, dass zumindest der Entstehungsort im Sternbild »Schütze« liegt. Hobbyastronom Alberto Caballero benennt in seinem 2022 erschienenen Paper den 1800 Lichtjahre entfernten sonnenähnlichen Stern 2MASS 19281982-2640123 als wahrscheinlichsten Ursprung. Eine anschließende gezielte Suche nach einer Technosignatur, also einem Hinweis auf Technologie, durch das SETI-Projekt »Breakthrough Listen», auf Deutsch so viel wie »Durchbruch: Lauschen«, verlief jedoch ohne Ergebnisse. Vielleicht doch ein natürlicher Ursprung oder vielleicht doch noch zu schlechte Messinstrumente?

Das Wow-Signal wurde am 17. August 1977 entdeckt.

Zoomen wir nun tiefer in den schwarzen Nachthimmel und betrachten das gesamte 93 Milliarden Lichtjahre Durchmesser fassende Universum, überblicken wir geschätzt 1 Billion verschiedene Galaxien mit jeweils 500 Milliarden einzelnen Sternen, was insgesamt 500 000 000 000 000 000 000 Zentralgestirnen wie etwa 2MASS oder unserer Sonne entspricht. Geht man von Studienwerten aus, die aus der Datenlage des Kepler-Teleskops ermittelt wurden, so sind davon 19 Prozent sonnenähnlich, von denen wiederum 22 Prozent von ei-

nem erdgroßen Planeten umkreist werden, der in einer habitablen, also bewohnbaren Zone liegt.

Wir sprechen hier also von ungefähr 21 Trilliarden potenziell bewohnbaren Planeten, die es vermutlich im gesamten bereits 13,7 Milliarden Jahre alten Universum gibt – und da stellt sich schnell eine große, zentrale Frage: Müsste es nicht längst irgendwo hoch entwickelte Lebensformen geben, die bereits in der Lage sind, ganze Galaxien zu besiedeln?

»Where is everybody?«, fragte im Jahr 1950 ein Physiker namens Enrico Fermi seine Kollegen beim Mittagessen am Los Alamos National Laboratory in New Mexico. 12 Jahre zuvor hatte er den Physiknobelpreis erhalten, und auch er wunderte sich darüber, dass sich bisher einfach keinerlei außerirdische Lebensformen im Weltall hatten beobachten lassen. Auch ihm erschien diese Überlegung höchst paradox und so entstand das nach ihm benannte »Fermi-Paradoxon«. Bis heute ruft es die renommiertesten Wissenschaftler auf den Plan, die sich daran versuchen, eine möglichst plausible Erklärung dafür zu finden, dass wir noch nicht auf andere Zivilisationen gestoßen sind. Während es unzählige schwache Argumente wie »Sie verstecken sich vor uns« oder »Wir haben sie einfach nur verpasst« gibt, beschäftigen sich die deutlich interessanteren Ansätze mit den grundlegenden Prinzipien der Entwicklung von intelligentem Le-

Logarithmische Karte des beobachtbaren Universums

ben. Der NASA-Wissenschaftler und Sci-Fi-Autor Geoffrey Alan Landis fasste die Erklärungsversuche in seiner 1993 erschienenen Arbeit *The Fermi Paradox: An Approach Based on Percolation Theory* folgendermaßen zusammen: »Vorgeschlagene Lösungen des Fermi-Paradoxons verneinen die Möglichkeit extraterrestrischer Zivilisationen entweder vollständig [...] oder akzeptieren [sie] und schlagen Erklärungen vor, warum diese trotzdem nicht die Milchstraße kolonisiert haben.«

Der Nobelpreisträger Enrico Fermi

Ein Ansatz, der bereits die Grundannahme über die hohe Zahl an potenziellen Entstehungsorten verwirft, ist die Rare-Earth-Hypothese. Nach ihr muss ein Planet deutlich mehr lebensfördernde Eigenschaften aufweisen, als einfach nur in der habitablen Zone zu liegen: eine günstige Position innerhalb der Galaxie, eine angemessene, dem Abstand zum Heimatstern entsprechende Atmosphäre, eine feste Oberfläche mit einer stabilen Rotationsachse, mit flüssigem Wasser und vielem vielem mehr. All diese Bedingungen seien in ihrer Gesamtkonstellation derart unwahrscheinlich, dass selbst die Existenz von Abertrillionen Sternen und Planeten im Universum die Chance für extraterrestrisches Leben kaum erhöhe. Eine 2018 veröffentlichte Studie, welche diese Hypothese stützt, kommt zu dem Ergebnis, dass wir Menschen in unserer Galaxie mit 53- bis 99,6-prozentiger und im gesamten beobachtbaren Universum mit 39- bis 85-prozentiger Wahrscheinlichkeit alleine sind. Die Erde und das Leben auf ihr sind laut Rare-Earth-Hypothese also höchst selten und eine absolute Ausnahme, sodass das Fermi-Paradoxon eigentlich gar nicht existiert.

Ein gegenläufiger Ansatz ist der sogenannte »Große Filter«. Nach dem kopernikanischen Prinzip sind die astrophysikalischen und geologischen Eigenschaften der Erde als eigentlich relativ gewöhnlich anzusehen. Die Erde ist ein gewöhnlicher Gesteinsplanet in einem gewöhnlichen Planetensystem an einem gewöhnlichen Ort innerhalb einer häufig vorkommenden Balkengalaxie. Folglich sollte komplexes Leben weit verbreitet sein und die Erde eben keine Ausnahme darstellen. »Die Idee, dass wir alleine im Universum sind, erscheint mir völlig unglaubwürdig und arrogant«, sagte sogar einst Stephen Hawking, der wohl prominenteste Vertreter dieser Ansicht, die durch eine erst 2020 im *Astrophysical Journal* erschienene Studie nochmals untermauert wurde: Auf Grundlage der sogenannten Drake-Gleichung errechnete man aus aktuellen Daten, dass es selbst unter ungünstigster Annahme allein in unserer Milchstraße 4 bis 211 intelligente Zivilisationen wie uns Menschen geben sollte. Vielleicht hatte Enrico Fermi also doch recht: Wo sind sie?

Das Grundproblem bei der Suche nach außerirdischem Leben ist, dass wir Exoplaneten zwar im Moment ihres Vorbeiziehens am Heimatstern aufspüren und die Atmosphärenzusammensetzung durch die Art der Lichtbrechung bestimmen können, aber noch lange nicht auf ihre Oberfläche und schon gar nicht auf mögliche umherwandernde Lebewesen blicken können. Bereits in einem Abstand von nur wenigen Lichtjahren sind Planeten kaum von ihren Zentralgestirnen zu unterscheiden, sodass sie selbst für das James-Webb-Teleskop unsichtbar werden. Hier kann es maximal Atmosphärendaten sammeln, die vage Rückschlüsse auf die Oberflächenbeschaffenheit zulassen.

Ist unsere Erde einzigartig oder gewöhnlich?

Um außerirdisches Leben festzustellen, bräuchten wir also definitiv eine möglichst hoch entwickelte Spezies. Je höher entwickelt, desto besser, denn mit technologischem Fortschritt vergrößert sich auch der Fußabdruck im Weltraum. Zu den einfachsten dieser Zeichen würden künstliche Radiosignale zählen, nach denen vor allem die

Darstellungen von Exoplaneten-Oberflächen basieren lediglich auf Vermutungen.

SETI-Projekte der Welt Ausschau halten. Ideal aber wären künstliche Megastrukturen oder gar eine interstellare Kolonisierung, durch die beispielsweise ein ganzes Gebiet heller oder dunkler strahlt, als es eigentlich dürfte.

Hier kommt die These des Großen Filters ins Spiel. Sie besagt, dass jede evolutionsbiologische Entwicklungsstufe vom einfachen Wasserstoffatom bis hin zur interstellaren Spezies immer wieder ein Nadelöhr, also einen Filter, überwinden muss, um die jeweils nächsthöhere Stufe zu erreichen. Als einfaches Beispiel könnte man eine Million verschiedene Prokaryoten – kleine, einzellige Mikroorganismen *ohne* Zellkern – betrachten, von denen es letztlich nur eine einzige Art durch glückliche Umstände schafft, sich zu Eukaryoten – Lebewesen *mit* Zellkern – zu entwickeln. Der Rest überwindet diese Hürde nicht: Sie bleiben entweder Prokaryoten oder sterben aus. Als Nächstes braucht es wieder eine Million Prokaryoten, bis es wieder einer davon schafft, sich durch einen funktionierenden Zusammenschluss mit anderen dauerhaft zu einem Mehrzeller zu entwickeln, und so weiter. Dieses Prinzip lässt sich bis zum obersten Ende der sogenannten Kardaschow-Skala anwenden, einer Typ-III-Spezies, welche in der Lage ist, die komplette Energieleistung ihrer Galaxie zu nutzen. Auf diesem langen und beschwerlichen Evolutionsweg muss es laut des Konzepts

Eine Typ-III-Zivilisation erntet die Energie eines Sterns.

jedoch mindestens einen Filter geben, der besonders schwierig, wenn nicht sogar unüberwindbar zu sein scheint – und hier wird es gruselig: Sollten die Marsproben, die China und die USA bis 2031 beziehungsweise 2033 zur Erde zurückführen wollen, tatsächlich Beweise für ausgestorbenes Leben enthalten, wäre das eine sensationelle Erkenntnis, aber eine schreckliche Nachricht für die Menschheit. Es würde bedeuten, dass Leben an sich wirklich nichts Besonderes und im Universum weit verbreitet ist. Der oder die Großen Filter zum Erreichen der interstellaren Raumfahrt müssten demnach eher am oberen Ende des Evolutionswegs stehen, also noch vor uns liegen. »Kein Leben auf dem Mars« wäre für uns Menschen eine deutlich erfreulichere Nachricht, da allein schon unser menschlicher Entwicklungsstand höchst spektakulär wäre und der oder mehrere Große Filter bereits erfolgreich hinter uns lägen.

Mit dem, was wir Menschen heute an Energie erzeugen können, bewegen wir uns auf der Kardaschow-Skala zwischen einer Typ-0- und einer Typ-I-Zivilisation, etwa bei 0,75. Das ist tatsächlich gar nicht so schlecht. Durch die immensen technischen Fortschritte der letzten 100 Jahre haben wir jedoch auch immense Probleme produziert, die schon jetzt so groß sind, dass sie unsere dauerhafte Existenz gefährden und das Erreichen der interstellaren Raumfahrt unwahrscheinlich machen. Stephen Hawking meinte in seinem Vortrag »Life in the Universe« aus dem Jahr 1996, es sei wahrscheinlich, dass sich überall im Universum Leben bilden könne und die Entwicklung von Intelligenz möglich sei, welche aber ab einer gewissen Stufe so instabil würde, dass sie sich zwangsläufig selbst auslösche. Als mögliche Faktoren nannte er einen Atomkrieg, ein Virus oder den Treibhauseffekt. Fügen wir da jetzt noch weitere denkbare Filter wie Plastikverschmutzung, Überbevölkerung oder ein globales autokratisches Regime hinzu, sodass wir insgesamt von sehr niedrig geschätzten 30 noch bevorstehenden Filtern ausgehen, so liegt die Gesamtwahrscheinlichkeit – wenn wir bei jedem Ereignis von einer 50-prozentigen Chance ausgehen, dass die Menschheit den Filter überwindet – bei etwa 1 : 1 Milliarde. Das bedeutet: Es müsste eine Milliarde verschiedene menschliche Zivilisationen geben, bis sich eine einzige durch Zufall so günstig entwickelt, dass sie die Fähigkeit zur interstellaren Raumfahrt doch erreicht. Vorausgesetzt – und das nehmen wir alle hoffnungsvoll an – die interstellare Raumfahrt ist technisch überhaupt möglich.

Wenn dir diese Zahl jetzt unangemessen hoch vorkommt, denn immerhin sind wir in unseren Augen ja die einzig Wahren, will ich sie in Relation setzen: Von den über 5 Milliarden Arten von Lebewesen, die es jemals auf der Erde gegeben hat, ist ebenfalls nur eine einzige jemals zu höherem Denken fähig gewesen: der Mensch.

Das Wow-Signal wird Astronomen mit Sicherheit noch eine Weile beschäftigen. Dass es wirklich von einer außerirdischen Lebensform stammt, ist sehr unwahrscheinlich und daher als letztmögliche Erklärung heranzuziehen. Wir Menschen müssen uns daher auf uns selbst besinnen, darauf, global zusammenzuarbeiten und alles Mögliche dafür zu tun, dass die Forschung auch die nächsten 100 oder 1000 Jahre immer weiter fortschreitet. Nur dann sind wir vielleicht irgendwann in der Lage, die Weiten unseres Universums zu erkunden.

Wird diese eigenartige Technologie die Schifffahrt revolutionieren?

New York, am 10. Mai 1926

Liebste Familie,

ich hoffe, euch allen in der Heimat geht es gut und ihr seid alle gesund. Sicherlich könnt ihr euch noch an meinen letzten Brief erinnern, in dem ich euch erzählte, dass sich manche Leute hier in New York wundersame Kästchen ins Haus stellen, aus denen Musik und Nachrichten herauskommen. Sie nennen es Radiogerät.

Doch gestern ging ich nach der Arbeit an den Docks entlang und sah ein höchst sonderbares Schiff, das gerade im Begriff war anzulegen. Eine Dame aus der staunenden Menschenmenge erklärte mir, dass es ein Segelschiff sei – dabei hatte es doch weder Masten noch Segel! Gar nichts! Es hatte lediglich zwei haushohe Säulen, die aussahen wie Schornsteine, aber keinerlei Rauch ausspuckten. Und trotzdem glitt es fast wie von Geisterhand elegant, flott und lautlos über die Wellen hinweg.

In der Zeitung von heute haben sie sogar ein Bild davon abgedruckt. Habt ihr so etwas schon einmal gesehen?

Liebste Grüße
Eure Maria

Der Erfinder Anton Flettner lebte von 1885 bis 1965.

Segelboote ohne Segel? Was für die meisten Menschen selbst heute noch wie Science Fiction klingt, war tatsächlich schon zu Beginn des 20. Jahrhunderts ein erfolgreich getestetes Konzept. Und obwohl es über all die Jahre in Vergessenheit geriet, könnte es schon bald wieder wesentlich häufiger zum Einsatz kommen.

Zuzuschreiben ist die Erfindung dieser recht eigenartigen Antriebsart einem Mann, der zu Lebzeiten über 1000 seiner Einfälle patentieren ließ: dem deutschen Ingenieur Anton Flettner. Im Rahmen seiner zahlreichen Tüfteleien machte er es sich Anfang der 1920er-Jahre zur Aufgabe, das Segeln durch Ersetzen der charakteristischen Stoffsegel einfacher und billiger zu gestalten. Dabei stieß er auf eine aerodynamische »Zauberei«, die ihn dermaßen faszinierte, dass sie zur Grundlage seiner bahnbrechenden neuen Antriebsart werden sollte: auf den sogenannten Magnus-Effekt.

Dieser etwa 70 Jahre zuvor von dem deutschen Physiker Heinrich Gustav

Magnus nachgewiesene Effekt besteht darin, dass bei Rotation eines runden Gegenstands in einem Medium wie Luft oder Wasser die Luftteilchen auf der einen Seite beschleunigt und auf der anderen Seite gebremst werden. Dadurch entstehen jeweils ein Über- und ein Unterdruck, die schließlich gemeinsam den ganzen Körper im rechten Winkel zur Windrichtung bewegen. Wir kennen diesen Effekt aus dem Alltag: Er ist zum Beispiel dafür verantwortlich, dass ein Fußball bei einer Flanke eine gekrümmte Flugbahn einschlagen kann und in die Richtung fliegt, in die er angeschnitten wurde.

Der Magnus-Effekt lenkt einen rotierenden Ball in die Richtung, in die er sich dreht. Dieses Prinzip ist auch bei Schiffen anwendbar.

Flettner war absolut begeistert, als er von diesem physikalischen Phänomen erfuhr, und begann mit seinen Experimenten – zunächst mit einem kleinen Spielzeugboot, gefolgt von zwei kleinen Segelschiffen. Sein schlauer Ansatz dabei war, Säulen auf Schiffen anzubringen, die sich durch Motoren rotieren ließen. Durch dieses Konstrukt waren die Schiffe in der Lage, den eintreffenden Seitenwind mithilfe des Magnus-Effekts in einen Antrieb nach vorne zu verwandeln. Et voilà: Zur Freude des Erfinders und zum Erstaunen des Publikums waren seine Tests erfolgreich und die Schiffe waren tatsächlich imstande zu »segeln« – der Flettner-Rotor war geboren.

Angespornt durch seine frühen Erfolge wollte Anton Flettner es nicht bei kleinen Experimenten belassen. Also montierte er zwei Rotoren in Form gewaltiger Metallsäulen auf einem Schiff von 54 Metern Länge, wobei jede Säule über 18 Meter in die Höhe ragte und einen Durchmesser von knapp 3 Metern aufwies. Das Ergebnis? Die *Buckau,* das erste richtige Rotorschiff, das 1924 fertiggestellt wurde. Wie schon Flettners vorige Boote wurde auch die *Buckau* ausgiebigen Tests unterzogen, und auch sie erzielte vielversprechende Resultate: Der Antrieb war so verlässlich, dass sie mehrere Testfahrten, ja sogar eine komplette Atlantiküberquerung absolvierte. Auch ihrem Nachfolgeschiff Barbara flanschte man 1926 als Unterstützung der klassischen Schiffsschraube noch drei Flettner-Rotoren aufs Deck. Erneut waren die Ergebnisse eindeutig: Wurden die Rotoren bei gutem Wind genutzt, konnten sie allein das Schiff auf bis zu 6 Knoten (11 Stundenkilometer) antreiben – in Kombination mit der Schiffsschraube sogar auf bis zu 24 Stundenkilometer (heutige Kreuzfahrtschiffe liegen bei 25 Knoten oder 46,3 Stundenkilometern). Flettners Erfindung war so bahnbrechend, dass sogar Albert Einstein seine Bewunderung zum Ausdruck brachte.

Die Buckau *und ihre Nachfolgerin, die* Barbara

Doch Flettners Erfindung kam wohl zum denkbar ungünstigsten Zeitpunkt: Durch die Weltwirtschaftskrise, die Ende 1929 begann und die Menschen die 1930er-Jahre hindurch plagte, war das Geld für weitere Arbeiten an Flettners Erfindung knapp. Zusätzlich waren konventionelle Schiffsschrauben wegen ihrer Windunabhängigkeit, ihrer relativen Schlichtheit und wegen des billigen Treibstoffs zu attraktiv, als dass aus wirtschaftlicher Sicht noch großes Interesse für Flettners Arbeit bestanden hätte. Und so verschwand seine Idee in der Schublade – zumindest bis 2010.

Denn zum ersten Mal seit Langem stach in jenem Jahr ein brandneues Frachtschiff in See, das tatsächlich mit Flettner-Rotoren ausgestattet war: das *E-Ship 1*! Ein deutscher Windkraftanlagenhersteller hatte es sich als ultimatives Transportmittel für seiner Produkte maßgeschneidert. Mit seinen eindrucksvollen 130 Metern Länge und 22,50 Metern Breite bietet es nicht nur genug Platz für eine Besatzung von 15 Mann, sondern auch für ganze 20 Windkraftanlagen.

*Das **E-Ship 1** aus dem Jahr 2010 mit vier Flettner-Rotoren*

Um solch ein großes Schiff zu betreiben, mussten die Rotoren auf eine zu Flettners Lebzeiten ungesehene Größe anwachsen: Jede der vier hohlen Metallsäulen mit 4,30 Metern Durchmesser ragt 27 Meter in die Luft – 50 Prozent höher als die Rotoren der *Buckau* und der *Barbara*! Und es zahlt sich nach wie vor aus, denn laut eigenen Angaben spart der Betreiber damit bei guter Witterung bis zu 15 Prozent des regulären Kraftstoffverbrauchs. Bei sehr günstigem Wind kann die Besatzung den konventionellen Antrieb sogar beinahe gänzlich deaktivieren – der schwimmende Riese kann dann also fast allein durch die Rotoren betrieben werden.

Warum sieht man solche Rotoren dann nicht schon auf allen Schiffen? Tatsächlich gibt es heute Unternehmen, die anbieten, diese Technik auf bestehenden Schiffen nachzurüsten, und dafür mit attraktiven Spritverbrauchsreduktionen werben. Um tatsächlich einen Mehrwert aus Flettner-Rotoren zu ziehen, benötigt ein Schiff allerdings auf seiner Fahrt einen relativ konstanten Seitenwind. Denn der Magnus-Effekt wirkt nur in einem 90-Grad-Winkel zur Windrichtung. Außerdem sollte der Wind auch stark genug sein, sonst kann es vorkommen, dass das Drehen der Rotoren mehr Energie kostet, als durch den

Zusatzantrieb letztlich gespart wird. Im Fall des *E-Ship 1* war die Zielsetzung des Schiffsbaus in erster Linie eine reine Technologiedemonstration, die noch heute planmäßig funktioniert. Geht es dagegen um finanzielle Vorteile, erfordert die Nachrüstung eine gut durchdachte Kalkulation.

Eine Strecke, auf der das Konzept in jeden Fall wirtschaftlich aufzugehen scheint, ist die Ostseeroute Rostock–Gedser. Hier nutzt eine dänische Reederei den nahezu dauerhaft wehenden Westwind und betreibt seit Kurzem zwei ihrer 170 Meter langen Fähren mit jeweils einem 30 Meter hohen Flettner-Rotor zur Antriebsunterstützung. Solltest du also einmal am Hafen von Rostock unterwegs sein, kannst du mit Glück einen Flettner-Rotor in Aktion erleben.

Man sieht also: Wenn die geografischen Gegebenheiten passen, dann ist diese 100 Jahre alte Erfindung auch heute noch richtig interessant! Mit steigenden Treibstoffpreisen und einer aufgrund des Klimawandels immer stärkeren Nachfrage nach umweltfreundlichen Antriebsarten könnte die Zeit des Flettner-Rotors also möglicherweise endlich gekommen sein. Schade, dass der eigentliche Erfinder das nicht mehr erleben darf.

Links: Die Berlin, *eines von zwei Hybrid-Passagierschiffen. Das Schwesterschiff* Copenhagen *ist in etwa baugleich. Rechts: Ihr Einsatzgebiet, die Ostseeroute Rostock–Gedser*

So verdient ein Land mit organisierter Kriminalität weltweit Milliarden

Ein angespannter Blick auf den Monitor. Fünf Anfragen über das internationale Bankenkommunikationssystem SWIFT wurden bereits bestätigt. 20 Millionen US-Dollar wurden planmäßig nach Sri Lanka und 81 Millionen US-Dollar in die Philippinen transferiert – ein paar Dutzend Anfragen stehen aber noch aus. Dem jungen Mann vor dem hell erleuchteten Bildschirm rinnt eine Schweißperle über die Schläfe. Wenn alles glattläuft, könnte dies der größte Bankraub aller Zeiten werden – und damit selbst Saddam Husseins »Abheben« gigantischer Bargeldreserven bei der irakischen Zentralbank

2003 in den Schatten stellen. »Ich sag's dir, schon nächste Woche wohnt unsere ganze Familie in der Hauptstadt!«, prahlt einer seiner Komplizen. Über 950 Millionen US-Dollar lagert die Bangladesh Bank bei der New York Federal Reserve Bank, dem größten Ableger der US-Notenbank – eine Summe, die in diesem Moment auf eine Vielzahl privater Konten in Sri Lanka und auf den Philippinen fließen soll. Der 4. Februar 2016 ist ein Donnerstag und das Timing scheint fast perfekt. In wenigen Stunden beginnt in Bangladesch das Wochenende, sodass bei der Bangladesh Bank, der Zentralbank des Landes, niemand mehr den Überfall bemerken kann. Die schon transferierten Summen werden über ein Netz aus Mittelsmännern, Währungsumwandlern und Casinos gewaschen und nach Hongkong verschoben. Nichts darf später mehr auf die Drahtzieher hindeuten.

Kurze Zeit, Tausende Code-Zeilen und Mausklicks später ist alles vorbei, und die Welt rätselt über die Hintergründe eines der größten Banküberfälle in der Geschichte. Doch er hätte noch weitaus größer ausfallen können: Die letzten 30 gefälschten SWIFT-Anfragen im Wert von 851 Millionen US-Dollar werden nicht ausgeführt, denn ein einfacher Schreibfehler wird den Hackern zum Verhängnis: Mitarbeiter der Deutschen Bank erhalten über das SWIFT-Netzwerk die Aufforderung, den Geldtransfer an die »Shalika Fandation« in Sri Lanka abzuwickeln. Weil das korrekte englische Wort für »Stiftung« aber »Foundation« lautet, stellen die Mitarbeiter eine offizielle Rückfrage an die Bangladesh Bank. Dort arbeitet jedoch zu diesem Zeitpunkt niemand mehr – die Anfrage bleibt unbeantwortet und das Geld auf dem Bankkonto der bangladeschischen Zentralbank in New York.

Wer steckt dahinter? Genauso schwer, wie das Wort »bangladeschisch« auszusprechen ist, gestaltet sich auch die Suche nach den Verantwortlichen. Einige unabhängige Cyber-Sicherheits- und Forensikfirmen, vor allem aber das FBI, vermuten den Ursprung des Angriffs in einem Land, das seine kriminellen Genies – spärlich gesicherten Informationen nach – bestens schützt, ausbildet und finanziert.

Szenenwechsel: Universität Leiden, Niederlande. Professor Remco Breuker sieht besorgt aus. Wegen seiner Forschung wird er im Ausland dreier schwerer Vergehen beschuldigt, von denen eines mit dem Tod bestraft werden kann. Warum? Professor Breuker beschäftigt sich mit der Geschichte eines einzigartigen Landes und mit der Art und Weise, wie dieses Land weltweit mit organisierter

Eine Satellitenaufnahme zeigt, wie der Wohlstand in Nordkorea verteilt ist: Nur in Pjöngjang brennt Licht, der Rest des Landes versinkt in Finsternis. Die Hauptstadt bleibt den Eliten des Regimes vorbehalten. Wehrpflicht für Männer in Nordkorea: 10 Jahre.

Kriminalität Geld verdient. Und er ist überzeugt: Dieses Geld ist absolut entscheidend für das Fortbestehen des Regimes. Würde diese Einnahmequelle versiegen, bräche alles zusammen.

Eben dieses Land mit der zahlenmäßig viertgrößten Armee der Welt gehört gleichzeitig zu den Ländern mit dem niedrigsten Bruttoinlandsprodukt pro Kopf. Wie passt das zusammen? Wie finanziert ein solch armes Land, dessen Planwirtschaft nahezu vollständig isoliert ist und das immer wieder von landesweiten Hungersnöten und Versorgungsengpässen bedroht wird, seine etwa 1,2 Millionen Berufssoldaten?

Die meisten nichtoffiziellen Informationen, die wir über Nordkorea besitzen, stammen von geflüchteten Regierungsbeamten – den Eliten des Landes, deren Familien vor allem in Pjöngjang wohnen und weitreichende Privilegien genießen. Privilegien, die sich für die eigene Familie mindestens in lebenslange Torturen in Konzentrationslagern verwandeln, sollte man einen Fluchtversuch wagen oder schlecht über das Regime reden. Und von diesen Abtrünnigen, denen die Flucht gelungen ist, weiß man mittlerweile auch einiges über geheime Abteilungen (»Offices«) zur Finanzierung des nordkoreanischen Führerkults, verkörpert durch die tyrannische Kim-Familie.

Offiziell wird die Existenz des »Office 39« und des »Office 121« vehement bestritten, doch selbst das ausgeklügelte Netzwerk an errichteten Tarnfirmen und Strohmännern hinterlässt Spuren und führt in ein Land, das seine offensichtliche wirtschaftliche Unterlegenheit mit Cyber-Know-how zu kompensieren versucht.

Das »Office 121« ist Insiderinformationen zufolge Teil des nordkoreanischen Militärgeheimdienstes RGB und weitestgehend mit digitaler Kriegsführung betraut, zu der vor allem seit Mitte der 2010er-Jahre auch der eingangs beschriebene digitale Überfall auf internationale Banken gehört. Wirklich nachweisen konnte man die Verbindung zum nordkoreanischen Regime bisher zwar nicht, doch fand man beim Analysieren der Schadsoftware in Bangladesch ein spezielles Code-Fragment, das bisher nur bei zwei weiteren sehr auffälligen Angriffen nachgewiesen werden konnte: beim Angriff auf südkoreanische Banken und Medienkonzerne 2013 und bei dem Angriff auf Sony Pictures Entertainment 2014, in dessen Folge die Premiere einer Parodie über den nordkoreanischen Machthaber Kim Jong-un verschoben werden musste. Nun liegt Nordkorea als Verantwortlicher in beiden Fällen durchaus nahe, aber selbstverständlich könnte es sich dabei auch um eine absichtliche falsche Fährte handeln. Glaubt man jedoch den Berichten, dann war an vielen solcher Angriffe eine besondere, weltweit gefürchtete und dem »Office 121« unterstellte Hacker-Vereinigung betei-

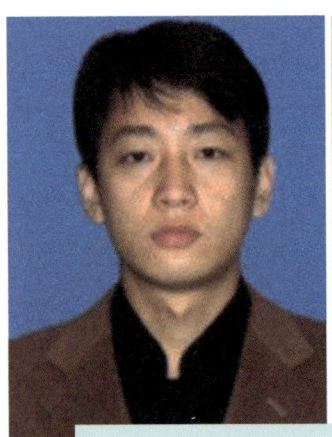 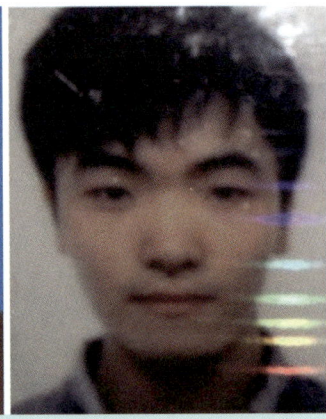 

Fahndungsfotos des FBI: Park Jin-Hyok, Kim Il und Jon Chang Hyok (v. l. n. r.) sind drei der vermeintlichen Mitglieder der »Lazarus Group«. Schon ihre bloße Existenz wird vom nordkoreanischen Regime vehement geleugnet.

Das nordkoreanische Frachtschiff Pong Su *im Hafen von Sydney*

ligt: die »Lazarus Group«. Ihre Mitglieder werden bereits in der Schule rekrutiert und dann unter strengster Geheimhaltung an Nordkoreas Eliteuniversitäten ausgebildet. Ihnen werden auch Diebstähle an Kryptobörsen in der jüngsten Vergangenheit zugeschrieben. Schaden? Im Milliardenbereich.

Doch die kriminellen Machenschaften des Regimes beschränken sich nicht auf Cyber-Diebstahl. Das »Office 39« ist für die Verwaltung und Vermehrung aller geheimen Vermögen der Kim-Familie sowie der Volksrepublik zuständig und untersteht Berichten zufolge direkt dem Supreme Leader Kim Jong-un. Diese Einrichtung ist der zentrale Baustein, ohne den das Regime nicht überlebensfähig wäre. Und so lautet die Hauptaufgabe des »Office 39«: Internationale Gelder beschaffen – egal wie! Immer wieder wurden nordkoreanische Diplomaten und andere Regimelieblinge mit Koffern voller illegaler Substanzen erwischt. Überläufer berichten, dass spezielle Labore in großem Stil Heroin und Methamphetamin produzieren, um es anschließend weltweit zu exportieren. Dies belegt beispielsweise der Zwischenfall mit dem nordkoreanischen Frachtschiff *Pong Su*, das 2003 mit 125 Kilogramm reinem Heroin vor der Küste Australiens aufgegriffen wurde. Straßenverkaufswert? Über 100 Millionen Dollar – entgangenes Geld, was Kim Jong-il wohl nicht sonderlich erfreut hat: Man geht davon aus, dass der Großteil der Schiffsbesatzung nach seiner Abschiebung nach Nordkorea für dieses Scheitern hingerichtet wurde. Darüber hinaus scheinen insbesondere ärmere arabische und afrikanische Länder unter Missachtung internationaler Sanktionen immer wieder Waffen aus dem isolierten Land zu kaufen – ebenfalls ein Milliardengeschäft, bei dem der Gewinn am Ende stets an einem einzigen Ort zusammenfließt: im »Office 39«.

So viel zu den Schmuggelgeschäften. Doch es geht weiter: Im Jahr 2006 verunglückten in Nordkorea laut Angaben der dortigen Regierung ein Helikopter, zwei Züge und eine Fähre, die alle von der staatlichen Versicherungsgesellschaft Korea National Insurance Corp. (KNIC) unter Zuhilfenahme internationaler Rückversicherungsunternehmen versichert worden waren. Auch wenn die Rückversicherer zu Recht große Zweifel an der Glaubwürdigkeit dieser Unfälle äußerten, hatten sie zuvor einen schwerwiegenden Fehler begangen und vertraglich die Gerichtsbarkeit in Nordkorea akzeptiert – wo sie selbstverständlich keinerlei Chancen auf einen juristischen Sieg hatten und zu einer Zahlung von mehreren Hundert Millionen Dollar verpflichtet wurden.

Außerdem nutzt Nordkorea immer wieder ausländische Gefangene als Druckmittel, um Geld zu erpressen. So geschehen im Fall des US-amerikanischen Studenten Otto Warmbier, der angeblich ein Propagandaplakat von der Wand eines Hotels in Pjöngjang stehlen wollte. Nach einem inszenierten Schauprozess mit einem schlecht auflösenden Video, das ihn bei der Tat zeigen sollte, wurde er zu 15 Jahren Arbeitslager verurteilt und fiel schon kurz nach seinem

 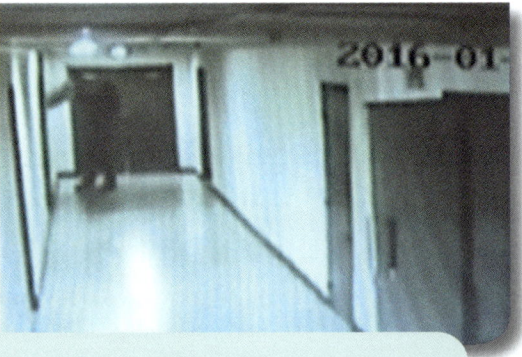

Otto Warmbier fleht um sein Leben, nachdem ihn dieses angebliche Überwachungsbild bei der Tatausführung gezeigt hatte.

Haftantritt aus bisher nicht abschließend geklärten Gründen ins Koma. Nachdem Warmbier einige Monate später und immer noch im Koma liegend endlich an die Vereinigten Staaten ausgehändigt worden war – für eine Gegenleistung von 2 Millionen US-Dollar –, starb er an starken Gehirnschäden infolge einer Sauerstoffunterversorgung. Noch heute vermuten viele Prozessbeobachter, dass Warmbier nichts mit alledem zu tun hatte. Eine dänische Journalistin, die Teil seiner Reisegruppe war, erlebte ihn als vorsichtigen Menschen, der sehr darauf bedacht war, unter keinen Umständen gegen die strengen Vorschriften zu verstoßen.

Superdollars (Bild unten) sind vom Original kaum zu unterscheiden – man vermutet, dass viele gar nicht erkannt werden.

Die Liste der kriminellen Aktivitäten ließe sich endlos fortführen: So wird vermutet, dass Nordkorea extrem gute Fälschungen von amerikanischen 100-Dollar-Noten, sogenannte »Superdollars«, anfertigt und in großem Stil in Umlauf bringt oder auch völlig unterbezahlte Zwangsarbeiter auf Baustellen weltweit schickt, um Geldmittel für ihr Heimatland zu erwirtschaften – so unter anderem auf den Baustellen für die Fußballweltmeisterschaft 2022 in Qatar. Weltweit werden von Strohmännern Hotels und Restaurantketten betrieben, deren Gewinne vom »Office 39« für das Regime abgeschöpft werden. Und so weiter.

Die Beweislage zu den unterschiedlichen Verbrechen variiert stark und stützt sich überwiegend auf die Aussagen von ehemals hochrangigen Parteifunktionären. Deshalb sind sie auch nicht zweifelsfrei verifizierbar. Dennoch geht man davon aus, dass das »Office 39« weltweit jährlich Milliardenbeträge eintreibt, um das nordkoreanische System auf illegalem Wege zu finanzieren. Da helfen auch keine Sanktionen.

Sehenswert ist übrigens die Reaktion von Seong Kyun-chul vom Institut für Wirtschaftsforschung in Pjöngjang auf die Frage, ob er je vom »Office 39« gehört habe:

So leichtfertig setzten die USA die Zukunft der Menschheit aufs Spiel

Nahezu wolkenlos ist der Himmel am Vormittag des 6. September 1958. Eine verheißungsvolle Spannung liegt in der salzhaltigen Meeresluft und eine mäßige Brise von 15 Knoten weht den 4500 Besatzungsmitgliedern auf neun im gesamten Atlantik verteilten Militärschiffen um die Nase.

Die USA testet mal wieder Atombomben. Dieses Mal ist es jedoch anders: Unter strengster Geheimhaltung hatte Präsident Dwight Eisenhower am 6. März die »Operation Argus« ins Leben gerufen, die unter Hochdruck bereits nach nur wenigen Monaten Vorbereitungszeit umgesetzt wurde. Damit soll sie in der Folge nicht nur als »schnellster geplanter Nukleartest« in die Chroniken der Geschichte eingehen – »Argus« wird auch der einzige jemals durchgeführte Test dieser Art im Atlantik sein. Denn: Im Gegensatz zu den anderen unzähligen Atomtests dient die Operation nicht der Entwicklung von Waffen- und Kriegstechnik, sondern tatsächlich der wissenschaftlichen Forschung ... zumindest für die begleitenden Wissenschaftler.

Die USS Norton Sound

Eines der Schiffe, die *USS Norton Sound*, liegt an diesem Tag im eher ruhigen Atlantikwasser, mitten im Nirgendwo der Südhalbkugel – 2842 Kilometer trennen sie vom südafrikanischen Kapstadt und 3898 Kilometer vom argentinischen Feuerland. Die letzten Vorbereitungen laufen, doch einer ist an diesem Tag besonders angespannt: Nicholas Christofilos. Ein amerikanisch-griechischer Aufzugsmechaniker, der sich in seiner Freizeit mit Teilchenphysik beschäftigte und irgendwann so gut darin wurde, dass er 1957 sogar eine eigene Theorie formulierte: β-Teilchen (= Betastrahlung) aus einer hohen atomaren Explosion müssten ihrer Natur nach mit dem Magnetfeld der Erde interagieren, sich demnach entlang den Magnetfeldlinien der Erde bewegen und am Ende einen künstlichen radioaktiven Strahlungsgürtel um die Erde erschaffen.

Mit dieser gewagten These traf Christofilos einen äußerst wunden Nerv der damaligen US-Verteidigungspolitik. Ein gewisser Herr namens James Van Allen hatte zusammen mit dem Jet Propulsion Laboratory den ersten US-amerikanischen Satelliten der Geschichte, Explorer-1, ins All geschickt und diesen mit einem Geigerzähler bestückt. Die Messergebnisse waren für den damaligen Wissensstand entsetzlich: Er zeichnete so hohe Strahlungswerte auf, dass er bereits nach kurzer Zeit gesättigt war und in höheren Bereichen den Wert »null« anzeigte. Ein Schock, der die Hoffnung, jemals einen Menschen ins All schicken zu können, sofort zerplatzen ließ. Heutzutage wissen wir, dass die hohe Strahlung in der Erdmagnetosphäre einem natürlichen Strahlungsgürtel entspringt, der durch Sonnenwinde und kosmische Strahlung hervorgerufen wird. Die damaligen Wissenschaftler und Ministerialbeamten hatten jedoch direkt eine andere Erklärung parat: Die Sowjets waren ihnen zuvorgekommen. Nach der von Christofilos postulierten Theorie war es nämlich eventuell möglich, einen künstlich erschaffenen Strahlungsgürtel als Schutzschild zu nutzen, um die Elektronik feindlicher Atomraketen zu zerstören und deren Zündvorrichtung zu deaktivieren.

In der Angst, die Sowjetunion habe Weltraumhoheit und damit einen stra-

Nicholas Christofilos und seine Theorie

tegisch entscheidenden Kriegsvorteil erlangt, startet am 6. September 1958 gegen 22:13 Uhr die letzte von insgesamt drei X-17A-Raketen mit einem kleinen nuklearen Sprengkopf. Doch nachdem die beiden ersten Sprengköpfe in einer Höhe von 200 und 240 Kilometer zündeten, will man jetzt im letzten Versuch bis in die Exosphäre vordringen. Die Exosphäre stellt als letzte Atmosphärenschicht den Übergang zum interplanetaren Raum dar und beginnt je nach Auslegung bei einer Höhe von 500, allerfrühestens von 400 Kilometern. Nach etwa 7-minütigem Aufsteigen detoniert die Atombombe schließlich in einer Höhe von 483 Kilometern mit einer Kraft von etwa 1,7 Kilotonnen TNT. Nun ist das im Vergleich zu anderen Atombomben nicht ganz so viel – die über Hiroshima abgeworfene »Little Boy« kam auf 13 Kilotonnen und der Test der »AN-602« über Novaja Semlja auf katastrophale 57 000 Kilotonnen, aber ... es geht ja hier um die Wissenschaft, nicht um Zerstörung oder Einschüchterung.

Um den Ablauf und die Folgen dieser Testreihe möglichst genau analysieren zu können, hatte man bereits ein paar Wochen zuvor mit Explorer-4 und -5 zwei weitere Satelliten in den Erdorbit geschickt – allerdings kam nur Ersterer dort auch an – und in diesem Zuge sogar gleich eine neue Behörde ins Leben gerufen, die sich ausschließlich mit der aufkommenden Raumfahrt beschäftigen sollte: die National Aeronautics and Space Administration, kurz NASA.

Die thermonukleare Explosion breitet sich binnen Sekunden im klaren, schwarzen Nachthimmel aus und sowohl die Schiffsbesatzung als auch das Beobachterflugzeug können sie gleichermaßen gut sehen. Und tatsächlich: Die freigesetzten β-Teilchen verhalten sich wie von

Eine X-17A-Rakete hebt von der USS Norton Sound *ab.*

Nicholas Christofilos prophezeit und wandern entlang der Magnetfeldlinie nach Norden, wo die in der Nähe der Azoren positionierte USS Albemarle Polarlichter am Himmel wahrnehmen kann. Ebenfalls ionisiert der künstlich geschaffene Strahlengürtel, wie angenommen, technische Elektronik und manipuliert die Übertragung von Radarsignalen. Christofilos behält also recht. Die Hoffnungen des Verteidigungsministeriums, durch diesen Effekt einen Anti-Raketen-Schild zu erreichen, lösen sich allerdings in Luft auf, da der Effekt nur ein paar Tage anhält.

Man war aus militärischer Sicht also nicht wirklich glücklich mit dem Ergebnis. Obwohl man im Abschlussbericht von »einer großen Masse geophysikalischer Daten mit herausragendem wissenschaftlichem Wert« sprach, war die Operation »Argus« durch die hastige Umsetzung mit nur einem Beobachtungssatelliten schlecht instrumentiert. Auch andere nukleare Höhentests wie »Yukka«, »Teak« und »Orange« erbrachten keine zufriedenstellende Datenlage, um Modelle zu Szenarien in anderer Höhe und anderem Explosionsertrag zu erstellen. Die Erforschung der Wirkung von Atomtests im Weltraum musste also weitergehen und so entschied man sich 1962 zu einem weiteren Höhentest, der in seinem Ausmaß erschreckende Dimensionen und eine fatale Fehlkalkulation der begleitenden Wissenschaftler zur Folge haben sollte: »Starfish Prime«.

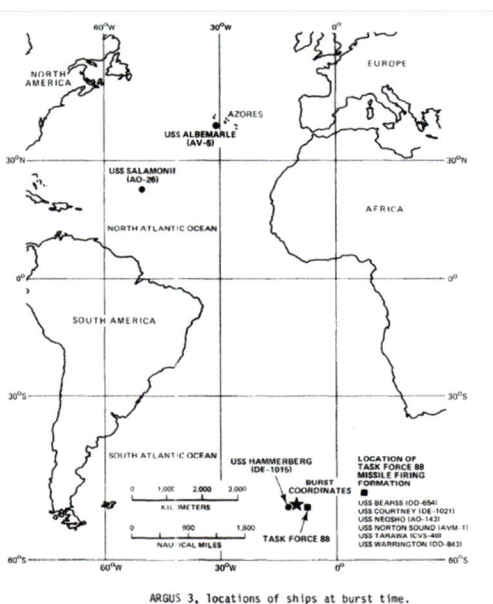

Der geografische Lageplan der dritten Explosion der »Operation Argus« mit Positionierung der Schiffe. Die restlichen Schiffe sind unten rechts unter »Task Force« zusammengefasst.

Drei-Sterne-General Alfred Starbird blickt auf seine Uhr. »X minus 15 minutes«, verkündet er und gibt den Operatoren der Kommando-

Spezialisten begutachten die radioaktiv verstrahlten Überreste des zuvor zerstörten Thor-Triebwerks.

zentrale den Hinweis, die letzten Vorbereitungen verlässlich abzuschließen. Er ist nervös. Als verantwortlicher Leiter der übergeordneten »Operation Fishbowl« musste er bereits vor gut einem Monat in einem anstrengenden Prozess erklären, weshalb die Rakete des ersten geplanten »Starfish«-Tests nur 59 Sekunden nach dem Start auseinanderbrach und Teile des Johnston-Atolls im nördlichen Pazifik sowie den umliegenden Ozean mit hochradioaktivem Plutonium verseuchte. So etwas darf heute unter keinen Umständen wieder passieren!

»Five, four, three, ignition ... liftoff!« Um 23:00 Uhr und 9 Sekunden hebt die Thor-Rakete ab. Wieder von Johnston Island, wieder mit einem nuklearen Sprengkopf. Der heutige Test »Starfish Prime« wird genau getrackt: Unzählige Militärschiffe und Flugzeuge in einem großen Radius um die Insel, lokale Messstationen auf Hawaii, den Fidschi-, Samoa- und Cook-Inseln, raketengestützte Instrumente, gestartet von Barking Sands auf der hawaiianischen Insel Kauai, und weitere im gesamten Pazifik verteilte Schiffe sollen das Ereignis aus möglichst vielen Blickwinkeln betrachten und ganz wichtig: Daten sammeln.

Der Start ist erfolgreich: Die Thor-Rakete steigt höher und höher, bis sie ihre geladene Wasserstoffbombe abkoppelt, welche anschließend in einen kontrollierten Sinkflug übergeht. Wasserstoffbomben sind eine weiterentwickelte Art der Atombombe. Hier wird im ersten Schritt die Energie der Kernspaltung genutzt, um im zweiten Schritt eine Kernfusion zu initiieren, welche eine noch größere Energiemenge freisetzt.

Nach insgesamt 13 Minuten und 41 Sekunden detoniert der Sprengkopf in einer Höhe, in der heute die ISS fliegt: etwa auf 400 Kilometer, 30 Kilometer südwestlich des Startpunkts mit einer Ausbeute von 1450 Kilotonnen TNT ... fast 1000-mal stärker als bei der »Operation Argus«.

Erhellung des hawaiianischen Nachthimmels durch »Starfish Prime«

Ein gleißender Lichtblitz erhellt binnen Sekunden den schwarzen Mitternachtshimmel und erschafft einen künstlichen Sonnensturm. Der elektromagnetische Impuls fällt zum Leidwesen von Starbird viel stärker aus als erwartet und setzt einen Großteil der eingesetzten Messinstrumente außer Gefecht, was schon wieder Schwierigkeiten bei der genauen Dokumentation zur Folge hat. Besonders heftig trifft es aber die technische Infrastruktur von Hawaii: 300 Straßenlampen sowie eine Telekommunikationsantenne fallen aus und Einbruchsmelder werden aktiv. Nach etwa 7 Minuten, die eher an einen apokalyptischen Sonnenaufgang als an eine friedlich-tropische Aloha-Nacht erinnern, flackern eindrucksvolle Polarlichter über das nahezu gesamte pazifische Gebiet und machen auch dem letzten ahnungslosen Bewohner klar, dass hier etwas nicht stimmt.

Auch bei diesem Test bestätigt sich Nicholas Christofilos' Theorie. Als problematisch erweist sich allerdings die Tatsache, dass aufgrund der enormen Höhe nicht die gesamte Betastrahlung über die Magnetfeldlinien zurück in Richtung Erde fließt, sondern ein großer Teil in der Magnetosphäre eingeschlossen wird und dort ebenfalls einen künstlichen Strahlungsgürtel formt.

Außerdem bildet sich dieser deutlich gewaltiger aus als bei »Argus«. Für die beteiligten Wissenschaftler und Politiker steht schnell fest: Sie haben übertrieben. Sie haben eine Barriere erzeugt, den größten jemals künstlich erschaffenen Strahlengürtel aller Zeiten, dessen Auswirkungen erst später klar wurden. In den folgenden Monaten beschädigt die eingeschlossene Partikelstrahlung die Bordelektronik der Satelliten Traac, Transit-4b, Injun-1, Telstar-1 und der britischen Ariel sowie der sowjetische Cosmos-V und macht sie zum Teil unbrauchbar. Der Strahlengürtel hält ganze 5 Jahre an.

Das Ereignis sorgt für große Beunruhigung. Im Jahr zuvor war mit Juri Gagarin (UdSSR) der erste Mensch ins Weltall geschickt worden und man will der Sowjetunion beim nächsten großen Meilenstein, einer bemannten Mondmission, diesmal unbedingt zuvorkommen. Doch der neue »Starfish«-Strahlengürtel könnte nun eine undurchdringbare Barriere darstellen. Diese Bedenken erweisen sich jedoch als unbegründet und im Jahr 1969 gelingt mit der Apollo-11-Mission die erste bemannte Mondlandung. Der natürliche Van-Allen-Gürtel mit seiner lebensvernichtenden Strahlung von bis zu 200 000 Mikrosievert pro Stunde spielte dabei trotzdem eine wichtige Rolle. Flugrouten müssen auch heute noch günstig gewählt werden, um die gesundheitlichen Risiken für Astronauten auf ein Minimum zu reduzieren. Vielleicht erinnerst du dich an mein Tschernobyl-Video über die »Kralle des Todes«, als mein Geigerzähler laut piepend 100 Mikrosievert pro Stunde anzeigte und ich vor Angst schnell wegrannte...

In den 1950er- und 1960er-Jahren wurden auf der Erde nahezu wöchentlich Kernwaffentests durchgeführt, was die globale Strahlenbelastung zeitweise auf das Doppelte des natürlichen Wertes ansteigen ließ. Hauptakteure waren dabei die USA und die Sowjetunion, später testeten auch Frankreich, Großbritannien und China mit – jene fünf Länder, die heute als Atommächte bezeichnet werden. Eine 1958 von dem dänischen Biochemiker Herman Moritz Kalckar angeregte Studie ergab, dass der dabei freigesetzte Fallout, also der radioaktive Niederschlag, zur vermehrten Einlagerung von Strontium-90 in Milchzähnen von Kindern führte, was wiederum erhöhte Krebsraten in der Bevölkerung nach sich zog.

Um dieser besorgniserregenden Entwicklung entgegenzuwirken, beschließt man 1963 einen ersten internationalen Vertrag zum Verbot von Kernwaffenversuchen, der zunächst den globalen radioaktiven Fallout verringert. Tests innerhalb der Grenzen des eigenen Landes bleiben jedoch erlaubt, und so wird in der Wüste Nevada, auf den paradiesischen Atollen im Pazifik und im franzö-

Radioaktiver Abfall aus 43 Atomexplosionen liegt unter diesem riesigen Betonsarg im pazifischen Enewetak-Atoll.

sisch-algerischen Teil der Sahara munter weiter getestet. Im Jahr 1991, nach inzwischen insgesamt über 2000 Atombombentests, verkündet der sowjetische Präsident Gorbatschow zum wiederholten Mal eine längere Testpause und lädt, wie schon 1985, die übrigen Atommächte ein, sich anzuschließen. Diesmal folgen die USA, Großbritannien und Frankreich dem diplomatischen Appell und stellen ebenfalls ihre Versuche ein. Diese Pause wird am 10. September 1996 durch den »Comprehensive Nuclear-Test-Ban Treaty« offiziell von der UN verschriftlicht, den bis heute 186 Staaten unterzeichnet haben. Fünf davon haben ihn jedoch bisher nicht umgesetzt – darunter China und die USA. Indien, Pakistan und Nordkorea, die als neuere Atommächte gelten, haben ihn gar nicht erst unterschrieben und testen vereinzelt bis heute weiter.

Durch die Kernwaffentests wurden große Teile der Erde für die nächsten Tausende Jahre mit hochradioaktivem Material verseucht, das auch noch im Jahr 2023 aus pazifischen Traumstränden gefährliche Todeszonen macht. Unzählige Tiere und Pflanzen starben und man schätzt die Gesamtzahl der humanen Todesopfer im Zusammenhang mit Nuklearwaffentests auf mindestens 300 000. Der Münchner Strahlenbiologe Prof. Roland Scholz geht allerdings von mindestens 3 Millionen aus.

Fakt ist, vor allem mit den atmosphärischen Höhentests nahmen die USA damals ein leichtsinniges Risiko in Kauf. Weder Wasserstoffbomben noch das Erdmagnetfeld noch etwaige Interaktionsphänomene waren gut genug erforscht, um mögliche Langzeitauswirkungen zuverlässig abschätzen zu können. Wie die Geschichte zeigt, hatten sich die USA dabei mehrfach heftig verkalkuliert und man kann von Glück reden, dass unsere Erde nicht noch nachhaltiger geschädigt wurde.

Dieses Teilchen kann uns aus heiterem Himmel treffen

Schwarzes, endloses Nichts. Nur ein paar Sterne flackern hier und da. Doch halt, da ist etwas! Millionen von Lichtjahre hat es bereits zurückgelegt. Vorbei an unzähligen Sternen und Planeten, ganz zufällig ohne jede Kollision. Auf einer schier endlos geraden Flugbahn, minimalst abgelenkt durch gravitative Einflüsse, steuert es nun direkt auf ein Sonnensystem zu: unseres. 36 Stunden bis zum Einschlag. Die sonst so starke Heliosphäre ächzt unter der hohen Energie und gibt sofort nach. Immer tiefer im Gravitationsbereich unseres Zentralgestirns wird es immer schneller und plötzlich umgelenkt. Neuer Kurs: unser blauer Heimatplanet. Mit der gesamten Energie, die es ihm ermöglichte, seit Jahrmillionen nahezu in Lichtgeschwindigkeit durch das Weltall zu rasen, tritt es schließlich in die Erdatmosphäre ein. BOOM! Kann die Menschheit das überleben?

Eventuell ja. Denn das, was hier beschrieben wurde, ist grundsätzlich völlig alltäglich: Kleinste Teilchen aus den abgelegensten Winkeln des Universums prasseln permanent auf die Erdatmosphäre ein. Die meisten stammen von unserer Sonne, einige jedoch aus weit entfernten Regionen innerhalb und sogar außerhalb unserer Galaxie. Das ist das, was wir kosmische Strahlung nennen.

Von irgendwo weit außerhalb unserer Galaxie stammte auch jenes einzigartige Teilchen, das am 15. Oktober 1991 eine Gruppe von Forschern der University of Utah in den USA in große Aufruhr versetzte: Mit der 100-quintillionenfachen Energiemenge von sichtbarem Licht war es mit 0,9999999999999999999951 Prozent der Lichtgeschwindigkeit auf die Erdatmosphäre geprallt und entsprach damit etwa der Bewegungsenergie eines 100 Stundenkilometer schnellen Baseballs. Ein einzelnes, subatomares Teilchen! Die Forscher waren komplett verblüfft und so wurde das beobachtete Teilchen nach dem benannt, was ihnen als Erstes durch den Kopf schoss: »Oh-My-God (OMG) particle«.

Es dauerte etwa ein Jahr, bis die Wissenschaftler von der Korrektheit ihrer

Das OMG-Teilchen wurde am High Resolution Fly's Eye entdeckt, einem Observatorium für ultrahochenergetische Weltraumstrahlung in West-Utah.

Messergebnisse überzeugt waren und in der Folge warf das OMG-Teilchen dann ein großes Rätsel auf: Niemand konnte sich erklären, wie es das überhaupt geben konnte, geschweige denn, wo sein Ursprung war. Während die Teilchen der kosmischen Strahlung nämlich »nur« Energien von Mega- bis Gigaelektronenvolt erreichen, brachte es das OMG-Teilchen auf unglaubliche 324 Exaelektronenvolt, also 324 Milliarden Mal mehr.

Die Erdatmosphäre bildet eine Trennwand zwischen kosmischer Strahlung aus dem Weltraum und der Erde.

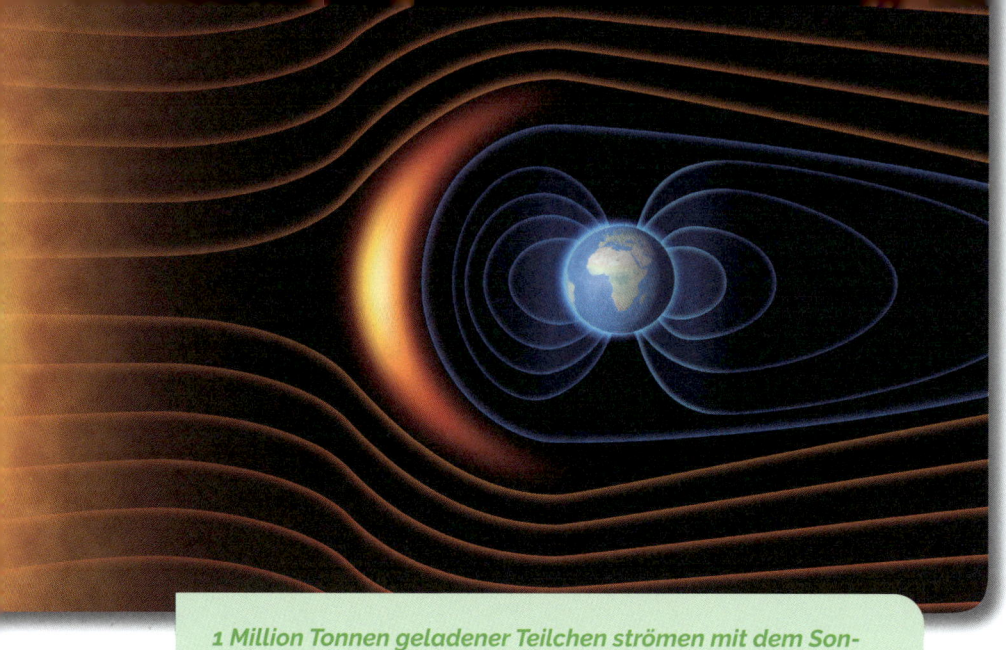

1 Million Tonnen geladener Teilchen strömen mit dem Sonnenwind pro Sekunde von unserer Sonne ab. Ein Teil davon trifft auf die Erde (nicht maßstabsgetreu).

Die Forscher versuchten, der Sache auf den Grund zu gehen. Wie konnte das OMG-Teilchen ein solch unglaubliches Energieniveau erreichen? Unsere Sonne schied als möglicher Kandidat schnell aus. Zwar stammt der größte Teil der auf der Erde ankommenden Strahlung von ihr, aber diese Strahlung ist mit bis zu 10 Megaelektronenvolt viel zu schwach.

Das, was sie suchten, musste von außerhalb unseres Sonnensystems und in den tiefen, unendlichen Weiten des Weltalls entstanden sein. Hier finden sich gewaltige Sternenexplosionen, die für einen kurzen Augenblick so hell leuchten wie eine gesamte Galaxie – oder Pulsare, die sich 600-mal pro Sekunde um ihre eigene Achse drehen und dabei ultrastarke Partikelwinde erzeugen. Hier finden sich natürliche Teilchenbeschleuniger, deren Kraft millionenfach höher ist als die aller irdischen zusammen!

Das Problem ist aber deshalb nicht gelöst, denn selbst diese Quellen reichen nicht für das Energielevel eines OMG-Teilchens. Für die Forscher kamen daher nur zwei Möglichkeiten in Frage: ein Gammastrahlenausbruch oder die Akkretionsscheibe, also die wirbelnde Gasansammlung um ein supermassives schwarzes Loch im Zentrum einer Galaxie.

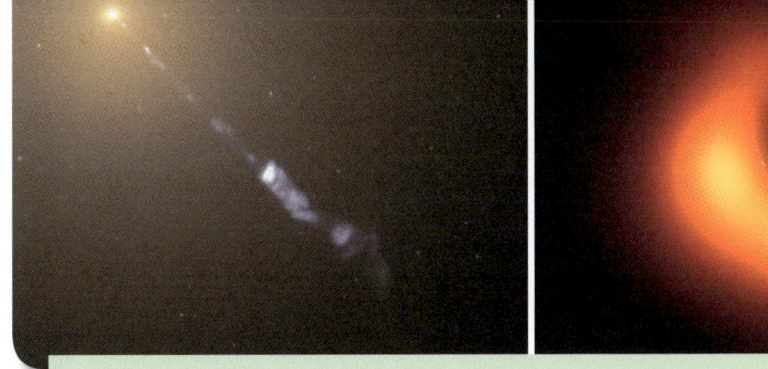
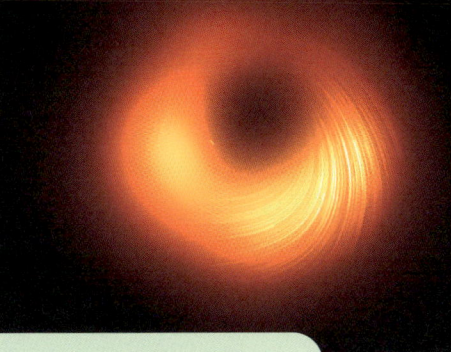

Aufnahme eines 5000 Lichtjahre langen Teilchenjets, der aus dem aktiven Zentrum der Galaxie M87 ausgeworfen wurde; daneben das Bild des verursachenden supermassiven schwarzen Lochs mit seiner Akkretionsscheibe

Begeben wir uns nun in die Rolle der Forscher: Wir wissen, wonach wir suchen müssen, und haben zufällig mit der sogenannten GZK-Grenze auch einen groben Anhaltspunkt, wo wir suchen müssen – in einem Radius von maximal 163 Millionen Lichtjahren. Wäre es mehr, würde das Teilchen auf seinem Weg durch das Weltall durch die Hintergrundstrahlung so stark abgebremst, dass es nur noch maximal 50 Exaelektronenvolt besitzen dürfte. So zumindest die GZK-Grenze-Theorie.

Okay, das scheint also relativ klar zu sein. Werfen wir aber nun einen Blick durch das Teleskop und suchen im Umkreis von 163 Millionen Lichtjahren nach solchen Quellen, finden wir schließlich ... keine einzige! Das klingt unschlüssig, ist aber leider bis heute Realität: Eigentlich müsste dieses vor Energie geradezu strotzende Teilchen aus unserer galaktischen »Nähe« kommen. Gleichzeitig sind jedoch alle Himmelsobjekte, die es hätten abfeuern können, zu weit von uns entfernt.

Tja, was bedeutet das? Entweder kennen wir unsere kosmische Nachbarschaft doch nicht so gut, wie wir annehmen, oder uns fehlt ein wichtiges Puzzleteil in unserem physikalischen Verständnis ... Hier steht selbst die aktuelle Weltraumforschung noch vor einem Rätsel. Lösungsvorschläge sind ausdrücklich erwünscht!

Doch zurück zur Frage nach der konkreten Bedrohung des OMG-Teilchens für uns Menschen auf der Erde: Wenn es sich hier wirklich um eine Art 100 Stundenkilometer schnellen Baseball handelt, besteht dann nicht die Gefahr, dass mindestens ein Dachfenster zu Bruch gehen oder sogar jemand zu Tode kommen könnte?

Erst mal Entwarnung: Wenn ein solch ultrahochenergetisches Teilchen als kosmische Strahlung in die Erdatmosphäre eintritt, trifft es schnell auf irgendein Atom in der Luft und interagiert damit. Dadurch entstehen weitere Teilchen, die auch selbst wieder mit anderen Atomen wechselwirken … und so geht es weiter im Schneeballsystem, bis die gesamte Bewegungsenergie aufgebraucht ist, die das Teilchen ursprünglich innehatte. Dadurch entstehen kilometerlange Kaskaden aus angeregten Luftatomen, die als »Luftschauer« bezeichnet werden.

Auf der Erde droht uns durch solche Luftschauer glücklicherweise keine Gefahr, da unsere Atmosphäre und unser Magnetfeld 99,9 Prozent der kosmischen Strahlung abwehren. Zwar können Sekundärpartikel tatsächlich den Boden erreichen, sind aber am Ende dieser Kaskade zu energiearm. Selbst wenn es aus unerklärlichen Umständen dazu kommen würde, dass ein OMG-Teilchen auf deinen Körper träfe, so würde es diesen in einem Mikrosekundenbruchteil durchqueren und maximal ein paar Zellen beschädigen. Du glaubst mir nicht? Während deines Lesens bis hier hin sind mehrere Billionen Neutrinos durch deinen Körper gerast. Das sind ebenfalls Teilchen der kosmischen Strahlung. Hast du irgendetwas davon gemerkt? Anders ist es bei Astronauten, die sich außerhalb dieses natürlichen Schutzschilds befinden. Sie sind einem strahlenden kosmischen Dauerfeuer ausgesetzt. Hier gibt es sogar

Einzelne Studien vermuten das Sternbild »Großer Bär« als mögliche Ursprungsrichtung des OMG-Teilchens.

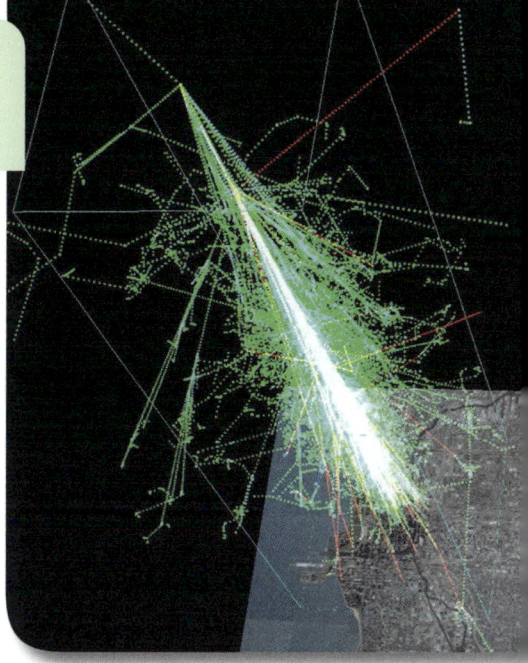

Ein Luftschauer über Chicago, der in 20 Kilometern Höhe von einem kosmischen Proton ausgelöst wurde

Berichte von plötzlich wahrgenommenen Lichtblitzen, die auf das Prinzip des Luftschauers innerhalb des Auges zurückzuführen sind. Daten des Mars-Rovers »Curiosity« zeigten, dass allein die Hin- und Rückreise zum und vom Mars mit einem ungefähren Dosimeterwert von 0,66 Sievert verbunden ist. Das entspricht der Strahlenmenge eines Ganzkörper-CTs alle 5 Tage. Sähe eine Mission nun vor, in mehrjähriger Arbeit eine Basis auf dem roten Planeten zu errichten, müsste gründlich überlegt werden, wie man die Astronauten vor dieser kosmischen Gefahr schützen könnte.

Aus der Energie unseres rasenden Baseballs ist also letztlich ein Lichtblitz geworden, den wir nicht einmal mit bloßem Auge erkennen können. So spektakulär wie der Luftschauer über Chicago erscheinen mag, so ist auch er nur mit riesigen, hochsensiblen Teleskopanlagen zu sehen.

Einschlagdellen durch kosmische Strahlung in den Helmen der Apollo-Crew, nachdem sie vom Mond zurückkehrte. Das Bild entstammt einer späteren Nachbildung im Labor.

Vermutlich war das OMG-Teilchen ein Proton, jedoch können das die Wissenschaftler nicht mit Sicherheit sagen, denn bis heute bleibt es das ultrahochenergetischste Teilchen, das jemals entdeckt wurde. Zwar liegt die statistische Häufigkeit bei nur einem OMG-Teilchen pro Quadratkilometer alle 100 Jahre, praktisch könnte es aber jederzeit, jederorts und ohne Vorankündigung wieder passieren.

PS: Zur Veranschaulichung: 0,9999999999999999999951 Prozent der Lichtgeschwindigkeit bedeutet, das Licht erst nach 215 000 Jahren einen einzigen Zentimeter Vorsprung erreicht hätte.

Einen Besuch in diesem Freizeitpark überlebst du vielleicht nicht

Als der 19-jährige George Larsson Jr. am Morgen des 8. Juli 1980 in Richtung Vernon Township in New Jersey, USA aufbricht, ahnt er nicht, dass dies sein letzter Ausflug sein wird. Er betritt den Freizeitpark, nimmt den Sessellift bis zum Start der »Alpine Slide«, schnappt sich ein Kart und beginnt die Abfahrt der Sommerrodelbahn. Hebel nach vorne: Gas, Hebel zum Körper: bremsen, das weiß George. Was er nicht weiß: Einige Freizeitparkmitarbeiter bezeichnen – hinter vorgehaltener Hand – die Fahrt als »Death awaits« (»Der Tod wartet«). Sie wissen, dass die Bremshebel bei den selten gewarteten Karts nicht zuverlässig funktionieren.

An diesem Dienstag regnet es. Die 820 Meter lange Konstruktion aus Beton, Glasfaser und Asbest ist trotzdem geöffnet. Nur kurz nach Fahrtantritt wird George in einer der Kurven aus der Bahn geschleudert, stürzt eine Böschung hinab und schlägt mit seinem Kopf gegen einen Stein.

Nach Tagen im Koma stirbt George Larsson als erstes Todesopfer des »Action Park«, des wohl gefährlichsten Freizeitparks aller Zeiten, nur 2 Jahre nach dessen Eröffnung. Die Reaktion der Parkleitung? Larsson sei ein Parkmitarbeiter gewesen und heimlich nachts gefahren, als es regnete. Mit dieser Falschaussage wollten die Betreiber die Meldepflicht umgehen und eine schlechte Presse verhindern. Trotz der anschließend erhöhten Sicherheitsvorkehrungen – man platzierte Heuballen an den Kurven – kam es allein bei dieser Attraktion zwischen 1984 und 1985, also nur innerhalb eines Jahres, zu 14 Knochenbrüchen und 26 Kopfverletzungen. »Die ›Alpine Slide‹ war eine fürchterliche Sache, im Grunde eine riesige Falle, die Menschen die Haut von den Knochen zog – getarnt als Kinderfahrgeschäft«, erinnert sich ein ehemaliger Besucher.

Wenn du diesen Schriftzug siehst, dreh lieber wieder um.

Doch mit dem Tod an der »Alpine Slide« ist es nicht genug: In der Folgezeit sterben drei weitere Menschen in einer anderen, noch tödlicheren »Attraktion« des Parks. Der »Tidal Wave Pool« ist ein groß angelegtes Wellenbad mit bis zu einem Meter hohen Wellen. Die Höhe und Dauer des Wellengangs, kombiniert mit dem im Vergleich zum salzigen Meerwasser geringeren Auftrieb, machen aus dem vermeintlichen Badespaß ein unkalkulierbares Risiko. Das Wellenbad ist so gefährlich, dass es von vielen Besuchern den Spitznamen »Grave Pool« (»Grab-Pool«) erhält. Andrew Mulvihill, der Sohn des »Action Park«-Gründers Eugene Mulvihill, sagt dazu später in einem Dokumentarfilm: »An dem Tag, als wir den ›Tidal Wave Pool‹ eröffneten, zogen wir bestimmt hundert Leute aus dem Wasser.«

Stellen wir uns kurz vor, wir seien Betreiber eines Freizeitparks, in dem bereits mehrere Menschen ums Leben gekommen sind. Was würden wir tun? Etwa noch gefährlichere Attraktionen bauen? Was wie ein makabrer Scherz

Der »Tidal Wave Pool« im August 1994 – angeblich sollen zu jeder Zeit zwölf Rettungsschwimmer vor Ort gewesen sein.

klingt, wird tatsächlich Realität: Im Jahr 1985 wird der »Cannonball Loop« eröffnet, eine Wasserrutsche mit einem vollständig vertikalen Looping wie bei einer Achterbahn. Den Parkbetreibern ist bereits beim Erbauen klar, dass diese Rutsche extrem gefährlich ist. Sie bieten ihren Angestellten 100 Dollar, wenn sie den »Cannonball Loop« testen.

Erzählungen zufolge schickte man auch einen Testdummy in die Wasserrutsche, der zwar herauskam, allerdings ohne Kopf. Laut späteren Berechnungen erfuhren Besucher hier eine Beschleunigung von bis zu 9 G – eine Kraft, bei der es nicht einmal gute Kampfjet-Piloten schaffen, bei Bewusstsein zu bleiben. Wenn du meine Videos schaust, erinnerst du dich vielleicht an das theoretische Konzept des »Euthanasia Coaster«, einer Achterbahn, die ihre Mitfahrer umbringen soll. Der »Euthanasia Coaster« soll dem Design zufolge – wenn auch über einen längeren Zeitraum – eine Beschleunigung von 10 G haben.

Tödlich verunglücken wird im »Cannonball Loop« zum Glück niemand. Viele aber tragen Verletzungen, unter anderem seltsame Schnittwunden davon. Als die Rutsche deshalb nur einen Monat nach ihrer Eröffnung geschlossen und zu Untersuchungszwecken geöffnet wird, finden die Inspekteure ausgeschlagene

Zähne, die in den Innenwänden der Rutsche stecken und wahrscheinlich für die Schnittwunden verantwortlich waren.

Neben diesen drei Attraktionen gab es im »Action Park« noch weitere »Vergnügungen«, bei denen sich täglich Menschen zum Teil schwer verletzten. Krankenwageneinsätze waren an der Tagesordnung. Viele ehemalige Besucher und Mitarbeiter bezeichneten den Besuch im Park als Mutprobe – es ging eher darum, zu überleben, als Spaß zu haben. Dennoch blieb der Park, der unter anderem die Beinamen »Class Action Park« (deutsch: »Park der Sammelklagen«) und wegen der vielen Knochenbrüche und Schürfwunden »Traction Park« (deutsch: »Park der Reibung«, aber auch »Streckverband-Park«) erhielt, noch bis 1996 geöffnet.

Inzwischen kannst du den Park übrigens wieder besuchen, er läuft jetzt unter »Mountain Creek Waterpark«. Na dann, viel Spaß!

Zwei weitere Menschen starben aufgrund eines freiliegenden Starkstromkabels sowie beim Eintauchen in das viel zu kalte Tarzan-Seil-Schwimmbecken – es war lediglich mit Quellwasser gefüllt.

Selbst eine hoch entwickelte Spezies könnte dieses Ereignis nicht abwenden

»Ist das etwa der Mond ...?« Ungläubig betrachtet der chinesische Gelehrte im Jahr 1054 ein auffällig helles Objekt am Himmel. Das Beunruhigende? Es ist mitten am Tag. Und nein, es kann nicht der Mond sein, der müsste an einer ganz anderen Stelle stehen. »Dann muss es die Venus sein!«, folgt nun ein verzweifelter Erklärungsversuch, denn auch der Planet Venus ist um diese Tageszeit unmöglich sichtbar. »Was in aller Welt ist das?«, wird der Astronom noch lange über das plötzlich aufgetretene ausgedehnte Lichtphänomen nahe dem Sternbild »Stier« rätseln, das über einen Zeitraum von ganzen zwei Jahren Menschen auf der Welt verunsichert. Mangels zufriedenstellender Erklärung tauft er das astronomische Objekt »Gaststern«.

Heute wissen wir, dass dieser Astronom höchstwahrscheinlich Zeuge einer Sternenexplosion war – er hatte also keinen Gaststern, sondern eine echte Supernova gesehen. Am Ende ihres Lebenszyklus zerbersten massereiche Sterne in einem unvorstellbaren Feuerwerk, das für ein paar Sekunden das Leuchten ihrer gesamten Heimatgalaxie in den Schatten stellt. Spuren dieses spektakulären Ereignisses sind sogar noch heute, fast 1000 Jahre später, mit einem Amateurteleskop als diffuser Nebel am Nachthimmel zu sehen und machen uns eine wahrhaft erschütternde Tatsache bewusst: Auch unsere Sonne hat ein Verfallsdatum.

Unserem Zentralstern blüht jedoch ein etwas anderes Schicksal, mit vielleicht nicht ganz so pompösem Abgang, aber dennoch unmissverständlicher Botschaft: Wenn unsere Sonne das Zeitliche segnet, wird es schon sehr, sehr lange keine Lebewesen mehr auf der Erde gegeben haben, die dieses spektakuläre Schauspiel bestaunen könnten. Bis dahin ist unser Heimatplanet nämlich sogar für die robustesten Organismen zur absoluten No-Go-Area geworden. Wissenschaftler konnten bereits quer durch das Universum andere Sterne in verschiedenen Lebensstadien beobachten und genau sehen, was dabei in welcher Phase geschieht. Und basierend auf diesen Erkenntnissen können wir ein ziemlich genaues Zukunftsszenario erstellen, was auf der Erde durch diese Veränderungen passieren wird. Eines ist dabei jetzt schon klar: Es sieht ziemlich düster aus.

Der heutige Krebsnebel als Überrest der Supernova im Jahr 1054 ist mittlerweile 11 Lichtjahre breit und expandiert in einem Tempo von 1500 Stundenkilometern.

Schon seit 4,57 Milliarden Jahren ist unsere Sonne ein sogenannter »Gelber Zwerg«. Das klingt möglicherweise komisch, immer-

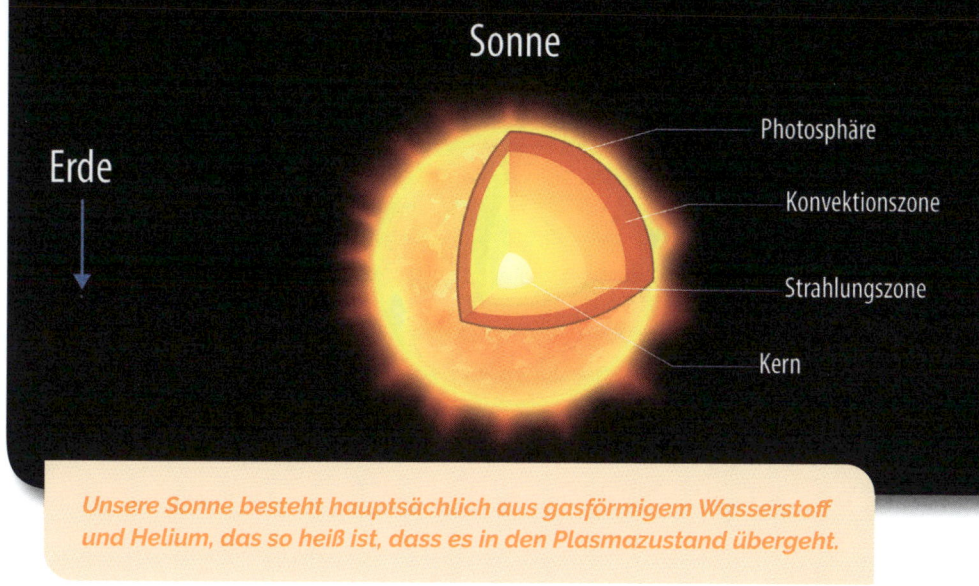

Unsere Sonne besteht hauptsächlich aus gasförmigem Wasserstoff und Helium, das so heiß ist, dass es in den Plasmazustand übergeht.

hin nimmt sie 99,8 Prozent der Gesamtmasse unseres Sonnensystems ein. Aber im Vergleich zu anderen Sternen ist sie tatsächlich ziemlich klein. Trotzdem ist ihre Gasmasse groß genug, dass Temperatur und Druck in ihrem Inneren ausreichen, damit Wasserstoff zu Helium fusioniert – ein Vorgang, der von Astrophysikern auch als Wasserstoffbrennen bezeichnet wird. Auf diese elegante Weise generiert unsere Sonne eine konstante Leistung von gigantischen 1,4 Trillionen Terawattstunden. Davon erreichen zwar gerade einmal 0,00000005 Prozent die Erde, aber immer noch so viel, dass wir mit solarthermischen Kraftwerken auf einer Wüstenfläche von 300 × 300 Kilometern theoretisch den kompletten Energiebedarf der Menschheit decken könnten.

Wo ist jetzt aber das Problem? Im Zentrum der Sonne fusionieren mit jedem Wort, das du liest, 600 Millionen Tonnen Wasserstoff zu 596 Millionen Tonnen Helium, die restlichen 4 Millionen Tonnen werden als Strahlung freigesetzt. Durch die ständig zunehmende Menge an produziertem Helium wird der Sonnenkern immer dichter und noch heißer. Das hat vor allem zur Folge, dass die freigesetzte Energie immer leichter entweichen kann – der Strahlungsdruck auf die darüber liegenden Schichten erhöht sich.

Dieser Strahlungsdruck wirkt der Gravitation entgegen und ist so groß, dass er die gesamte Plasmahülle immer weiter nach außen drückt. Ein Effekt, den wir schon heute auf der Erde zu spüren kriegen: Pro Jahr kommt uns die Sonnenoberfläche etwa 15 Zentimeter näher. Das klingt jetzt noch nicht sooo dra-

Die Sonne hat die Entstehung von Leben ermöglicht und wird es auch beenden.

matisch, aber im gleichen Zug passiert etwas noch Bedeutenderes: Die Sonne wird leuchtkräftiger – pro Jahr um unglaubliche 100 000 Terawatt Energie! Addieren wir diese Werte nun und schauen nicht 100 oder 1000, sondern 600 Millionen Jahre in die Zukunft, wird unsere Sonne bereits 6 Prozent heller scheinen als heute. Die dadurch gestiegenen Temperaturen haben in der Zwischenzeit chemische Prozesse auf der Erde beschleunigt, die das meiste atmosphärische CO_2 in Silikatgestein eingelagert haben. Der CO_2-Gehalt fällt zu diesem Zeitpunkt unter die kritische Grenze, wo auch die letzten der sogenannten C_3-Pflanzen keine Photosynthese mehr betreiben können und sterben. Das entspricht etwa 90 Prozent der heutigen Erdflora.

Und auch die Tierwelt wird sich massiv verändern. Durch den allmählichen Verlust der Vegetation schwinden Sauerstoff- und Ozongehalt in der Atmosphäre und sie wird durchlässiger für DNA-schädigendes UV-Licht. Große und mittelgroße Säugetiere sterben als Erstes aus. Kleinere Tierarten mit geringerem Sauerstoffbedarf wie Vögel oder Reptilien werden an höher gelegene Orte oder an die Pole wandern und tagsüber Hitzeschutz in Höhlen suchen. Ein wenig mehr Glück haben hingegen Meereslebewesen, denn ihr Lebensraum ist etwas resistenter gegenüber den Veränderungen. Pflanzen-Plankton bildet für sie die unterste Stufe der

Nahrungspyramide und ist extrem widerstandsfähig. Die Artenvielfalt an Land hingegen ist komplett zusammengebrochen. Angeeignete Strategien wie Fleischfressen, Sauerstoff- und Hitzeresistenzen oder eine Symbiose mit Pilzen werden überlebenswichtig. Forscher vermuten den Untergang der allerletzten Tiere spätestens 100 Millionen Jahre nach dem Untergang der höheren Pflanzenwelt. Da wird es auch kaum etwas nützen, dass die etwas robusteren C_4-Pflanzen, die mit weniger CO_2 zurechtkommen, wahrscheinlich noch etwa 400 Millionen Jahre länger leben. Ab dann wird die Sonne nämlich so leuchtkräftig sein, dass die durchschnittliche globale Oberflächentemperatur bei 47 Grad Celsius liegt. Dadurch beginnen die 1,4 Trilliarden Liter Wasser der Ozeane zu verdunsten, was zu einem katastrophalen, sich selbst beschleunigenden Treibhauseffekt führt. Zu diesem Zeitpunkt dürfte nun sämtliches eukaryotische Leben ausgestorben sein, während sich die letzten Prokaryoten in Form von Bakterien und andere Mikroben um polarnahe Wasserreservoire konzentrieren, die aus dem Erdmantel gespeist werden.

Die Leuchtkraft der Sonne steigt alle 110 Millionen Jahre um 1 Prozent.

Die Oberfläche der Erde gleicht jetzt in großen Teilen nur noch einer lebensfeindlichen Wüste mit tiefen, ultraheißen Salzebenen im Bereich der ehemaligen Weltmeere. In spätestens 2,8 Milliarden Jahren liegt auch die Temperatur der Pole bei über 149 Grad Celsius. Mit der weiter zunehmenden Strahlungsintensität verdampft schließlich auch der letzte Tropfen des in der Erdkruste gespeicherten Wassers, das laut Schätzungen einem Mehrfachen des heutigen Oberflächenwassers entspricht. Der fortwährende Treibhauseffekt wird dabei eine Dimension annehmen, die dem der heutigen Venus entspricht, und die globale Oberflächentemperatur auf 1330 Grad Celsius erwärmen. Das reicht aus, um die felsige Erdoberfläche langsam zu schmelzen. Spätestens jetzt wird auch das letzte noch so primitive und gut angepasste Lebewesen der Erde ausgestorben sein.

Ein Sonnenaufgang in 5 Milliarden Jahren

Und was passiert mittlerweile mit der Sonne? Sobald in etwa 4,8 Milliarden Jahren der Wasserstoff in ihrem Zentrum zur Neige geht, bleibt dort ein inaktiver Kern aus Helium zurück. Rundherum brennt die Schale jedoch weiter und lagert noch zusätzliches Helium im Sonnenkern an. Und während der Kern immer mehr expandiert, wird die Schale, in der noch der letzte verbliebene Wasserstoff verbrannt wird, immer dünner.

Durch dieses Schalenbrennen erhält die ohnehin schon gedehnte Plasmahülle einen letzten Schub und die Sonne schwillt in ihrer allerletzten Lebensphase – in etwa 8 Milliarden Jahren – auf ihre maximale Größe an: Als »Roter Riese« misst sie nun das 166-Fache ihres aktuellen Radius. Merkur und Venus, die heute jeweils im Abstand von 70 bzw. 140 Sonnenradien um unser Zentralgestirn kreisen, wurden im Lauf der Zeit schon von ihr verschluckt. Die Erde im Abstand von etwa 200 Sonnenradien bleibt zwar möglicherweise bestehen, doch ist sie zu diesem Zeitpunkt längst nicht mehr als eine unbedeutende geschmolzene Gesteinskugel im Weltall.

Was passiert danach? Die Sonne wird nach diesem Aufblähen in sich zusammenfallen, sodass am Ende nur noch ein sehr dichter, nackter Sonnenkern von der Größe der Erde übrig bleibt, der alle darüber liegenden Schichten in den Weltraum abgeworfen hat. In den nächsten 100 Milliarden Jahren wird dieser

Die Sonne dehnt sich aus und könnte auch die Erde schlucken. Ob die Menschheit das in irgendeiner Weise miterleben wird?

entstandene »Weiße Zwerg« allmählich auskühlen, bis er irgendwann so kalt ist wie das Weltall selbst. Die Erde wird zu diesem Zeitpunkt entweder nicht mehr existieren oder eine deutliche Veränderung ihrer Umlaufbahn erfahren haben.

Wie man es dreht und wendet: Selbst eine zukünftige ultrahoch entwickelte menschliche Zivilisation wird dieses Ereignis weder überleben noch aufhalten können. Sollte es der Menschheit jedoch tatsächlich gelingen, bis in diese Zeiträume zu überleben, wird sie bis dahin sicherlich auch den Schlüssel zur interstellaren Raumfahrt gefunden haben – die einzige Möglichkeit, zumindest einen Teil des Lebens auf der Erde zu retten.

Unterschätzen wir diese Seite des Klimawandels?

Ein kalter Wind fährt durch deine Jacke. Brrr. Mit zusammengekniffenen Augen siehst du nach oben: Vor dir ragt eine gigantische, 1000 Meter hohe, bläulich schimmernde Wand empor, deren oberes Ende nur schwer auszumachen ist, da sie farblich in den wolkenverhangenen Himmel übergeht. Vorsichtig streckst du deinen Zeigefinger aus, um das Material zu prüfen: kaltes, massives Eis. Erschrocken zuckt deine Hand zurück und du schaust dich instinktiv um. Die Mauer führt schier endlos in die Ferne, bis sie irgendwo im Horizont verschwindet. Wo bist du? In Hamburg, und zwar vor 21 000 Jahren.

Zu dieser Zeit, als gefährliche Säbelzahntiger und tonnenschwere Gürteltiere in Europa lebten, lag die globale Durchschnittstemperatur im Mittel 7 Grad

Die Weltkarte während der letzten Eiszeit. Erkennst du die Unterschiede?

Celsius unter dem derzeitigen Niveau. Gewaltige Gletscherschilde zierten die Polregionen und Gebirge und banden so viel Wasser, dass der Meeresspiegel laut einer Schätzung des United States Geological Survey etwa 125 Meter niedriger lag als heute. Dadurch entstanden unzählige begehbare Landbrücken wie der Anschluss von Irland an Großbritannien und das europäische Festland, die Adamsbrücke zwischen Indien und Sri Lanka und eine fast geschlossene Verbindung Asiens mit Indonesien über Neuguinea bis nach Australien. Diese Trassen spielten evolutionsbiologisch eine bedeutende Rolle, denn erstmals konnten sich Populationen von Tieren und Frühmenschen global austauschen und über die Beringstraße nach Nordamerika ausbreiten.

Wie lange es wohl dauerte, bis all dieses gefrorene Wasser – es bedeckte Schätzungen zufolge etwa 32 Prozent des gesamten Erdballs – endlich wieder aus Mitteleuropa verschwand? Einige Tausend Jahre! Und so ging die letzte Eiszeit etwa 9700 vor Christus zu Ende. Naja, zumindest fast: Genau genommen ist das Wort »Eiszeit« nämlich wissenschaftlich nicht ganz korrekt, denn definitionsgemäß leben wir heute immer noch in einer Eiszeit: im Känozoischen Eiszeitalter. Eingeläutet durch das allmähliche Vergletschern der Antarktis vor 34 Millionen Jahren setzte sich das dauerhafte Gefrieren der Polkappen 31,4 Millionen Jahre später auch in der Arktis fort: das Quartäre Eiszeitalter brach an, in dessen Folge sich bis heute sogenannte glaziale und interglaziale –

einfach gesagt: Kalt- und Warmphasen – abwechselten. Die letzte große »Eiszeit« war also demnach eine Kaltphase innerhalb dieser Quartären Eiszeit und unsere jetzige Epoche, das Holozän, bildet eine Warmphase innerhalb dieser Quartären Eiszeit.

Das kommt dir jetzt vielleicht suspekt vor, aber erdgeschichtlich – also wenn wir die ganz großen Zeiträume betrachten – war es in den letzten 500 Millionen Jahren zumeist deutlich wärmer als heute. Zur Zeit der Dinosaurier lag die Durchschnittstemperatur beispielsweise ganze 8 Grad Celsius über dem heutigen Wert bei einer zehnmal so hohen CO_2-Konzentration! Dass Nord- und Südpol dauerhaft vereist sind, ist klimahistorisch gesehen alles andere als normal. Und solange sich das nicht ändert, leben wir auch weiterhin im Quartären Eiszeitalter …

Doch wir Menschen sind gerade mit voller Kraft dabei, eine unnatürliche Dynamik in diese natürlichen Zyklen zu bringen. Durch Verbrennen fossiler Ressourcen setzen wir seit Beginn der Industrialisierung im 19. Jahrhundert innerhalb kürzester Zeit Stoffe frei, für deren Bindung die Erde zuvor teilweise mehrere Millionen Jahre gebraucht hat … und das in ungeheuren Mengen. Zwar liegt der menschengemachte Anteil am weltweiten CO_2-Ausstoß bei nur 2 bis 3 Prozent, und überhaupt beträgt die CO_2-Konzentration in der Atmosphäre gerade mal 0,04 Prozent – doch das ist ein Wert, der sich über sehr lange Zeit eingependelt hat und im Einklang mit der Natur steht, die ihr selbst freigesetztes CO_2 an anderer Seite wieder verstoffwechselt. Durch unnatürliches Hinausblasen von weiterem Kohlenstoffdioxid bringen wir also unsere Erde aus ihrem natürlichen Gleichgewicht.

Ärathem	System	Serie	Alter (Mio. Jahre)
Känozoikum	Quartär	Holozän	0 ‡ 0,0117
Känozoikum	Quartär	Pleistozän	0,0117 ‡ 2,588
Känozoikum	Neogen	Pliozän	2,588 ‡ 5,333
Känozoikum	Neogen	Miozän	5,333 ‡ 23,03
Känozoikum	Paläogen	Oligozän	23,03 ‡ 33,9
Känozoikum	Paläogen	Eozän	33,9 ‡ 56
Känozoikum	Paläogen	Paläozän	56 ‡ 66

Die letzte »Eiszeit« als Grenze zwischen Pleistozän und Holozän

Uns Menschen wird die Erde mit Sicherheit überleben. Doch

welche Folgen hat die Klimaerwärmung für uns? Neben Megatsunamis durch abrutschende Berghänge oder dem Freiwerden riesiger Vulkanketten in der Antarktis gibt uns ein mysteriöser Fall aus dem Jahr 2016 einen kleinen Vorgeschmack.

Schauplatz ist die Jamal-Halbinsel in der russischen Tundra, eines der am dünnsten besiedelten Gebiete der Welt. Hier gibt es nicht viel: bitterkalte Winter, karge Landschaften, endlos weite Wiesen mit ein paar Zwergsträuchern, geschwungene Flussläufe und Rentiere. Die gesamte Tier- und Pflanzenwelt lebt hier auf Permafrostboden, einem bis zu 1500 Meter dicken gefrorenen Gemisch aus Sedimenten, Erde und Eis – Überbleibsel der letzten Kaltzeit. Eine Gruppe von Menschen ist hier aber tatsächlich heimisch: die Nenzen, ein sibirischer Nomadenstamm mit etwa 41 000 Mitgliedern. Ein Teil davon zieht in Gruppen gemeinsam mit bis zu 2000 Tieren starken Rentierherden quer durch den Norden und legt dabei jedes Jahr etwa 1200 Kilometer zurück. Das indigene Volk lebt sehr naturverbunden, fertigt seine Kleidung aus Leder und fischt nach alter Tradition.

Ein Nenzen-Lager, im Hintergrund eine große Herde Rentiere

Doch im Sommer 2016 ist es irgendwie anders: Das Wetter am Polarkreis ist warm, viel zu warm, im Juni und Juli misst man Spitzen von 35 Grad Celsius und plötzlich sterben Rentiere, erst ein paar, dann Dutzende und später sogar Hunderte. Das ist natürlich bitter für die Nenzen-Hirten, doch sie vermuten zunächst, dass viele Tiere einfach nicht mit den hohen Temperaturen zurechtkommen. Als die Hitzewelle vorbei ist, das Tiersterben aber immer schlimmer wird, schlagen die Nenzen am 23. Juli über das russische Social-Media-Netzwerk »Vkontakte« Alarm: 1500 Rentiere und Hunde seien gestorben, überall stinke es und Kinder hätten Hautgeschwüre.

Diese Meldung ruft schnell die Behörden auf den Plan und man beginnt, den Vorfall genauer zu untersuchen. Da sich die mysteriöse Hautkrankheit jedoch in der Zwischenzeit weiter ausbreitet und die ersten Nenzen in die Klinik gebracht werden müssen, evakuiert man die restlichen Hirtenfamilien und riegelt das betroffene Gebiet ab.

In der Hoffnung, die Ursache des Massensterbens zu finden, entnehmen die Behörden Proben von infizierten Tierkadavern. Und tatsächlich – im Labor finden Wissenschaftler schnell ein altbekanntes Bakterium: Bacillus anthracis. Auch bekannt als Milzbrand oder Anthrax eignet sich dieser Erreger durch sein produziertes Milzbrandtoxin sogar potenziell als Biowaffe. Da es bis heute keinen dokumentierten Übertragungsfall von Mensch zu Mensch gibt, vermutet man die Rentiere als Infektionsherd. Aber wo ist »Patient null«? Man schöpft einen Verdacht, der sich schnell bestätigt: Durch die steigenden Temperaturen und das damit einhergehende rapide Tauen des Permafrosts reaktivierten sich die höchst infektiösen Sporen eines jahrzehntelang im Eis konservierten infizierten Tierkadavers, die sich in der Folge entweder über Aerosole oder direkten Kontakt verbreiteten.

Insgesamt sterben 2350 Rentiere infolge einer Anthrax-Infektion und über 70 Nenzen müssen im Krankenhaus behandelt werden, ein 12-jähriges Kind stirbt sogar an einer Darm-Variante, die wahrscheinlich auf den Verzehr von infiziertem Fleisch zurückzuführen ist. In einer groß angelegten Aktion desinfizieren ABC-Trupps der russischen Armee das Endemiegebiet und verhindern durch das Impfen von etwa 40 000 Rentieren eine weitere Verbreitung. Vorerst.

Dieses Ereignis ist nämlich kein Einzelfall. Dass Bakterien, Viren oder andere Mikroben Jahrtausende im Permafrostboden überleben können, zeigte schon ein Fund aus dem Jahr 2014. Ebenfalls im sibirischen Permafrost isolierte man hier das größte Virus aller Zeiten: Pithovirus sibericum, bis dahin völlig unbekannt und mit einem Durchmesser von 1,5 Mikrometern so groß wie ein kleines Bakterium. Das Beunruhigende: Den Forschern gelang es nicht nur, dieses 30 000 Jahre alte Virus aufzutauen und wiederzubeleben – nein, es war immer noch in der Lage, Amöben zu infizieren.

Ein weiterer Fund, diesmal im chinesischen Himalaya, macht das Ganze nochmals interessanter: Eisbohrungen in 6000 Metern Höhe offenbarten 33 etwa 15 000 Jahre alte Virenstämme, von denen sogar ganze 28 bisher völlig unbekannt waren. Und das im Jahr 2021!

Den aktuellen Altersrekord aber hält eine sensationelle Entdeckung, die im November 2022 veröffentlicht wurde. Dasselbe französische Forscherteam, welches 2014 das 30 000 Jahre alte P. sibericum entdeckte, fand diesmal unterhalb eines arktischen Sees im russischen Jakutien ein fast 50 000 Jahre altes Virus sowie zwölf andere antike Virentypen, die bislang ebenfalls unbekannt waren. Der 48 500 Jahre alte Spitzenreiter namens Pandoravirus yedoma ist ähnlich groß wie P. sibericum und schaffte es auch nach seiner noch länger tiefgefrorenen Abwesenheit, zumindest im Labor eine Amöbenkultur zu infizieren.

Das 39 000 Jahre alte Mammut »Yuka«, hervorragend konserviert im sibirischen Permafrost geborgen

Grundsätzlich lässt sich natürlich schwer sagen, ob solche Erreger nach dem jahrtausendlangen Kälteschlaf tatsächlich in der Lage wären, eine ernsthafte Pandemie auszulösen. Ein 48 500 Jahre altes Virus, das heute auftaut, ist vermutlich nicht an die heutigen Umweltbedingungen angepasst, wodurch es entweder gar nicht erst reaktiviert wird oder schon nach kurzer Zeit ohne Wirt abstirbt. Außerdem bedeutet Virus noch lange nicht Tod. Auf der Welt gibt es geschätzte 10 Nonillionen bzw. 10 Billiarden Billiarden einzelne Viren, das ist mehr als 100 Millionen Mal jeder Stern im Universum. Jeden einzelnen Tag kommst du mit 60 000 verschiedenen Erregern in Kontakt, und was passiert? Meistens nichts. Dein Immunsystem ist darauf trainiert, schädigende Eindringlinge abzuwehren. Es muss also schon wirklich ein hoch spezialisierter Erreger kommen, um dich wenigstens niesen zu lassen.

Da man aber davon ausgeht, dass in den nächsten Jahrzehnten selbst unter günstigen Klimaentwicklungen mehrere Millionen Quadratkilometer Permafrost verschwinden werden, sollten wir trotzdem wachsam sein: Offenbar sind prähistorische Viren und Bakterien durchaus in der Lage, Erbinformationen weiterzugeben und damit bisher ungefährliche Erreger mutieren zu lassen. Haben wir diese Gefahr bisher unterschätzt?

Das wird dir vielleicht eines Tages auf dem Weg ins Jenseits passieren!

Jack wandert durch eine grüne, schier endlose Wiese. Eine warme Brise weht über die Grashalme und streichelt sein Gesicht – es ist nahezu geisterhaft still. Ein Gefühl von Seelenruhe, Ausgeglichenheit und großer Glückseligkeit erfüllt ihn.

»Jack, das hier darf nicht sein ...«, vernimmt er plötzlich eine bekannte Stimme hinter sich. »Anita, sind Sie das?« Eigentlich müsste er gar nicht nachfragen, denn der 25-Jährige kennt die Stimme der jungen Krankenschwester, die ihn schon seit längerer Zeit pflegt, nur zu gut. »Jack, drehen Sie um! Bitte! Sie gehören nicht hierher! Sie müssen umdrehen!«, fleht sie mit fast schon zittriger Stimme.

Die Direktheit von Anitas Anweisungen erschreckt ihn geradezu, er ist diesen Ton nicht von ihr gewohnt. Doch bevor er antworten kann, spricht sie schon weiter: »Jack, ich habe meinen roten Sportwagen zu Schrott gefahren. Sagen Sie bitte meinen Eltern, dass es mir echt leidtut!« Plötzlich beginnt alles um ihn herum zu schmelzen und in einem unsagbar hellen Licht zu verbleichen.

Einen Moment später ist Jack zurück von seinem Ausflug. Zurück in einem grauen Krankenhausbett und an so vielen Apparaten hängend, dass es fast aussieht, als würden ihn die Kabel ans Bett fesseln. Nach einigen Minuten, als er sich wieder einigermaßen wach fühlt, erzählt er der anwesenden Krankenpflegerin von seiner Erfahrung. Die wird auf der Stelle kreidebleich und verlässt sofort das Zimmer.

Jack ist Patient im Krankenhaus. Aufgrund einer schweren Lungenentzündung hatte er einen Atem-Kreislauf-Stillstand erlitten, der ein Phänomen auslöste, das lange Zeit als Scharlatanerie galt: eine sogenannte Nahtoderfahrung (kurz: NTE). Zu NTEs kommt es in medizinischen Extremsituationen, bei denen ein Mensch beinahe zu Tode kommt: zum Beispiel im Zuge eines schweren Herzinfarkts oder in den vermeintlich letzten Momenten eines schlimmen Unfalls.

In Jacks Fall kam es jedoch zu etwas, das absolut unerklärlich scheint: Es stellte sich kurz darauf heraus, dass die ihn sonst pflegende Krankenschwester Anita, die sich für ihren 21. Geburtstag das Wochenende freigenommen hatte, tatsächlich einen nagelneuen roten Sportwagen von ihren Eltern

Ist eine Nahtoderfahrung die göttliche Schwelle zum Jenseits?

geschenkt bekommen hatte, auf der Jungfernfahrt die Kontrolle über ihren Wagen verlor und in einen Strommast prallte – mit tödlichen Folgen.

Todeszeitpunkt? Etwa zu der Zeit, als auch Jack aufhörte zu atmen. Nutzte Anita also auf ihrem Weg ins Jenseits die Gelegenheit, wenigstens Jack noch zum rechtzeitigen Umdrehen aufzufordern und ihm außerdem von ihrem tragischen Unfall zu erzählen? Ja, ich weiß, wie sich das anhört, und würde wohl selbst kopfschüttelnd abwinken, wenn nicht genau dieser Sachverhalt von dem renommierten NTE-Forscher Prof. Bruce Greyson beschrieben worden wäre. Wie sonst ließe es sich erklären, dass der von der Außenwelt abgeschottete Jack nicht nur von dem tödlichen Verkehrsunfall, sondern auch von der Automarke und -farbe Kenntnis erlangte?

Zugegeben: Bei NTEs kommt es tatsächlich selten zu solch krassen Erlebnissen, bei denen man mit bereits verstorbenen Nahestehenden in Kontakt tritt. Meistens erleben Menschen, die sich auf der Schwelle zwischen Leben und Tod bewegen, eher Sinneseindrücke wie ein helles Licht in einem dunklen Raum, eine hindernisbildende Grenze, die nicht überschritten werden sollte, oder einen visuell empfundenen Lebensrückblick in Zeitraffer. Die meisten dieser Eindrücke werden von einem warmen Gefühl der Zufrieden- und Geborgenheit begleitet. Berichte darüber findet man in den unterschiedlichsten Kulturen quer durch alle Weltanschauungen.

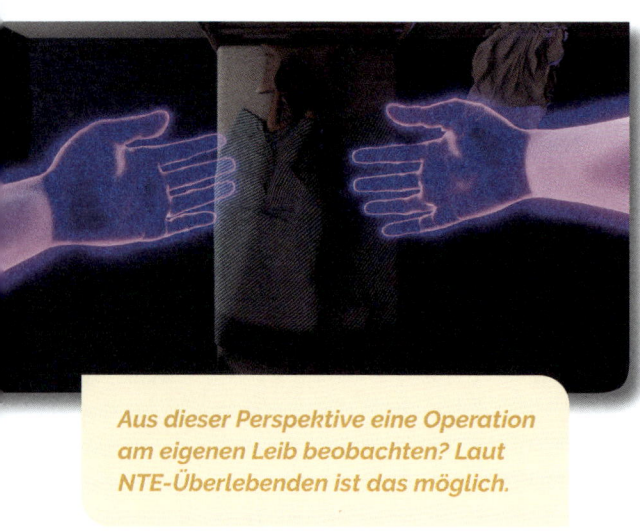

Aus dieser Perspektive eine Operation am eigenen Leib beobachten? Laut NTE-Überlebenden ist das möglich.

Ein anderes, ebenfalls spektakuläres Phänomen bei NTEs sind außerkörperliche Erfahrungen, bei denen Menschen sich selbst und das Geschehen um sie herum aus einer externen Perspektive sehen. Von solch einem Erlebnis berichtete zum Beispiel Pam Reynolds, bei der nach Schwindelattacken und motorischen Ausfällen ein großes Aneurysma im Gehirn entdeckt wurde. Als sie dann bewusstlos auf dem OP-Tisch lag und die Ärzte mit höchster Präzision ihre Arbeit durchführten, sah sie sich plötzlich selbst, und zwar von oben! Das berichtete sie zumindest später nach dem Aufwachen. Ein ungewöhnlicher Traum, ausgelöst durch die verabreichten Narkotika? Klingt plausibel, doch auch hier gibt es einen Punkt, der aufhorchen lässt: Als Pam sich da selbst leblos auf dem Tisch liegen sah, lauschte sie den Gesprächen des OP-Personals und beschrieb ein während der Operation tatsächlich verwendetes Instrument – all das, obwohl ihre Augen während der 7-stündigen Operation abgeklebt und ihre Ohren mit Stöpseln verschlossen waren. Wie ist das möglich?

Obwohl schon seit Jahrhunderten über die Erlebnisse und Empfindungen von Menschen berichtet wird, ist das Sterben bis heute einer der am schwierigsten zu verstehenden Aspekte des irdischen Daseins. Tierversuche helfen hier wenig, denn Tiere können ihre subjektiven Erlebnisse bei einem künstlich induzierten Nahtod nicht teilen. Gleichzeitig kommt es beim Menschen meist nur zufällig zu solchen Erlebnissen, was eine medizinische Überwachung ausschließt und Forscher dazu veranlasst hat, ein ganzes Arsenal an Methoden zu entwickeln, um das Phänomen der NTEs zu erklären.

Einen solchen Ansatz stellt die Analyse der elektrischen Ströme im Gehirn dar, die während einer solchen Episode auftreten. Bei Experimenten mit Ratten kam man hier bereits zu sensationellen Ergebnissen, als ihr Gehirn in den letzten Sekunden vor dem Ableben ein regelrechtes Reiz-Feuerwerk an Gamma- und Thetawellen entfachte – teilweise sogar stärker als im Wachzustand. Eine interessante Beobachtung, die möglicherweise auch auf uns Menschen übertragbar ist: Denn waren Patienten während einer NTE doch zufällig an ein EEG angeschlossen, so ließen sich teilweise ähnliche Muster wie bei epileptischen Anfällen beobachten. Tatsächlich haben Menschen, die an Epilepsie leiden, schon vereinzelt von außerkörperlichen Erfahrungen berichtet. Doch aufgrund der allzu dürftigen Beweislage reichen rein veränderte Hirnströme allein nicht aus, um NTEs ausreichend zu erklären.

Eine vielversprechende Studie der Uniklinik Rudolf Virchow in Berlin liefert jedoch möglicherweise ein weiteres Puzzleteil: Hier wurde nachgewiesen, dass Sauerstoffmangel oder ein Überschuss an Kohlendioxid im Gehirn Nahtoderlebnisse hervorrufen kann. Von 42 Probanden, die auf diese Weise künstlich in Ohnmacht versetzt wurden, berichteten später auffällig viele von klassischen NTEs. Eine Erkenntnis, die sich mit sogenannten G-LOC-Ereignissen im Pilotentraining und zumindest auch mit Nahtoderfahrungen während eines Herzstillstandes deckt. Hört das Herz nämlich auf zu schlagen, so stellt auch das Gehirn

Bei der jährlichen Fiesta de Santa Marta de Ribarteme in Spanien bedanken sich Menschen für das Überleben von Nahtoderfahrungen, indem sie sich in Särgen herumtragen lassen.

15 Sekunden später seine reguläre Aktivität aufgrund von Sauerstoffmangel ein.

Ein paralleler Ansatz zu diesen objektiv messbaren Erklärungsansätzen kommt aus der Psychoanalyse: Diese sieht in den NTEs klassische Wahnvorstellungen, die hauptsächlich durch Wunschdenken und Erwartungen zustande kommen. Eine in den letzten Momenten freigesetzte Sintflut aus körpereigenen Botenstoffen lässt daraus real wirkende Bilder entstehen, die als Schutzfunktion dienen und den eigenen Tod erträglicher machen sollen. Glückshormone wie Serotonin oder Endorphine wirken schmerzlindernd und stimmungsaufhellend und könnten möglicherweise die glückselige Zufriedenheit erklären. Dazu verdichten sich die Hinweise, dass im Moment des Sterbens körpereigenes Dimethyltryptamin freigesetzt wird, welches als stärkstes Halluzinogen der Welt bestens geeignet ist, die Komponente der Wahnvorstellung und das Gefühl einer außerkörperlichen, göttlichen Transzendenz zu erzeugen. Doch auch hier scheint es einen Widerspruch zu geben: 20 Prozent aller Nahtoderfahrungen sind überhaupt nicht angenehm, sondern durch negative, gar belastende Inhalte wie Dunkelheit, Angst, Furcht und Panik charakterisiert.

Es bleibt also bei vielen theoretischen Beschreibungen, die allesamt höchstens einen Teil zur Erklärung dieses Mysteriums beitragen können. Während spirituelle Kulturen die Berichte über Nahtoderfahrungen als Beweis für ein Leben nach dem Tod sehen, finden kritische Wissenschaftler Argumente ohne paranormale Dimension: Im Fall von Pam Reynold verweisen sie beispielsweise auf das selten auftretende Anästhesiebewusstsein, das trotz Vollnarkose die Aufnahme akustischer Reize erlaubt. Im Fall von Jack und Anita wäre entsprechend zu prüfen, ob die Ereignisse wirklich simultan geschahen oder ob es doch einen kleinen Zeitverzug gab, sodass Jack zumindest unterbewusst Informationen erlangen konnte, die er dann in sein Erlebnis einbaute.

Wie auch immer: Die Nahtodforschung ist ein offenes Feld, in dem es noch unzählige unbeantwortete Fragen gibt. Eines lässt mich aber trotzdem nicht los: Ein geringer Bruchteil der Nahtoderfahrenden war immer noch bei Bewusstsein, obwohl in diesem Zeitraum keinerlei Hirnaktivität mehr festzustellen war.

Dieser Einstein-Effekt ermöglicht uns Unmögliches, unter einer Bedingung!

Sandra schließt das Visier und wirft einen fragenden Blick zu Brian. Er nickt. Seine Pupillen sind durch das spiegelnde Visier kaum zu erkennen, ganz im Gegensatz zum nervösen Tippen seiner Finger auf seinem Oberschenkel. Sandra sieht nach links zu Michael, aber auch er scheint angespannt. »T minus 2 minutes«, ertönt es über das Headset. Nach dem Umlegen zweier letzter Schalter meldet Sandra Abflugbereitschaft. Der Countdown zu ihrer Reise ins Ungewisse beginnt.

Das Nachbarsystem Alpha Centauri besteht aus den drei Sternen Alpha Centauri A (links), Alpha Centauri B (rechts) und Proxima Centauri (roter Kreis).

Es ist das Jahr 2257 und nach einigen erfolgreichen Flügen innerhalb des Sonnensystems wagt die NASA nun den ersten bemannten Start einer Antimaterierakete durch den interstellaren Raum zu unserem Nachbarstern Alpha Centauri.

Das öffentliche Leben der gesamten Erde steht in diesen Momenten nahezu still. Milliarden Menschen blicken weltweit gebannt auf ihre Bildschirme, »five, four, three, ignition ... liftoff!« Die Treibstoffkammer öffnet sich und in Sekundenbruchteilen reagieren Protonen in ungeheurer Wucht mit Antiprotonen. Die Rakete steigt empor und ist bereits kurz darauf nicht mehr zu sehen.

Was jetzt? Klar, Swingby an Mars und Jupiter mit anschließendem Kurs in Richtung Kuipergürtel, der jenseits der Umlaufbahn des Neptuns das Sonnensystem umgibt, aber danach? Vor Sandra und ihrem Team liegen 4,34 Lichtjahre Hin- und 4,34 Lichtjahre Rückweg, das sind 81,6 Billionen Kilometer! Stell dir zwei winzige Sandkörner in einer Entfernung von 10 Kilometern vor, das eine ist die Erde, das andere ist Alpha Centauri ... So ungefähr sind die Größenverhältnisse, in denen wir uns hier bewegen.

Zum Glück ist die Welt auf diese Reise vorbereitet: Mit herkömmlichen Antrieben wie bei der 61 500 Stundenkilometer schnellen Raumsonde »Voyager 1«, die seit 1977 Daten aus dem All zur Erde sendet, würde man für diese Reise etwa 160 000 Jahre brauchen. Nicht jedoch mit einem Antimaterie-Antrieb: Aufgrund der höchst effizienten Energiegewinnung – Proton und Antiproton neutralisieren sich und setzen ihre Masse in reine Energie um – ist es 2057 erstmals möglich, ein Raumschiff auf bis zu 120 000 Kilometer pro Sekunde oder 40 Prozent der Lichtgeschwindigkeit zu beschleunigen. Das ändert alles, denn jetzt geht es erstmals um eine relativistische, also um eine das Raum-Zeit-Kontinuum beeinflussende Geschwindigkeit.

Denn wie du weißt, leben wir – so zumindest der wissenschaftliche Stand im Jahr 2023 – in einem vierdimensionalen Raum-Zeit-Kontinuum (dreidimensionaler Raum plus eindimensionale Zeit). Und so wirkt sich die hohe Geschwindigkeit in Sandras Rakete sowohl auf den Raum als auch auf

So könnte eine Antimaterie-Rakete in der Zukunft aussehen.

die Zeit aus. Die Auswirkung auf den Raum beschreibt man als Längenkontraktion. Durch 40 Prozent der Lichtgeschwindigkeit schrumpft die Reisestrecke für das Raumschiff von eigentlich 8,68 Lichtjahren plötzlich auf 7,95 Lichtjahre. Und jetzt wird es interessant: Das Mission Control Center auf der Erde beobachtet das Raumschiff nun 21,7 Jahre lang, bis es Alpha Centauri umrundet und wieder zur Erde zurückkommt. Innerhalb des Raumschiffs aber vergeht die Zeit langsamer, da sind es nur 19,88 Jahre. Die Astronauten sind also bei ihrer Ankunft aus Erdensicht knapp 2 Jahre langsamer gealtert oder aus ihrer Sicht 2 Jahre in die Zukunft gereist. Diesen Effekt auf die Zeit nennt man Zeitdilatation.

Um diesen Effekt zu verdeutlichen, starten wir in unserer Vorstellung eine zweite Rakete mit einem noch stärkeren Antrieb: Sie soll mit 99,999999999 Prozent der Lichtgeschwindigkeit zur Nachbargalaxie Andromeda reisen und wieder zurückkehren. Hier ist ausnahmsweise jede einzelne Nachkommastelle extrem wichtig und für einige Tausend Jahre Reisezeit verantwortlich. Die Andromeda-Galaxie liegt etwa 2,5 Millionen Lichtjahre von der Erde entfernt und man könnte meinen, diese Entfernung sei unüberwindbar, da ja selbst das Licht 2,5 Millionen Jahre braucht, um von dort zu uns zu gelangen. Für die Beobachter auf der Erde stimmt das auch, für den bewegten Astronauten innerhalb des Raumschiffes aber nicht. Denn durch die Längenkontraktion schrumpft die Distanz dort auf nur noch überschaubare 11,18 – inklusive Rückflug auf 22,36 – Lichtjahre. Man steigt also mit 20 ins Raumschiff, fliegt zur Andromeda-Galaxie und landet mit 42 wieder auf der Erde. Eine wirklich coole Sache, von der man nur leider niemandem mehr berichten kann. Denn auf der Erde sind in der Zwischenzeit 5 Millionen Jahre vergangen ...

Ein immer weiteres Annähern an die Lichtgeschwindigkeit bedeutet also aus Sicht des Raumschiffs eine immer kürzere Reisestrecke und ein immer langsameres Vergehen der Zeit. Wäre es nun möglich, mit einem Raumschiff 100 Prozent – also 299 792 Kilometer pro Sekunde – zu erreichen, würde der gesamte Raum für das bewegte Raumschiff auf null schrumpfen. Es könnte zu jedem beliebigen Punkt im gesamten Universum reisen, und zwar ohne dass aus Sicht der Crew auch nur eine einzige Sekunde vergeht. Leider widerspricht das Erreichen der absoluten Lichtgeschwindigkeit für massehaltige Objekte jedoch der Einstein'schen Relativitätstheorie.

Das alles ist keine reine Fiktion – es ist durchaus real, zumindest laut Naturgesetzen. Stand heute sind wir allerdings noch sehr weit davon entfernt, nur annähernd relativistische Geschwindigkeiten zu erreichen. Zwar gibt es immer wieder neue Ansätze, die jedoch bereits an kleinsten praktischen Problemen scheitern wie zum Beispiel an der Frage, wie man eine ausreichende Menge an stabiler Antimaterie gewinnt oder wie man mit Staubkörnern umgehen soll, die sich bei 120 000 Kilometern pro Sekunde zu katastrophalen Geschossen entwickeln.

Das schnellste von Menschenhand geschaffene Objekt im All ist derzeit die

Die Raumsonde »Parker Solar Probe«

Raumsonde »Parker Solar Probe« zur Erforschung der Sonne. Sie erreichte bereits eine Geschwindigkeit von 587 000 Stundenkilometern, die bis 2024 noch auf 692 000 Stundenkilometer gesteigert werden soll. Klingt unglaublich viel und ist es auch – aber trotzdem noch viel zu wenig, damit uns Einsteins Relativitätstheorie für die Überwindung interstellarer Strecken zuhilfe kommt.

Vielleicht sollten wir uns statt auf einen Quantensprung lieber erst einmal auf einen kleineren Schritt konzentrieren: auf eine bemannte Reise zum Mars zum Beispiel? Die Strecke dorthin wäre deutlich kürzer und wir hätten zumindest keine Probleme mit unterschiedlich schnellem Altern.

Danksagung

Besonderer Dank gilt meiner Familie und meiner Freundin Larissa, die mich über die gesamte Dauer unterstützt haben. Ich war einige Male kurz davor, alles hinzuwerfen, und ich glaube, ohne euch hätte ich das auch getan.

Ebenfalls bedanken möchte ich mich herzlich bei den Kapitelexperten Paul Geyer, Andreas Körner, Daria Sehr, Lukas Kamm, Nikolai Ratajczak, Christian Hölzer und Jozef Micek.

Quellen

Die Existenz der Menschheit ist evolutionsbiologisch eigentlich unmöglich

https://achievement.org/achiever/donald-c-johanson/#interview
https://de.wikipedia.org/wiki/Donald_Johanson
https://en.wikipedia.org/wiki/Lucy_(Australopithecus)
https://www.science.org/doi/abs/10.1126/science.326.5949.36?sid=00efc1619322-4705-9b91-273ee6659876
https://doc.rero.ch/record/211449/files/PAL_E4439.pdf
https://www.nature.com/articles/nature09248
https://www.nature.com/articles/nature14464
https://www.pbs.org/wgbh/evolution/library/07/1/l_071_01.html
https://en.wikipedia.org/wiki/Evolution_of_the_brain
https://de.wikipedia.org/wiki/Homo_erectus
https://www.ncbi.nlm.nih.gov/pmc/articles/PMC3619466/
https://en.wikipedia.org/wiki/Evolution_of_the_brain
https://de.wikipedia.org/wiki/Stammesgeschichte_des_Menschen
https://www.nature.com/articles/s41586-019-1731-0

Dieses Ereignis hat uns beinahe ins Mittelalter katapultiert

https://en.wikipedia.org/wiki/Carrington_Event
https://de.wikipedia.org/wiki/Carrington-Ereignis
https://www.space.com/the-carrington-event
https://www.livescience.com/carrington-event
https://www.nasa.gov/topics/earth/features/2012-superFlares.html
http://solar-center.stanford.edu/FAQ/index.html
https://www.mpg.de/4687717/sonnenflecken-ursache
https://www.nationalgeographic.de/wissenschaft/was-wuerde-passieren-wenn-heute-der-groesste-sonnensturm-aller-zeiten-losbraeche
https://www.nationalgeographic.de/wissenschaft/sonnenstuerme-das-wird-heiss
https://www.usgs.gov/faqs/what-magnetic-storm
https://www.youtube.com/watch?v=uqMvvOG9J8M

https://www.spektrum.de/lexikon/physik/protuberanz/11708
https://de.wikipedia.org/wiki/Magnetischer_Sturm
https://adventures.com/blog/carrington-event-biggest-solar-storm/
https://en.wikipedia.org/wiki/Richard_Christopher_Carrington
https://www2.hao.ucar.edu/education/scientists/richard-christopher-carrington-1826-1875
https://www.mps.mpg.de/sonnenstuerme-sonnenaktivitaet-faq/1
https://de.wikipedia.org/wiki/Telegrafie
https://www.space.com/15139-northern-lights-auroras-earth-facts-sdcmp.html
https://www.mps.mpg.de/predicting-solar-storms-earlier-than-before

Um ein Haar hätte diese Maschine Frankreich blamiert

https://en.wikipedia.org/wiki/Boirault_machine
https://en.wikipedia.org/wiki/Schneider_CA1#Armoured_caterpillar_tractor_development
https://en.wikipedia.org/wiki/Eug%C3%A8ne_Brilli%C3%A9
https://books.google.de/books?id=nWyNNMUM0K4C&pg=PA38&dq=French+tank+1915&as_brr=3&ei=NjXPSYuaBIHqyAS_qszMDg&hl=en&redir_esc=y#v=onepage&q=French%20tank%201915&f=false
https://www.osel.cz/11090-diplodocus-militaris.html
https://www.faz.net/aktuell/politik/historisches-e-paper/frankfurter-zeitung-08-09-1914-autos-im-krieg-13135149.html
https://de.wikipedia.org/wiki/Schlacht_an_der_Marne_(1914)
https://de.wikipedia.org/wiki/Westfront_(Erster_Weltkrieg)
https://en.wikipedia.org/wiki/Tanks_in_World_War_I

Diese Lebensmittel machen deinen Schädel löchrig

https://www.nobelprize.org/prizes/physics/1903/marie-curie/biographical/
https://en.wikipedia.org/wiki/Marie_Curie
https://www.britannica.com/biography/Marie-Curie
https://www.mariecurie.org.uk/who/our-history/marie-curie-the-scientist
https://de.wikipedia.org/wiki/Uran-Radium-Reihe
https://www.chemie.de/lexikon/Uran-Radium-Reihe.html
https://www.youtube.com/watch?v=iTb_KRG6LXo
https://de.wikipedia.org/wiki/Alphastrahlung

- https://demolab.phys.virginia.edu/demos/documents/General_Information_About_Uranium_in_Ceramics.html
- https://en.wikipedia.org/wiki/Radioluminescence
- https://www.nbcnews.com/id/wbna3077213
- https://de.wikipedia.org/wiki/Uraninit
- https://www.nist.gov/news-events/news/2010/01/what-were-they-drinking-researchers-investigate-radioactive-crock-pots
- https://en.wikipedia.org/wiki/Radium_ore_Revigator
- https://www.nationalgeographic.com/science/article/100118-radiation-toxic-water-revigator
- https://link.springer.com/article/10.1007/s10967-012-2039-9
- https://de.wikipedia.org/wiki/Uranglasur
- https://en.wikipedia.org/wiki/Doramad_Radioactive_Toothpaste
- https://www.orau.org/health-physics-museum/collection/radioactive-quack-cures/pills-potions-and-other-miscellany/doramad-radioactive-toothpaste.html
- https://www.dissident-media.org/infonucleaire/chocolat_radium_BurBraun.pdf
- https://www.mta-r.de/blog/die-burkbraunradiumschokolade/
- https://www.orau.org/health-physics-museum/collection/radioactive-quack-cures/pills-potions-and-other-miscellany/tho-radia-items.html
- https://fr.wikipedia.org/wiki/Tho-Radia
- http://museumofradium.co.uk/tho-radia/
- https://en.wikipedia.org/wiki/Radioactive_quackery
- https://en.wikipedia.org/wiki/Eben_Byers
- https://www.orau.org/health-physics-museum/collection/radioactive-quack-cures/pills-potions-and-other-miscellany/radithor.html
- https://allthatsinteresting.com/eben-byers
- https://de.wikipedia.org/wiki/Strahlenkrankheit
- https://en.wikipedia.org/wiki/Radithor
- https://web.archive.org/web/20170216124222/
- https://case.edu/affil/MeMA/MCA/11-20/1991-Nov.pdf
- https://environmentalhistory.org/people/radiumgirls/
- https://www.focus.de/wissen/mensch/geschichte/radium-girls-sie-verfaulten-bei-lebendigem-leib-die-traurige-geschichte-der-radium-girls_id_9495940.html
- https://en.wikipedia.org/wiki/Radium_Girls
- https://www.npr.org/2014/12/28/373510029/saved-by-a-bad-taste-one-of-the-last-radium-girls-dies-at-107

Wenn du dieses Geräusch hörst, schwimm um dein Leben!

https://www.audiologyonline.com/articles/acoustic-trauma-from-recreational-noise-23542

Winchester, Simon (2003): *Krakatoa: The Day the World Exploded: August 27, 1883.* New York: Harper Collins.

https://www.planet-wissen.de/natur/sinne/hoeren/pwiewissensfrage412.html

https://asa.scitation.org/doi/10.1121/10.0013216

https://www.greenpeace.de/biodiversitaet/meere/meeresschutz/unterwasserlaerm-wale-dauerstress

https://www.space.com/saturn-v-rocket-sound-myth-debunked

https://www.montereyherald.com/2008/11/15/diver-suffers-pain-from-navy-sonar-tests/

https://www.bundeswehr.de/de/ausruestung-technik-bundeswehr/seesysteme-bundeswehr/baden-wuerttemberg-klasse-f125-fregatten

https://royalsocietypublishing.org/doi/10.1098/rsbl.2013.0223

https://royalsocietypublishing.org/doi/10.1098/rspb.2013.0657

https://www.enn.com/articles/30145

Diese Monsterwellen überragen sogar Wolkenkratzer

https://www.ndr.de/geschichte/1978-Container-Schiff-Muenchen-sinkt-im-Atlantik,muenchen420.html

https://www.nps.gov/articles/aps-18-1-2.htm

https://www.bbc.co.uk/science/horizon/2002/freakwavetrans.shtml

»BBC2 Horizon Freak Wave« Documentary (https://www.youtube.com/watch?v=mC8bHxgdHH4)

https://de.wikipedia.org/wiki/Megatsunami

https://de.wikipedia.org/wiki/Monsterwelle

https://www.swr.de/swr2/leben-und-gesellschaft/av-o1150992-100.html

http://www.bom.gov.au/tsunami/info/index.shtml

https://geology.com/records/biggest-tsunami.shtml

»The Deadliest Tsunamis Of All Time | Mega Disaster | Earth Stories« (https://www.youtube.com/watch?v=PXxscnWG8QA)

https://journals.openedition.org/geomorphologie/7865

https://www.forbes.com/sites/davidbressan/2019/07/09/worlds-tallest-tsunami-hit-the-gulf-of-alaska-more-than-60-years-ago/?sh=249dc444d7fa

https://websites.pmc.ucsc.edu/~ward/papers/La_Palma_grl.pdf

https://web.archive.org/web/20140310132019/

http://home.tudelft.nl/index.php?id=10913&L=1

https://www.ce.gatech.edu/news/after-recon-trip-researchers-say-greenland-tsunami-june-reached-300-feet-high

https://www.spektrum.de/magazin/tsunami-im-taan-fjord/1596520

https://www.nature.com/articles/s41598-018-30475-w

https://www.spektrum.de/news/bergrutsch-loest-riesentsunami-aus/1407195

https://library.lanl.gov/tsunami/ts205.pdf

https://websites.pmc.ucsc.edu/~ward/papers/La_Palma_grl.pdf

https://www.surfertoday.com/surfing/the-mechanics-of-the-nazare-canyon-wave

https://www.travelbook.de/natur/naturwunder/riesenwellen-von-nazare-portugal

https://www.spiegel.de/wissenschaft/natur/alaska-schmelzender-gletscher-koennte-mega-tsunami-ausloesen-a-dedac138-5a7c-42c6-9912-26c67eff5cdd

Dieser Mann wurde von einem Teilchenbeschleuniger getroffen – doch was dann geschah, stellte Mediziner vor ein Rätsel

https://web.archive.org/web/20120425115650/

http://www.eco-pravda.ru/page.php?al=bugorsky_casus

https://qz.com/964065/this-is-what-happened-to-the-scientist-who-stuck-his-head-inside-a-particle-accelerator/

https://allthatsinteresting.com/anatoli-bugorski

Diese Insekten geben dir einen Vorgeschmack auf die Hölle

Schmidt, J.O. (2016): *The Sting of the Wild.* Johns Hopkins University Press, Baltimore, MD

Schmidt, J.O. (2019): »Pain and Lethality Induced by Insect Stings: An Exploratory« and Correlational Study. Toxins.« 11 (7): 427. doi:10.3390/toxins11070427

https://en.wikipedia.org/wiki/Schmidt_sting_pain_index

https://www.youtube.com/watch?v=fvnjrNE5z7A

https://www.cell.com/current-biology/fulltext/S0960-9822(13)01056-7?_returnURL=https%3A%2F%2Flinkinghub.elsevier.com%2Fretrieve%2Fpii%2FS0960982213010567%3Fshowall%3Dtrue

https://www.geo.de/natur/tierwelt/die-schmerzhaftesten-insektenstiche-der-welt-30168418.html

https://www.spektrum.de/wissen/die-sieben-fiesesten-insektenstiche/1427282

https://en.wikipedia.org/wiki/Tarantula_hawk

https://www.nhm.ac.uk/discover/the-most-painful-wasp-sting-in-the-world-explained.html

http://objekte.nhm-wien.ac.at/objekt/th1722/ob1922
https://www.welt.de/vermischtes/article160309315/Wer-gewinnt-den-Kampf-der-Giganten.html
https://www.youtube.com/watch?v=1pfdRBahCG8
https://de.wikipedia.org/wiki/Blutbienen/
https://www.wildbienen.de/eb-salbi.htm
https://www.bienenwanderung.de/article/wild-bees/blutbienenbuckelbienen
https://www.wildbienen.de/eb-lasio.htm
https://www.bienenwanderung.de/article/wild-bees/furchenbienen
https://nwv-schwaben.de/galerie/gallmin/files/Naturfotografie/Artenpool/Zoologie/Fluginsekten/Hautfluegler/Stechimmen/Ameisen/Grosse_Knotenameise/
https://www.spektrum.de/lexikon/biologie/knotenameisen/36498
https://de.wikipedia.org/wiki/Gro%C3%9Fe_Knotenameise
https://en.wikipedia.org/wiki/Paraponera_clavata
https://www.antweb.org/description.do?rank=species&genus=paraponera&name=clavata
https://www.ncbi.nlm.nih.gov/pmc/articles/PMC2999403
https://www.thetimes.co.uk/article/bitten-by-the-amazon-ptmjffcg8ff
https://www.youtube.com/watch?v=ZGIZ-zUvotM
https://web.archive.org/web/20090323040513/
http://www.sasionline.org/antsfiles/pages/bullet/bulletbio.html
http://www.bbc.com/earth/story/20150312-the-worlds-most-painful-insect-sting
https://en.wikipedia.org/wiki/Synoeca
https://www.ncbi.nlm.nih.gov/pmc/articles/PMC5864055/
https://en.wikipedia.org/wiki/Polistes_carnifex
https://www.youtube.com/watch?v=-HyHZsa79LU
https://onlinelibrary.wiley.com/doi/10.1002/arch.940010205

Dieser Text ist der Schlüssel zu mehreren Hundert Millionen Euro

https://www.arte.tv/de/videos/109118-002-A/das-knifflige-raetsel-um-den-schatz-von-la-buse/
https://de.wikipedia.org/wiki/La_Buse
https://fr.wikipedia.org/wiki/La_Buse
http://www.pirates-corsaires.com/levasseur-la-buse.htm
https://goldenageofpiracy.org/pirates/pirate-rounders/olivier-levasseur
https://ciphermysteries.com/2013/04/20/la-buses-le-butins-pirate-cipher-part-2

https://sites.google.com/view/labuse/la-buse-in-a-nutshell
http://ybphoto.free.fr/piste_la_buse_yb_1.html

Die komplexeste Maschine, die die Menschheit je gebaut hat

https://physics.aps.org/articles/v14/168
https://nstx.pppl.gov/DragNDrop/Five_Year_Plans/2009_2013/NSTX_Research_Plan_2009-2013.pdf
https://en.wikipedia.org/wiki/Joint_European_Torus
https://www.nature.com/articles/d41586-022-00391-1
https://www.theengineer.co.uk/content/in-depth/beyond-iter-next-steps-in-fusion-power
https://www.spektrum.de/kolumne/die-zukunft-der-kernfusion-liegt-immer-noch-in-der-zukunft/2090292
https://www.energy.gov/articles/doe-national-laboratory-makes-history-achieving-fusion-ignition
https://en.wikipedia.org/wiki/Fusion_power
https://www.theengineer.co.uk/content/in-depth/beyond-iter-next-steps-in-fusion-power
https://en.wikipedia.org/wiki/Fusion_energy_gain_factor
https://www.ipp.mpg.de/17019/meilensteine
https://ccfe.ukaea.uk/fusion-energy-record-demonstrates-powerplant-future/
https://en.wikipedia.org/wiki/ITER

Ein kleines Detail machte diesen Krieg zur Sensation

https://janegoodall.ca/our-stories/chimpanzee-aggression/
https://de.wikipedia.org/wiki/Schimpansenkrieg_von_Gombe
https://www.pnas.org/doi/full/10.1073/pnas.1701582114
https://www.newscientist.com/article/mg22229682-600-only-known-chimp-war-reveals-how-societies-splinter/
https://www.ncbi.nlm.nih.gov/pmc/articles/PMC5110243/
https://www.sciencedaily.com/releases/2014/09/140917131816.htm
https://www.spiegel.de/wissenschaft/hippie-oder-killeraffe-a-8513a6e1-0002-0001-0000-000048495971?context=issue
https://www.n-tv.de/wissen/Schimpansengruppe-toetet-Gorillas-article22693945.html
https://www.nature.com/articles/nature13727

https://en.wikipedia.org/wiki/Chimpanzee

https://de.wikipedia.org/wiki/Jane_Goodall

https://www.bpb.de/kurz-knapp/lexika/politiklexikon/17756/krieg/

https://www.youtube.com/watch?v=dQn1-mLkIHw

https://www.bbc.com/news/science-environment-29237276

Mit diesem gigantischen »Flugzeug« hat die Sowjetunion den USA einen riesigen Schrecken eingejagt

https://www.nzz.ch/mobilitaet/luftfahrt/ekranoplan-kreuzung-zwischen-schnellboot-und-propellerflugzeug-ld.1536920

https://www.stern.de/digital/technik/-liberty-lifter---usa-wollen-ihr-eigenes-seemonster-bauen-31896098.html

https://de.wikipedia.org/wiki/Lun-Klasse

https://www.aerotelegraph.com/der-schwierige-landgang-des-ekranoplans

https://edition.cnn.com/travel/article/caspian-sea-monster-ekranoplan/index.html

http://www.navyrecognition.com/index.php/news/defence-news/2017/october-2017-navy-naval-forces-defense-industry-technology-maritime-security-global-news/5661-development-of-new-ekranoplan-type-gev-for-russia-s-navy-is-underway.html

Diese Science-Fiction-Waffe wurde in den letzten Jahren Realität

https://www.rhetos.de/html/lex/railgun.htm

http://www.navweaps.com/Weapons/WNUS_Rail_Gun.php

https://aip.scitation.org/doi/abs/10.1063/1.325107

https://www.stern.de/digital/technik/neue-railgun---china-baut-die-staerkste-hyperschall-kanone-der-welt-8572108.html

https://science.howstuffworks.com/rail-gun.htm

https://www.globalsecurity.org/military/systems/ship/systems/emrg.htm

https://www.popsci.com/an-electromagnetic-arms-race-has-begun-china-is-making-railguns-too/

https://www.newsweek.com/china-says-building-electromagnetic-railgun-seen-leaked-warship-photos-stunned-844932

https://www.businessinsider.com/chinas-showing-off-new-weapons-likely-to-send-a-message-2019-1?r=US&IR=T#2-chinas-version-of-the-mother-of-all-bombs-2

Das blüht uns voraussichtlich im Jahr 2034

https://topenergy.co.nz/tell-me-about/news/ancient-kauri-uncovers-prehistoric-mystery

https://www.esa.int/Space_in_Member_States/Germany/Umpolung_des_Magnetfeldes

https://www.sciencedirect.com/science/article/abs/pii/S0012821X12003421?via%3Dihub

https://www.science.org/content/article/ancient-kauri-trees-capture-last-collapse-earth-s-magnetic-field

https://academic.oup.com/astrogeo/article/43/3/3.9/192783

https://link.springer.com/content/pdf/10.1007/s11214-010-9659-6.pdf?pdf=button

https://www.science.org/doi/10.1126/science.abi8330

https://www.science.org/doi/10.1126/science.abh1878

https://www.science.org/doi/10.1126/science.abb8677

https://s3-us-west-2.amazonaws.com/secure.notion-static.com/d958d499-6360-43c0-8200-45438c35fbaa/science.abb8677.pdf

https://www.helpster.de/warum-zeigt-die-kompassnadel-nicht-genau-nach-norden_197272/

https://nhess.copernicus.org/articles/13/3395/2013/nhess-13-3395-2013.pdf

https://nhess.copernicus.org/articles/13/3395/2013/

https://www.spektrum.de/news/erste-anzeichen-fuer-umkippen-des-erdmagnetfelds-beobachtet/1300388

https://www.sciencedaily.com/releases/2012/10/121016084936.htm

https://www.mdr.de/wissen/polsprung-naturkatastrophe-massensterben-erdmagnetfeld-100.html

https://www.wetter.com/news/forscher-sind-sich-sicher-der-polsprung-steht-unmittelbar-bevor_aid_5a82d99d38f7880665285e84.html

Der Tag, an dem der gigantischste Staudamm der Welt brach

https://www.alpiq.com/fileadmin/user_upload/documents/generation_switzerland/alpiq_grande_dixence_ausfluege_rund_um_die_wasserkraft_de.pdf

https://www.letemps.ch/suisse/cleusondixence-valais-une-catastrophe-absolue

https://en.wikipedia.org/wiki/Banqiao_Dam#History

https://www.britannica.com/event/Typhoon-Nina-Banqiao-dam-failure

https://en.wikipedia.org/wiki/1975_Banqiao_Dam_failure

https://www.sciencedirect.com/science/article/abs/pii/S0031018209001710?via%3Dihub

https://en.wikipedia.org/wiki/Messinian_salinity_crisis

https://www.sciencedirect.com/science/article/pii/S0031018215000735?via%3Dihub

https://www.sciencedirect.com/science/article/pii/S0037073806000613?via%3Dihub

https://en.wikipedia.org/wiki/Zanclean_flood

https://www.nature.com/articles/nature08555

https://naturfreunde-rastatt.de/rheinauen/rhein/index.php

https://www.sciencedirect.com/science/article/pii/S0031018215000735#f0010

Wie du die mysteriöseste aller Dimensionen kontrollierst

https://www.researchgate.net/publication/319855294_Reality_testing_and_the_mnemonic_induction_of_lucid_dreams_Findings_from_the_national_Australian_lucid_dream_induction_study

https://www.tagesspiegel.de/wissen/die-kunst-des-klartraums-6914479.html

https://de.wikipedia.org/wiki/Klartraum

https://doi.org/10.1016/j.neuroimage.2004.02.018

https://doi.org/10.5665%2Fsleep.1974

https://doi.org/10.1073%2Fpnas.0400049101

https://doi.org/10.1093/brain/awl004

https://doi.org/10.1016%2FS0079-6123(05)50015-3

https://www.ncbi.nlm.nih.gov/pmc/articles/PMC2679949/

https://pubmed.ncbi.nlm.nih.gov/15193625/

Das passiert, wenn das Blut der Erde kocht

https://www.spektrum.de/news/ein-vulkan-schreibt-weltgeschichte/1339235

https://scilogs.spektrum.de/geschichte-der-geologie/der-ausbruch-des-laki-1783/

https://www.vulkankultour.de/vulkanismus/4-die-groessten-vulkanausbrueche-in-historischer-zeit/

https://en.wikipedia.org/wiki/List_of_largest_volcanic_eruptions

https://www1.wdr.de/stichtag/stichtag5976.html

https://www.nzz.ch/zuerich/aktuell/1816-das-jahr-ohne-sommer-wenn-die-natur-das-leben-der-menschen-durcheinanderbringt-ld.85902

https://journals.sagepub.com/doi/10.1191/0309133303pp379ra

https://www.ncbi.nlm.nih.gov/pmc/articles/PMC2944365/
https://www.vulkane.net/blogmobil/wiki/vei-vulkanexplosivitaetsindex/
https://www1.wdr.de/stichtag/stichtag8912.html
https://scilogs.spektrum.de/geschichte-der-geologie/der-ausbruch-des-laki-1783/
Walsh, P. G. (2006): *Pliny the Younger. Complete Letters*. Übersetzung ins Englische, Oxford University Press.
Von Zabern, P. (2005): *Die letzten Stunden von Herculaneum*. Verlag Philipp Von Zabern.
https://link.springer.com/article/10.1007/s004450050272
https://www1.wdr.de/stichtag/stichtag-explosion-vulkaninsel-krakatau-100.html
https://www.ncei.noaa.gov/news/day-historic-krakatau-eruption-1883
https://www.volker-quaschning.de/datserv/sonne/index.php
https://www.britannica.com/science/volcanic-winter
https://wires.onlinelibrary.wiley.com/doi/abs/10.1002/wcc.76
https://www.vulkane.net/vulkanismus/vulkanischer-winter-klima.html
https://www.worldatlas.com/articles/what-causes-a-volcanic-winter.html
https://www.usgs.gov/volcanoes/yellowstone
https://www.britannica.com/place/Mount-Toba
https://www.sciencedirect.com/science/article/abs/pii/S0277379112004775
https://www.geonet.org.nz/vabs/6WkpJjHluMfBLGRAymIQjX
https://en.wikipedia.org/wiki/Deccan_Traps
https://www.nature.com/articles/s41467-017-00083-9
http://www.mantleplumes.org/Siberia.html
https://www.le.ac.uk/gl/ads/SiberianTraps/PDF%20Files/The%20Siberian%20Traps%20and%20the%20End-Permian%20mass.pdf
https://www.sciencedirect.com/science/article/abs/pii/S1342937X12004169?via%3Dihub
https://www.science.org/doi/10.1126/science.1224126
https://www.le.ac.uk/gl/ads/SiberianTraps/
https://www.nasa.gov/home/hqnews/2004/may/HQ_04159_australian_coast.html
https://news.osu.edu/big-bang-in-antarctica----killer-crater-found-under-ice/
https://www.le.ac.uk/gl/ads/SiberianTraps/PDF%20Files/White2002-P-Tr-whodunit.pdf
https://www.stuttgarter-zeitung.de/inhalt.vulkan-campi-flegrei-der-unsichtbare-supervulkan.8fa752bb-0b00-4b48-8a80-f358dd08e104.html
https://link.springer.com/article/10.1007/s007100170010
https://scilogs.spektrum.de/mente-et-malleo/neues-von-den-phlegraeischen-feldern-europas-supervulkan/

https://agupubs.onlinelibrary.wiley.com/doi/full/10.1029/2012GL051605
https://www.lyellcollection.org/doi/10.1144/SP461.7
https://www.spiegel.de/wissenschaft/natur/antarktis-forscher-entdecken-91-vulkane-a-1162751.html
https://www.nature.com/articles/ncomms13712
https://phys.org/news/2017-05-campi-flegrei-volcano-eruption-possibly.html
»Bollettino di Sorveglianza – Campi Flegrei – Gennaio 2022«, Osservatorio Vesuviano, Januar 2022
»Bollettino di Sorveglianza – Campi Flegrei – Gennaio 2023«, Osservatorio Vesuviano, Januar 2023

Hilfe, wir müssen von der Erde fliehen – aber womit?

https://www.sciencedirect.com/science/article/pii/S1342937X16000253#f0010
https://solarsystem.nasa.gov/missions/dawn/technology/ion-propulsion/
https://ntrs.nasa.gov/citations/20110000521
https://www.researchgate.net/publication/322623152_High-Power_Performance_of_a_100-kW_Class_Nested_Hall_Thruster
https://de.wikipedia.org/wiki/Marsprogramm_der_Volksrepublik_China#Raumtransportsystem_f%C3%BCr_bemannte_Marserkundung
https://de.wikipedia.org/wiki/IKAROS
https://en.wikipedia.org/wiki/Interplanetary_spaceflight
https://en.wikipedia.org/wiki/Variable_Specific_Impulse_Magnetoplasma_Rocket
https://en.wikipedia.org/wiki/Spacecraft_electric_propulsion
https://www.darpa.mil/news-events/2022-05-04
https://iopscience.iop.org/article/10.1088/1367-2630/aa7e73
https://indico.cern.ch/event/645747/contributions/2982215/attachments/1656722/2665852/AntimatterFriesen2018.pdf
https://en.wikipedia.org/wiki/Antimatter#Fuel
https://www.nasa.gov/exploration/home/antimatter_spaceship.html
https://en.wikipedia.org/wiki/Antimatter_rocket

Was, wenn alle Menschen der Welt so leben würden?

https://en.wikipedia.org/wiki/Kowloon_Walled_City
https://www.lcsd.gov.hk/en/parks/kwcp/historical.html
https://web.archive.org/web/20191023204139/
https://www.spiegel.de/geschichte/vergessene-stadt-hak-nam-a-948764.html

http://www.greggirard.com/work/kowloon-walled-city--13

https://www.discoverhongkong.com/de/interactive-map/kowloon-walled-city-park.html

https://www.dailymail.co.uk/news/article-2139914/A-rare-insight-Kowloon-Walled-City.html

https://anjakrieger.com/2007/09/24/das-letzte-labyrinth/

So erstickten Tausende Londoner in nur vier Tagen

https://www.metoffice.gov.uk/weather/learn-about/weather/case-studies/great-smog

https://www.britannica.com/event/Great-Smog-of-London

https://link.springer.com/chapter/10.1007/978-3-030-74443-4_16#FPar1

https://de.wikipedia.org/wiki/Smog-Katastrophe_in_London_1952

https://www.pnas.org/doi/10.1073/pnas.1616540113

https://www.umweltbundesamt.de/themen/luft/luftschadstoffe-im-ueberblick/schwefeldioxid

https://www.thelancet.com/journals/lanplh/article/PIIS2542-5196(22)00090-0/fulltext

https://web.archive.org/web/20150406220913/

http://www.tagesschau.de/ausland/neu-delhi-luftverschmutzung-101.html

https://www.srf.ch/news/international/schlechte-luft-in-neu-delhi-indiens-hauptstadt-erstickt-im-smog

https://www.bbc.co.uk/sn/tvradio/programmes/horizon/dimming_trans.shtml

https://journals.plos.org/plosone/article?id=10.1371/journal.pone.0207028

https://www.globalissues.org/article/529/global-dimming

https://www.theguardian.com/environment/2012/may/11/global-dimming-pollution

https://de.statista.com/statistik/daten/studie/1172006/umfrage/todesfaelle-weltweit-aufgrund-ausgewaehlter-risikofaktoren/

Wie Quantenphysik unsere Science-Fiction-Träume erfüllt

https://babel.hathitrust.org/cgi/pt?id=mdp.39015056097309&view=1up&seq=103

Harper's Magazine. v.118, 1908–1909.

https://doi.org/10.3109/03014460.2013.807878

https://demedbook.com/wie-viele-zellen-sind-im-menschlichen-koerper/

https://www.nationalgeographic.de/wissenschaft/2018/01/10-fakten-ueber-unsere-milchstrasse

https://education.jlab.org/qa/mathatom_04.html

https://journals.le.ac.uk/ojs1/index.php/pst/article/view/2089/1993

https://www.nbcnews.com/sciencemain/trouble-teleportation-it-could-take-quadrillions-years-6C10817487

https://rintintin.colorado.edu/~vancecd/phil375/Parfit.pdf

https://journals.aps.org/pr/pdf/10.1103/PhysRev.48.73

Fuller, R. A.; Wheeler, J. A. (1962): »Causality and Multiply-Connected Space-Time.« *Physical Review*, Band 128.

https://onlinelibrary.wiley.com/doi/10.1002/prop.201300020

https://arxiv.org/abs/1608.05687

https://www.nature.com/articles/s41586-022-05424-3

Diese unscheinbaren Tiere solltest du niemals unterschätzen!

Zweifarbenpitohui

https://www.deutschlandfunknova.de/beitrag/giftige-voegel-der-zweifarbenpitohui-ist-so-giftig-wie-kein-anderer-vogel

https://www.australiangeographic.com.au/blogs/creatura-blog/2014/06/hooded-pitohui-bird/

https://en.wikipedia.org/wiki/Hooded_pitohui

https://www.youtube.com/watch?v=Zj6O8WJ3qtE

https://www.biologie-seite.de/Biologie/Zweifarbenpitohui

https://www.biologie-seite.de/Biologie/Batrachotoxin

Inlandtaipan

https://my.clevelandclinic.org/health/diseases/24108-hemolysis

https://de.wikipedia.org/wiki/Inlandtaipan

https://www.smh.com.au/national/nsw/mystery-over-boy-bitten-by-worlds-most-venomous-snake-20120927-26may.html

https://de.wikipedia.org/wiki/Hausmaus

https://febs.onlinelibrary.wiley.com/doi/10.1111/j.1432-1033.1976.tb10833.x

https://australian.museum/learn/animals/reptiles/inland-taipan/

https://theconversation.com/why-are-some-snakes-so-venomous-22821

Seewespe

https://www.jbc.org/article/S0021-9258(20)44121-3/fulltext

https://my.clevelandclinic.org/health/diseases/24108-hemolysis
https://www.ncbi.nlm.nih.gov/pmc/articles/PMC7956099/
https://de.wikipedia.org/wiki/Chironex_fleckeri
https://deinetiere.com/tiere/wildtiere-tiere/seewespe-eigenschaften-und-lebensraum/
https://www.planet-wissen.de/natur/tierwelt/gift_als_waffe/pwiegiftigeseewespe100.html
https://www.researchgate.net/publication/259630958_Chironex_fleckeri_Box_Jellyfish_Venom_Proteins_Expansion_of_a_Cnidarian_Toxin_Family_that_Elicits_Variable_Cytolytic_and_Cardiovascular_Effects
https://de.wikipedia.org/wiki/H%C3%A4molyse
https://www.science.org/content/article/researchers-may-have-antidote-deadliest-jellyfish-sting-earth
https://www.ncbi.nlm.nih.gov/books/NBK538170/
https://pubmed.ncbi.nlm.nih.gov/24403082/

Das ist der gefährlichste Asteroid dieses Jahrhunderts – warte, WAS?!

https://solarsystem.nasa.gov/asteroids-comets-and-meteors/asteroids/overview/?page=0&per_page=40&order=name+asc&search=&condition_1=101%3Aparent_id&condition_2=asteroid%3Abody_type%3Ailike
https://www.nasa.gov/feature/is-nasa-aware-of-any-earth-threatening-asteroids-we-asked-a-nasa-scientist-episode-14
https://de.wikipedia.org/wiki/Shoemaker-Levy_9
https://articles.adsabs.harvard.edu//full/1997JBAA..107..211H/0000211.000.html
https://de.wikipedia.org/wiki/(99942)_Apophis
https://cneos.jpl.nasa.gov/news/news146.html
https://cneos.jpl.nasa.gov/news/news148.html
https://iopscience.iop.org/article/10.1086/339482
https://scienceblogs.de/astrodicticum-simplex/2010/07/21/die-grosse-der-asteroiden/
https://web.archive.org/web/20130502144652/
http://top.rbc.ru/incidents/18/02/2013/845595.shtml
https://earthsky.org/space/asteroid-2021-sg-closest-to-earth-sep21-2021/

Dieser schwimmende Koloss stellt alles in den Schatten

https://www.nmtprojects.com/projects/item/13/Mooring-Chain-Prelude-FLNG

https://www.rina.org.uk/res/PRELUDE-RINA-Innovations-Widescreen-3-no%20video.pdf

https://www.shell.com.au/about-us/projects-and-locations/prelude-flng/prelude-e-news/mooring-prelude.html

https://max-groups.com/de/shell-prelude-flng-facts/

https://www.ndr.de/nachrichten/mecklenburg-vorpommern/Startschuss-in-Lubmin-LNG-Terminal-versorgt-Deutschland-mit-Gas,lnglubmin118.html

Darum hast du vielleicht zwei Persönlichkeiten und weißt es nicht

https://www.youtube.com/watch?v=9UVXEavtwvs

https://scilogs.spektrum.de/hirn-und-weg/split-brain-unsere-zwei-gehirne/

https://www.spektrum.de/lexikon/neurowissenschaft/split-brain-patient/12140

https://www.spektrum.de/magazin/rechtes-und-linkes-gehirn-split-brain-und-bewusstsein/824991

https://www.psychologytoday.com/us/blog/the-superhuman-mind/201212/kim-peek-the-real-rain-man

https://sciencev1.orf.at/ays/76865.html

Lexikon der Neurowissenschaften, Spektrum Akademischer Verlag, 2001.

https://www.sciencedirect.com/science/article/pii/S0749596X01927810?via%3Dihub

https://academic.oup.com/cercor/article/11/10/954/280029

https://www.thieme-connect.com/products/ejournals/abstract/10.1055/s-0031-1293292

https://www.epilepsy.com/what-is-epilepsy/understanding-seizures

https://www.jstor.org/stable/24926082

https://www.jstor.org/stable/26057845

https://onlinelibrary.wiley.com/doi/10.1002/ana.21173

https://journals.sagepub.com/doi/10.1177/1534582303260119

https://www.tandfonline.com/doi/abs/10.1080/08998280.2014.11929115

https://psycnet.apa.org/record/1969-07214-001

https://www.nature.com/articles/nrn1740

https://pubmed.ncbi.nlm.nih.gov/20603163/

Darum werden wir möglicherweise NIEMALS mit Aliens in Kontakt treten

https://en.wikipedia.org/wiki/Fermi_paradox

https://www.cambridge.org/core/journals/international-journal-of-astrobiology/article/abs/an-approximation-to-determine-the-source-of-the-wow-signal/4C58B6292C73FE8BF04A06C67BAA5B1A

https://iopscience.iop.org/article/10.3847/2515-5172/ac9408

https://www.esa.int/Science_Exploration/Space_Science/Herschel/How_many_stars_are_there_in_the_Universe

https://hubblesite.org/contents/media/images/2020/06/4618-Image

https://news.berkeley.edu/2013/11/04/astronomers-answer-key-question-how-common-are-habitable-planets/

https://www.ncbi.nlm.nih.gov/pmc/articles/PMC3845182/

http://www.geoffreylandis.com/percolation.htp

https://arxiv.org/pdf/1806.02404.pdf

https://www.hawking.org.uk/in-words/lectures/life-in-the-universe

https://www.newscientist.com/article/mg13117862-300-extinction-bad-genes-or-bad-luck/

Wird diese eigenartige Technologie die Schifffahrt revolutionieren?

http://www.homepages.ed.ac.uk/shs/Climatechange/Flettner%20ship/Popular%20Science%201st%20American.htm

https://de.wikipedia.org/wiki/Flettner-Rotor

http://flettner-rotor.de/ (Ingenieurbüro Böger)

https://de.wikipedia.org/wiki/Buckau_(Schiff)

https://www.arbeitskreis-historischer-schiffbau.de/mitglieder/modelle/rotor-schiff-buckau/

https://de.wikipedia.org/wiki/Barbara_(Schiff,_1926)

https://de.wikipedia.org/wiki/Magnus-Effekt
https://www.spektrum.de/lexikon/physik/magnus-effekt/9405

https://de.wikipedia.org/wiki/Anton_Flettner

»Verlorenes Wissen: Alternative Antriebe«, TerraX, https://www.youtube.com/watch?v=dcrXdvgvhi0

https://de.wikipedia.org/wiki/E-Ship_1

»E-Ship 1 auf 3Sat – Säulen als Segel«, Auerbach Schifffahrt, https://www.youtube.com/watch?v=CODdHkbz6o0

»Why rotor sails are (not) the future«, Fährnews https://www.youtube.com/watch?v=eFcdYkhoa5k

https://www.vikingline.com/the-group/viking-line/vessels/ms-viking-grace/rotor-sail/

https://maritime-executive.com/article/long-term-test-of-rotor-sail-on-passenger-ferry-completed

https://www.dhm.de/lemo/kapitel/weimarer-republik/industrie-und-wirtschaft/weltwirtschaftskrise.html

So verdient ein Land mit organisierter Kriminalität weltweit Milliarden

https://fortune.com/2016/05/27/north-korea-swift-hack/

https://www.nytimes.com/2016/05/27/business/dealbook/north-korea-linked-to-digital-thefts-from-global-banks.html?_r=0

https://www.youtube.com/watch?v=ib9Z7lublQE

https://ccdcoe.org/uploads/2019/06/Art_08_The-All-Purpose-Sword.pdf

https://www.securitycouncilreport.org/atf/cf/%7B65BFCF9B-6D27-4E9C-8CD3-CF6E4FF96FF9%7D/S_2019_691.pdf

https://www.washingtonpost.com/wp-dyn/content/article/2009/06/17/AR2009061703852_2.html?wpisrc=newsletter

https://www.theguardian.com/global-development/2014/nov/07/north-koreans-working-state-sponsored-slaves-qatar

https://www.theguardian.com/world/2015/jan/31/north-korea-mandatory-military-service-women

So leichtfertig setzten die USA die Zukunft der Menschheit aufs Spiel

https://en.wikipedia.org/wiki/Operation_Argus

https://www.dtra.mil/Portals/125/Documents/NTPR/newDocs/ANTHReport/1958_DNA_6039F.pdf S. 97

https://www.dtra.mil/Portals/125/Documents/NTPR/newDocs/ANTHReport/1958_DNA_6039F.pdf S. 36

https://pwg.gsfc.nasa.gov/Education/wexp13.html

https://web.archive.org/web/20190117163253/

https://apps.dtic.mil/dtic/tr/fulltext/u2/a955694.pdf S. 2

https://de.wikipedia.org/wiki/Starfish_Prime

The Radiation Belt and Magnetosphere, Wilmot Hess, 1968.

https://www.cosmos-indirekt.de//Physik-Schule/Van-Allen-G%c3%bcrtel

https://www.atomwaffena-z.info/glossar/a/a-texte/artikel/b8847db833a337f1b3754bfb046b18f7/atomteststoppvertrag-umfassender.html

https://de.wikipedia.org/wiki/Kernwaffentest

https://www.atomwaffena-z.info/geschichte/atomwaffentests/auflistung-aller-tests.html

Dieses Teilchen kann uns aus heiterem Himmel treffen

http://www.cosmic-ray.org/reading/flyseye.html#SEC10

https://spark.iop.org/oh-my-god-particle

https://en.wikipedia.org/wiki/Oh-My-God_particle

https://news.wisc.edu/what-are-cosmic-rays-why-do-the-matter/

https://en.wikipedia.org/wiki/Greisen%E2%80%93Zatsepin%E2%80%93Kuzmin_limit

https://en.wikipedia.org/wiki/Air_shower_(physics)

https://www.heise.de/newsticker/meldung/Oh-My-God-Mysterioesen-Teilchen-aus-dem-All-auf-der-Spur-4110394.html

https://www.spektrum.de/news/oh-my-god-es-gibt-sie-wirklich/344050

https://www.science.org/content/article/physicists-spot-potential-source-oh-my-god-particles

https://www.quantamagazine.org/the-particle-that-broke-a-cosmic-speed-limit-20150514

http://www.cosmic-ray.org/reading/flyseye.html#SEC10

https://www.youtube.com/watch?v=osvOr5wbkUw

https://www.space.com/21359-mars-radiation-manned-mission.html

Einen Besuch in diesem Freizeitpark überlebst du vielleicht nicht

https://en.wikipedia.org/wiki/Action_Park

https://www.travelbook.de/attraktionen/freizeitparks/mountain-creek-action-park-der-gefaehrlichste-freizeitpark-der-welt

https://weirdnj.com/stories/action-park/

https://www.nytimes.com/1987/07/20/nyregion/metro-datelines-18-year-old-drowns-at-amusement-park.html?n=Top%2FReference%2FTimes+Topics%2FSubjects%2FA%2FAmusement+and+Theme+Parks

https://www.dailymotion.com/video/x158v48

https://www.youtube.com/watch?v=8FTCgqL2N8Y

https://en.wikipedia.org/wiki/Euthanasia_Coaster

Selbst eine hoch entwickelte Spezies könnte dieses Ereignis nicht abwenden

https://ui.adsabs.harvard.edu/abs/2008MNRAS.386..155S

https://arxiv.org/pdf/1210.5721.pdf

https://www.cambridge.org/core/journals/international-journal-of-astrobiology/article/abs/swansong-biospheres-refuges-for-life-and-novel-microbial-biospheres-on-terrestrial-planets-near-the-end-of-their-habitable-lifetimes/023CF64F11A555FC55798825E9D1B955

https://en.wikipedia.org/wiki/Future_of_Earth#Solar_evolution

Ward, Peter (2004): *The Life and Death of Planet Earth: How the New Science of Astrobiology Charts the Ultimate Fate of Our World.* Holt. New York.

https://de.wikipedia.org/wiki/Sonne

https://de.wikipedia.org/wiki/Stern

https://www.planet-wissen.de/natur/weltall/sonne/pwiewirddiesonneewigscheinen100.html

https://image.gsfc.nasa.gov/poetry/ask/a11467.html

https://phys.org/news/2015-02-sun-wont-die-billion-years.html

Unterschätzen wir diese Seite des Klimawandels?

https://www.scinexx.de/news/medizin/virus-auferstehung-nach-700-jahren/

https://web.archive.org/web/20170104234233/

https://www2.usgs.gov/climate_landuse/glaciers/glaciers_sea_level.asp

https://de.wikipedia.org/wiki/Letzte_Kaltzeit

https://wiki.bildungsserver.de/klimawandel/index.php/Kohlendioxid_in_der_Erdgeschichte

https://www.klimafakten.de/behauptungen/behauptung-die-co2-emissionen-des-menschen-sind-winzig

https://www.welt.de/wissenschaft/article157472700/Sonne-weckt-toedliche-Bakterien-im-Permafrost.html

https://www.frontiersin.org/articles/10.3389/fvets.2021.668420/full

https://www.nature.com/articles/nature.2014.14801

https://microbiomejournal.biomedcentral.com/articles/10.1186/s40168-021-01106-w#Sec2

https://www.biorxiv.org/content/10.1101/2022.11.10.515937v1.full.pdf

https://www.nature.com/articles/nrmicro2644

https://courtneymedicalgroupaz.com/2019/03/04/4902/

Das wird dir vielleicht eines Tages auf dem Weg ins Jenseits passieren!

https://pubmed.ncbi.nlm.nih.gov/21614815/

https://en.wikipedia.org/wiki/Pam_Reynolds_case

https://en.wikipedia.org/wiki/Anesthesia_awareness#Incidence

https://en.wikipedia.org/wiki/Near-death_experience#Clinical_research_in_cardiac_arrest_patients

http://littleatoms.com/science/psychedelic-drug-could-explain-our-belief-life-after-death

https://www.nature.com/articles/s41598-019-45812-w

https://de.wikipedia.org/wiki/Nahtod-Studien

https://de.wikipedia.org/wiki/Nahtoderfahrung#Halluzinogene,_psychotrope_Substanzen_und_k%C3%B6rpereigene_Botenstoffe

Ring, K. (1980): *Life at Death: A Scientific Investigation of the Near-Death Experience.* Coward, McCann & Geoghenan, New York.

https://www.medical-tribune.de/medizin-und-forschung/artikel/das-licht-am-ende-des-tunnels-wie-das-gehirn-nahtoderlebnisse-generiert/

https://www.quarks.de/gesundheit/medizin/nahtod-deshalb-ist-das-helle-licht-wohl-kein-blick-ins-jenseits/

https://www.scinexx.de/news/medizin/nahtod-erfahrungen-sind-real/

https://www.br.de/nachrichten/deutschland-welt/aerzte-finden-erklaerung-fuer-nahtoderfahrungen,T0idJC2

https://www.frontiersin.org/articles/10.3389/fnagi.2022.813531/full

https://www.dasgehirn.info/aktuell/frage-an-das-gehirn/lassen-sich-nahtod-erfahrungen-neurobiologisch-erklaeren

https://www.stern.de/panorama/wissen/nahotoderfahrung--studie-zeigt-letzte-gedanken-vorm-tod-31650344.html

https://www.geo.de/wissen/gesundheit/dmt--das-staerkste-halluzinogen-der-welt-32559006.html

https://psylex.de/psychologie-lexikon/biologische/nahtoderfahrung-dmt/

https://macau.uni-kiel.de/receive/macau_mods_00002822?lang=de

https://mind-foundation.org/dmt-brain/?lang=de

https://www.sueddeutsche.de/wissen/nahtod-erfahrungen-der-tod-ist-ein-potenziell-reversibler-prozess-1.2167764-2

Videovortrag Greyson 2022: https://www.youtube.com/watch?v=5KhtRnbl8ZE

https://www.netzwerk-nahtoderfahrung.org/index.php/nah-tod-erfahrung-nte/nte-forschung/psychologie-und-psychiatrie/263-psychologie-und-psychiatrie.html

Dieser Einstein-Effekt ermöglicht uns Unmögliches, unter einer Bedingung!

https://ntrs.nasa.gov/api/citations/20200001904/downloads/20200001904.pdf
https://de.wikipedia.org/wiki/Zwillingsparadoxon
https://www.pm-wissen.com/technik/a/das-schnellste-gefaehrt-der-welt/13251/
https://homepage.univie.ac.at/franz.embacher/SRT/Zeitdilatation.html
https://de.wikipedia.org/wiki/Lorentzkontraktion

Bildnachweis

Seite 8: frank60/Shutterstock.com; Seite 11: Science Photo Library/Mauricio Anton; Seite 13: Puwadol Jaturawutthichai/Shutterstock.com; Seite 17: NASA/SDO; Seite 19 oben: NASA; Seite 20 oben: Simon‹s passion 4 Travel/Shutterstock.com; Seite 21: iStock.com/Fernanda Baquero; Seite 22: NASA/STEREO; Seite 29: Puwadol Jaturawutthichai/Shutterstock.com; Seite 30: Zbynek Burival/Shutterstock.com; Seite 31 oben: Morphart Creation/Shutterstock.com; Seite 31 unten: ORAU; Seite 32 oben: Suit/Wikimedia Commons (https://commons.wikimedia.org/wiki/File:Doramad_Advertisement.jpg); Seite 32 unten: Sammlung von Lucy Jane Santos/Museum of Radium, www.lucyjanesantos.com; Seite 33 links: Oliver Hion/Shutterstock.com; Seite 33 rechts: HEakin/Shutterstock.com; Seite 34 oben: OSweetNature/Shutterstock.com; Seite 34 unten rechts: Sam LaRussa/Wikimedia Commons; Seite 38: IMAGO/piemags; Seite 41: kasakphoto/Shutterstock.com; Seite 42: Marti Bug Catcher/Shutterstock.com; Seite 43: Wikimedia Commons/Dr. Karl-Heinz Hochhaus (https://commons.wikimedia.org/wiki/File:2015_11_18_DSM_Lash_ship_M%C3%BCnchen_IMG_4912.JPG?uselang=de), Fotomontage des farbigen Bildes des Schiffsmodels auf anderen Untergrund; Seite 44: Amanda Carden/Shutterstock.com; Seite 45: Umomoms/Shutterstock.com; Seite 46 oben: aleksey snezhinskij/Shutterstock.com; Seite 46 unten: Wikimedia Commons/Rúdisicyon (https://commons.wikimedia.org/wiki/File:Canh%C3%A3o_da_Nazar%C3%A9_mapa_batim%C3%A9trico.png), eigene Bearbeitung; Seite 47 rechts: kursat-bayhan/Shutterstock.com; Seite 49 unten: Screenshot aus Video, Wikimedia Commons/MCCONM (https://en.wikipedia.org/wiki/File:Clituyarho.webm); Seite 50: Stanislav Simonyan/Shutterstock.com; Seite 51: Dara J/Shutterstock.com; Seite 53: Sergey Velichkin/TASS; Seite 54: Wikimedia Commons/RIA Novosti archive, image #105514/A. Solomonov; Seite 56: Andrey Solomonov/Global Look Press ; Seite 58 oben links: Hwall/Shutterstock.com; Seite 58 oben rechts: Wirestock Creators/Shutterstock.com; Seite 58 unten: xpixel/Shutterstock.com; Seite 59: Wikimedia Commons/SecretDisc (https://de.wikipedia.org/wiki/Echte_Wespen#/media/Datei:Vespula_vulgaris_SEM_Sting_01.jpg); Seite 60 oben: Wikimedia Commons/Rankin1958 (https://en.wikipedia.org/wiki/Tarantula_hawk#/media/File:T-Hawk_blue-black_body.JPG); Seite 60 unten: Tom Wurl/Shutterstock.com; Seite 61: Ryan M. Bolton/Shutterstock.com; Seite 62 links: Vinicius R. Souza/Shutterstock.com; Seite 62: iStock.com/ViniSouza128; Seite 63: iStock.com/Lingkon Serao; Seite 66: *Porträt von Louis XIV* von Hyacinthe Rigaud, 1700/01; Seite 68: *D. Luís Carlos Inácio Xavier de Meneses* von Pompeo Batoni, 18. Jh.; Seite 72: solarseven/Shutterstock.com; Seite 75: iStock.com/Naeblys; Seite 76: M. Nagel, C.P. Dhard, H. Bau, H.-S. Bosch, U. Meyer, S. Raatz, K. Risse and T. Rummel (https://de.wikipedia.org/wiki/Wendelstein_7-X#/media/Datei:Wendelstein_7-X_schematic_view_of_magnets_system.jpg); Seite 77 Mitte: Aerovista Luchtfotografie/

Shutterstock.com; Seite 77 unten: Borshch Filipp/Shutterstock.com; Seite 80: Edwin Butter/Shutterstock.com; Seite 81: Patrick Rolands/Shutterstock.com; Seite 82: Tinseltown/Shutterstock.com; Seite 90: Wikimedia Commons/日本防衛省・統合幕僚監部; Seite 91: Vadim Sadovsk i/Shutterstock.com; Seite 93: Peter Hermes Furian/Shutterstock.com; Seite 94: Marc Ward/Shutterstock.com; Seite 95: Screenshot, Zanclean flood 3D render aus »Cataclysmes, les grandes régulateurs«, InTheBox, Annecy, France (https://www.youtube.com/watch?v=YT6SknFxNSo&t=2s); Seite 96: MyImages – Micha/Shutterstock.com; Seite 99: https://www-cup-com-hk.translate.goog/2020/06/26/china-1975-banqiao-dam-failure/?_x_tr_sl=auto&_x_tr_tl=en&_x_tr_hl=de&_x_tr_pto=wapp; Seite 100: Garcia-Castellanos @ ICTJA-CSIC, 2011 (https://www.youtube.com/watch?v=bw-qf_zQMWs&t=0s); Seite 101: Wikimedia Commons/Roger Pibernat unter der Supervision von Daniel Garcia-Castellanos (https://en.wikipedia.org/wiki/Zanclean_flood#/media/File:Messinian_Mediterranean_and_Gibraltar_-_reconstructed_landscape.jpg); Seite 102: isabel kendzior/Shutterstock.com; Seite 103: iStock.com/Jorm Sangsorn; Seite 105: iStock.com/gorodenkoff; Seite 107: iStock.com/Jorm Sangsorn; Seite 108: NsoulThai/Shutterstock.com; Seite 109: Wikimedia Commons/Cornelia Kopp (https://commons.wikimedia.org/wiki/File:PaulTholey.jpg); Seite 111: *The Destruction of Pompeii and Herculaneum von John Martin,* 1822, zerstört 1928, restauriert 2011; Seite 112: M. Rinandar Tasya/Shutterstock.com; Seite 114: *Mount Vesuvius in Eruption* von William Turner, 1817; Seite 115: Belish/Shutterstock.com; Seite 116 oben: Morphart Creation/Shutterstock.com; Seite 116 unten: Lithografie aus *The Eruption of Krakatoa, and subsequent phenomena,* London, Trubner & Co., 1888; Seite 117 oben: Wikimedia Commons/Tonga Geological Services (https://en.wikipedia.org/wiki/File:Hunga_Tonga%E2%80%93Hunga_Ha%27apai_volcanic_eruption_captured_at_December_30,_2021.webm); Seite 117 unten: Wikimedia Commons/Tonga Geological Services (https://en.wikipedia.org/wiki/File:Hunga_Tonga%E2%80%93Hunga_Ha%27apai_volcanic_eruption_January_14,_2022.webm); Seite 118: *Frau vor der untergehenden Sonne* von Caspar David Friedrich, ca. 1818; Seite 119: Lucky-photographer/Shutterstock.com; Seite 120: Najihah/Shutterstock.com; Seite 122: NASA/METI/AIST/Japan Space Systems, and U.S./Japan ASTER Science Team; Seite 123: Anton Chernigovskii/Shutterstock.com; Seite 124: Wikimedia Commons/ESO (https://commons.wikimedia.org/wiki/File:Barnard_68.jpg); Seite 125 links: Wikimedia Commons/Steve Jurvetson; bearbeitet von Pline (https://commons.wikimedia.org/wiki/File:Merlin_1D_engines_and_octaweb_harness----image-cropped.jpg); Seite 125 rechts: NASA; Seite 127: NASA/JPL-Caltech; Seite 128: Wikimedia Commons/Andrzej Mirecki (https://en.wikipedia.org/wiki/Solar_sail#/media/File:IKAROS_solar_sail.jpg); Seite 132: Wikimedia Commons/Ian Lambot (https://commons.wikimedia.org/wiki/File:KWC_-_1989_Aerial.jpg); Seite 134: Wikimedia Commons/Ian Lambot (https://commons.wikimedia.org/wiki/File:KWC_-_1975.jpg); Seite 135: Wikimedia Commons/Ian Lambot (https://commons.wikimedia.org/wiki/File:KWC_-_Alley.jpg); Seite 137: Wikimedia Commons/Norway.today (http://en.wikipedia.org/wiki/Image:London_%2C_Piccadilly_Circus_looking_up_Shaftsbury_Ave_%2C_circa_1949_%2CKodachrome_by_Chalmers_Butterfield.jpg); Seite 138 rechts: Wikimedia Commons/Cjc13 (https://en.wikipedia.org/wiki/Bankside_Power_Station#/media/File:Bankside_Power_Station.jpg); Seite 139: Wikimedia Commons/JohanTheGhost (https://de.wikipedia.org/wiki/Inversionswetterlage#/media/Datei:SmokeCeilingInLochcarron_(cropped).jpg); Seite 140: IMAGO/United Archives International; Seite 142: Arrush Chopra/Shutterstock.com; Seite 143: *Gil Perez in his Cell, Santo Domingo* von Frank Schoonover (1908), mit freundlicher Genehmigung von Frank E. Schoonover Fund, Inc.; Seite 144: GrandeDuc/Shutterstock.com; Seite 146: Scharfsinn/Shutterstock.com; Seite 148: Interior Design/Shutterstock.com; Seite 152: Wikimedia Commons/Brinkman DL, Aziz A, Loukas A, Potriquet J, Seymour J, Mulvenna J (https://commons.wikimedia.org/wiki/File:Chironex_fleckeri_nematocysts_01.jpg); Seite 153: Wikimedia Commons/Benjamin Freeman (https://de.wikipedia.org/wiki/Zweifarbenpirol#/media/Datei:Hooded_Pitohui_3.jpg); Seite 154: Natural History Museum: Coleoptera Section, https://www.flickr.com/photos/nhm_beetle_id/6641764943, Bildausschnitt; Seite 155: Ken Griffiths/Shutterstock.com; Seite 156: IMAGO/UIG; Seite 157: IMAGO/VWPics/Kelvin Aitken; Seite 158: Wikimedia Commons/GondwanaGirl (https://en.wikipedia.org/wiki/Irukandji_jellyfish#/media/File:Irukandji-jellyfish-queensland-australia.jpg); Seite 160: IgorZh/Shutterstock.com; Seite 161: Ceres und Erde: NASA, Mond: Wikimedia Commons/Luc Viatour (https://de.wikipedia.org/wiki/(1)_Ceres#/media/Datei:Ceres_Earth_Moon_Comparison.png); Seite 162 oben: NASA, ESA, and H. Weaver and E. Smith (STScI); Seite 162 unten: NASA/JPL; Seite 163: Bill Florence/Shutterstock.com; Seite 165: NASA/JPL-Caltech und NSF/AUI/GBO; Seite 166: Screenshot aus Video von Aleksandr Ivanov/Wikimedia Commons (https://de.wikipedia.org/wiki/Datei:%D0%92%D0%B7%D1%80%D1%8B%D0%B2_%D0%BC%D0%B5%D1%82%D0%B5%D0%BE%D1%80%D0%B8%D1%82%D0%B0_%D0%BD%D0%B0%D0%B4_%D0%A7%D0%B5%D0%BB%D1%8F%D0%B1%D0%B8%D0%BD%D1%81%D0%BA%D0%BE%D0%BC_15_02_2013_avi-iCawTYPtehk.ogv); Seite 167: SugaBom86/Shutterstock.com; Seite 169: Ramadhan Hidayaturrahman/Shutterstock.com; Seite 170: Serge Prakhov/Shutterstock.com; Seite 171: Berlin: Unsplash/Jonas Tebbe, FNLG Prelude: Shell; Seite 172: FLNG Prelude: Serge Prakhov/Shutterstock.com, London: Ollie Craig/Pexels, eigene Fotomontage; Seite 173: sp3n/Shutterstock.com; Seite 174: Wikimedia Commons/Dmadeo (https://commons.wikimedia.org/wiki/File:Kim_Peek_on_Jan_16,_2007.png); Seite 176: Gehirn: Crazy nook/Shutterstock.com, eigene Fotomontage; Seite 178: Gehirn: Crazy nook/Shutterstock.com, eigene Fotomontage; Seite 180: Wikimedia Commons/Max (https://commons.wikimedia.org/wiki/File:Ecumenopolis.png), eigene Bearbeitung; Seite 182–183 unten: Wikimedia Commons/Pablo Carlos Budassi (https://commons.wikimedia.org/wiki/File:Observable_Universe_Logarithmic_Map_(horizontal_layout_english_annotations).png); Seite 186: ESO/M. Kornmesser; Seite 187: Relight Motion/Shutterstock.com; Seite 189: NH 110824 mit freundlicher Genehmigung des Naval History & Heritage Command; Seite 193: Wikimedia Commons/karstn Disk/Cat (https://commons.wikimedia.org/wiki/File:Cargo_E-Ship_1,_Emder_Hafen,_CN-02.jpg); Seite 194 links: Photofex_AUT/Shutterstock.com; Seite 195: Mirko Kuzmanovic/Shutterstock.com; Seite 197 links: NASA; Seite 197 rechts: Astrelok/Shutterstock.com; Seite 198 links: FBI; Seite 198 Mitte: FBI; Seite 198 rechts: FBI; Seite 199: Nicholas Rjabow/

Shutterstock.com; Seite 200 links: IMAGO/Yuri Sidorov/TASS ; Seite 201 unten: Wikimedia Commons/Osama Shukir Muhammed Amin FRCP(Glasg) (https://en.wikipedia.org/wiki/Superdollar#/media/File:Counterfeit_100_dollar_bill,_dated_1974_but_probably_made_later._over-stamped_with_%22Contrefa%C3%A7on%22_on_both_sides._On_display_at_the_British_Museum,_London.jpg); Seite 204: Lawrence Livermore National Laboratory; Seite 213 oben links: University of Utah Cosmic Ray Physics Group; Seite 213 oben rechts: University of Utah Cosmic Ray Physics Group; Seite 213 unten: Alican Akcol/Shutterstock.com; Seite 214: Naeblys/Shutterstock.com; Seite 215 links: NASA and The Hubble Heritage Team (STScI/AURA); Seite 215 rechts: EHT Collaboration; Seite 216: angelinast/Shutterstock.com; Seite 217 oben: Dinoj/en.wikipedia; Seite 217 unten: Science Photo Library/New York Public Library; Seite 219: Joe Shlabotnik/Flickr (https://www.flickr.com/photos/joeshlabotnik/2722387717/in/photolist-2ix8Hyh-3gycFH-59yX2g-2j1oXzc-2j1jGhh-MQSHts-NmdhTC-NCeEeh-N2H86W-Nm1rWG-2n9tFGx-2n9wLAi-Nm1oxh-2n27AFy-3gCAMf-3gybFR-6FpaZB-6Fpee2-6FpafM-6FtkEY-43YaYr-6Sk1X1-8x8sJo-2k6Kyxm-6VQHKZ-6SfncB-bFDK4P-bsHM3E-6Sk22u-bFBSqz-bFD2gR-bFEc5R-NMxg5k-2n9wQiZ-2n9vjPj-2n9tD7c-bFESHM-8r9qn2-bFEpmx-bFELtc-w9tDrf-bsKMSm-6Sk1Xm-6Sk22j-6Sk22q-3aRZsp-3aRYpa-7DwXJR-eQbzoV-4SgtBS); Seite 221: Joe Shlabotnik/Flickr (https://flickr.com/potos/40646519@N00/2999353205); Seite 222: Joe Shlabotnik/Flickr (https://flickr.com/photos/40646519@N00/3000182624); Seite 224: NASA, ESA, J. Hester und A. Loll (Arizona State University); Seite 225: Macrovector/Shutterstock.com; Seite 226: Thongden Studio/Shutterstock.com; Seite 227: UMB-O/Shutterstock.com; Seite 228: Shampanskiy/Shutterstock.com; Seite 229: Wikimedia Commons/Fsgregs (https://commons.wikimedia.org/wiki/File:Red_Giant_Earth_warm.jpg); Seite 233: iStock.com/Lenorlux; Seite 235: Zhuravlev Andrey/Shutterstock.com; Seite 236: iStock.com/ValeryBrozhinsky; Seite 237: Rosa Celeste von Gustave Doré, 19. Jh.; Seite 238: Christian Bodhi/Shutterstock.com; Seite 240: Olivier Guiberteau/Shutterstock.com; Seite 242: Wikimedia Commons/Skatebiker (https://commons.wikimedia.org/wiki/File:Alpha,_Beta_and_Proxima_Centauri_(1).jpg); Seite 243: NASA/MSFC; Seite 245: NASA/PSP-Konsortium

Die Bilder von Seite 32 oben, 59, 60 oben, 101, 109, 128, 138 rechts, 139, 152, 158, 161, 174, 180, 229, 242 sind unter der Lizenz »Attribution-ShareAlike 3.0 Unported (CC BY-SA 3.0)« verfügbar: https://creativecommons.org/licenses/by-sa/3.0/deed.en

Das Bild von Seite 34 unten rechts ist unter der Lizenz »Attribution-ShareAlike 2.0 Generic (CC BY-SA 2.0)« verfügbar: https://creativecommons.org/licenses/by-sa/2.0/;

Die Bilder von Seite 54 unten, 182–183 unten, 201 unten sind unter der Lizenz »Attribution-ShareAlike 4.0 International (CC BY-SA 4.0)« verfügbar: https://creativecommons.org/licenses/by-sa/4.0/

Das Bild von Seite 193 ist unter der Lizenz »Attribution-ShareAlike 3.0 Germany (CC BY-SA 3.0 DE)« verfügbar: https://creativecommons.org/licenses/by-sa/3.0/de/deed.en